“十三五”江苏省高等学校重点教材（编号：2019-1-095）

21世纪高等院校电气信息类系列教材

电路实验

第3版

刘晓文　陈桂真　薛　雪　编著

机　械　工　业　出　版　社

本书是根据国家教育部颁布的有关“高等工科院校电路课程教学基本要求”编写的一本紧密配合“电路”课程教学的实验教材。目的在于使学生巩固和拓展电路理论知识，掌握基本的实验技能、测试方法和测量技术，提高学生分析问题、解决问题的能力和培养学生的创新实践能力。

本书共分 6 章。第 1 章讲述电路实验的教学目的和进行方式、实验基础知识，以及基本电量的测量、测量数据的处理和描述；第 2 章讲述基础电路实验，强调基本实验方法和技能操作；第 3 章提供了 5 个计算机仿真实验，让学生提高应用计算机以及相关软件的能力；第 4 章为综合、设计及创新型实验，涉及理论研究、电路设计及综合利用各种分析测试手段解决问题；第 5 章介绍了常用电工仪表与仪器的技术性能和参数；第 6 章介绍了两个仿真软件 Multisim 14.0 和 PSpice 16.5 的基本使用方法及其在电路实验中的应用。书中附加了教材中相关实验 MOOC 资源的二维码，可供读者体验新的获取知识的方法。

本书可供高等工科院校电气工程及其自动化、自动化、电子信息工程、电子科学与技术及计算机类的师生使用，也可供相关科技人员参考。

本书配有授课电子课件，需要的教师可登录 www.cmpedu.com 免费注册，审核通过后下载，或联系编辑索取（微信：15910938545，电话：010-88379220）。

图书在版编目（CIP）数据

电路实验/刘晓文，陈桂真，薛雪编著 .—3 版 .—北京：机械工业出版社，2021.10（2025.1 重印）
21 世纪高等院校电气信息类系列教材
ISBN 978-7-111-69471-7

Ⅰ.①电…　Ⅱ.①刘…　②陈…　③薛…　Ⅲ.①电路-实验-高等学校-教材　Ⅳ.①TM13-33

中国版本图书馆 CIP 数据核字（2021）第 216719 号

机械工业出版社（北京市百万庄大街 22 号　邮政编码 100037）
策划编辑：秦　菲　　责任编辑：秦　菲
责任校对：张艳霞　　责任印制：张　博
北京建宏印刷有限公司印刷

2025 年 1 月第 3 版 · 第 5 次印刷
184mm×260mm · 11.5 印张 · 279 千字
标准书号：ISBN 978-7-111-69471-7
定价：49.00 元

电话服务
客服电话：010-88361066
　　　　　010-88379833
　　　　　010-68326294

网络服务
机　工　官　网：www.cmpbook.com
机　工　官　博：weibo.com/cmp1952
金　　书　　网：www.golden-book.com
机工教育服务网：www.cmpedu.com

第3版前言

本书根据教育部高等学校电子电气类基础课程教学指导分委员会制定的有关“高等工科院校电路课程教学基本要求”中对电路实验教学部分所提出的要求，以及教育部“卓越工程师教育培养计划”，在总结近几年中国矿业大学电路实验教学改革的基础上编写而成。与第2版相比，本次修订将数字资源融入传统纸质教材，增加了“电路理论实验”课程教学质量标准中必做实验的视频资源，推进了“互联网+教学”的深度融合，学生通过移动终端扫描二维码，可进行课前预习、课后复习、自主学习，促进线上线下混合式教学模式在电路实验教学过程中的应用，更好地提高学生分析问题及解决问题的能力。

本次修订增加了设计创新型实验1个、计算机仿真电路实验1个及多项仿真实验内容，并将原有的仿真实验软件Multisim 13.0更新为Multisim 14.0，增加了GDM8341数字万用表、SDG2102X函数信号发生器、SDS1202X数字示波器的使用说明及视频操作，更新了电路实验教学平台。本书申请了“十三五”江苏省高等学校重点教材。

本次修订后的主要内容仍为6章：第1章讲述电路实验的教学目的、进行方式，实验基础知识以及基本电量的测量、测量数据的处理和描述；第2章是基础电路实验，强调基本实验方法和技能操作；第3章提供了5个计算机仿真实验，让学生了解现代电路设计手段和工具，提高学生应用计算机以及相关软件的能力；第4章为综合、设计及创新型实验，涉及理论研究、电路设计及综合利用各种分析测试手段解决问题；第5章介绍了常用电工仪表与仪器的技术性能和参数；第6章介绍了两个仿真软件Multisim 14.0和PSpice 16.5的基本使用方法及其在仿真电路实验中的应用。

本书由刘晓文、陈桂真、薛雪编著，共同负责确定全书的内容和统稿。在编写本书的过程中，得到了中国矿业大学电路教学团队全体老师的支持，在此一并表示衷心的感谢。

本课程授课视频于中国大学MOOC平台在线开发，感兴趣的读者可登录https://www.icourse163.org/spoc/course/CUMT-1460739162观看学习。

由于编者水平有限，书中难免有错误和不当之处，敬请读者批评指正。

编　者

2021年5月于中国矿业大学

第2版前言

本书是根据国家教育部颁布的有关“高等工科院校电路课程教学基本要求”中对实验教学部分所提出的要求，以及教育部“卓越工程师教育培养计划”，在第1版《电路实验》(2009年9月，机械工业出版社) 的基础上，经过近几年的实践，对原有的实验内容进行了修改补充。与第1版相比，本版实验内容和实验形式更为丰富，在加强基本技能和基本测量方法训练的基础上，更加突出综合技能的培养和解决实际问题能力的训练。本书补充了4个设计创新型实验、2个计算机仿真电路实验及多项仿真实验内容，并将原仿真实验软件EWB5.1更新为Multisim 13.0和PSpice 16.5。本书申请了“十二五”江苏省高等学校重点教材。

本书主要内容有6章。第1章讲述电路实验的教学目的和进行方式、实验基础知识，以及基本电量的测量、测量数据的处理和描述；第2章讲述基础电路实验，强调基本实验方法和技能操作；第3章提供了4个计算机仿真实验，让学生了解现代电路设计手段和工具，提高应用计算机以及相关软件的能力；第4章为综合、设计及创新型实验，涉及理论研究、电路设计及综合利用各种分析测试手段解决问题；第5章介绍了常用电工仪表与仪器的技术性能和参数；新增第6章介绍了两个仿真软件Multisim 13.0和PSpice 16.5的基本使用方法及其在电路实验中的应用。

本书是在第1版《电路实验》的基础上，添加了中国矿业大学电路课程组近几年的课程教学改革成果，并充分考虑了高等教育人才培养目标而重新编写的。本书由刘晓文、陈桂真、薛雪三位教师编著，共同负责确定全书的内容和统稿。在编写本书的过程中，得到了中国矿业大学信电学院石超老师及电路课程组全体老师的支持，在此一并表示衷心的感谢。

由于编者水平有限，书中难免有错误和不当之处，敬请读者批评指正。

编　者

2016年3月于中国矿业大学

第1版前言

“电路实验”课程是“电路”课程的重要实践性环节。本书是根据国家教育部颁布的有关“高等工科院校电路理论课程教学基本要求”中对实验教学部分所提出的要求，以及教育部基础教学示范中心建设标准的要求编写的。本书的目的是让学生通过实验巩固和拓展电路理论知识，掌握基本的实验技能、测试方法和测量技术，奠定扎实的实验基础；培养学生严谨的科学态度；提高学生分析问题、解决问题的能力和开发学生的创新与动手能力。

本书有以下特色：

(1) 通用性

由于各个专业的课程要求、设备条件以及学生基础等不尽相同，本书实验项目中的每个实验均安排了较多内容，且难度逐项增大，但各部分具有一定的独立性，可根据需要让学生自行选择。

(2) 层次性

本书实验项目整体上采取由浅入深、由简单到综合的课程安排。精选基础型实验，加强综合设计型实验，增设研究创新型实验。

(3) 先进性

为适应信息时代对人才的要求，本书简单介绍了EWB电路仿真软件，并让学生通过两个典型的仿真实验掌握软件的使用方法，培养学生利用计算机仿真进行电路分析的综合能力。

全书共5章。第1章为电路实验的预备知识；第2章选编了15个基本电路操作实验，可根据专业和课时的要求进行选择；第3章结合电路理论的课程内容提供了两个计算机仿真实验；第4章选编了7个设计创新型实验，学生可根据专业情况自选感兴趣的实验。第5章为常用电工仪表及仪器简介，便于学生课前预习及课后复习。

本书是在中国矿业大学信电学院多年的电路实验教学及使用的“电路实验指导书”的基础上编写而成的，力图反映近几年来电路实验教学的建设与改革成果。本书共5章，其中第2章2.8节、第3章、第4章4.5节和4.7节、第5章5.1~5.7节由石超编写；第2章2.1~2.5节、2.12~2.13节、第5章5.8节由陈桂真编写；第1章由刘晓文和石超共同编写；其余部分由刘晓文编写。全书由刘晓文和石超两人负责统稿与定稿。

由于编者水平有限，书中难免有错误和不当之处，敬请读者批评指正。

编　者

2009年7月于中国矿业大学

目　录

第 3 版前言

第 2 版前言

第 1 版前言

第 1 章　电路实验概论 …………………… 1

1.1　概述 ………………………………… 1

1.1.1　电路实验的教学目的 ………… 1

1.1.2　电路实验进行方式 …………… 1

1.2　实验的基本知识 …………………… 2

1.2.1　实验的分类 …………………… 2

1.2.2　电工仪器、仪表、设备 ……… 3

1.2.3　合理布局与正确连线 ………… 4

1.2.4　正确测量与读取数据 ………… 4

1.2.5　正确绘制曲线 ………………… 5

1.3　测量及误差 ………………………… 8

1.3.1　电工测量方法 ………………… 8

1.3.2　测量误差的表示及分类 ……… 8

1.3.3　有效数字位数的处理 ………… 9

第 2 章　基础电路实验 …………………… 11

2.1　电阻元件伏安特性的测试 ……… 11

2.2　电源元件伏安特性的测试 ……… 13

2.3　查找电路故障 …………………… 15

2.4　基尔霍夫定律与叠加定理 ……… 17

2.5　戴维南定理及最大功率输出定理 ………………………… 19

2.6　示波器和信号发生器的使用 …… 22

2.7　交流参数的测定 ………………… 25

2.8　感性负载功率因数的提高 ……… 28

2.9　*RLC* 串联电路的谐振 …………… 32

2.10　三相电路中的电压、电流关系 ……………………… 36

2.11　三相电路中功率的测量 ……… 38

2.12　互感电路的研究 ……………… 40

2.13　单相电能表的校验 …………… 42

2.14　一端口 *L*、*C* 频率特性 ……… 44

2.15　二端口网络参数的测定 ……… 46

第 3 章　仿真电路实验 …………………… 51

3.1　线性电阻元件伏安特性的测试 … 51

3.2　电压源和电流源对外端口特性研究及其等效转换 …………… 53

3.3　直流电路的结点电压分析 ……… 55

3.4　动态电路响应的研究 …………… 56

3.5　*RLC* 电路串、并联谐振的研究 ……………………………… 61

第 4 章　综合、设计及创新型实验 ……… 63

4.1　运算放大器的应用 ……………… 63

4.2　波形变换器的设计与实现 ……… 69

4.3　负阻抗变换器的应用 …………… 71

4.4　回转器特性及应用 ……………… 75

4.5　万用表的设计与校验 …………… 79

4.6　延迟开关的设计 ………………… 87

4.7　直流可调电压源的设计与实现 … 87

4.8　周期信号的分解与合成 ………… 89

4.9　常用波形的产生与实现 ………… 90

4.10　由单相电源转变为三相电源的裂相电路设计 ………………… 95

4.11　蔡氏混沌电路的分析 ………… 97

第 5 章　常用电工仪表及仪器简介 …… 102

5.1　常用电工测量指示仪表的一般常识 ………………………… 102

5.2　功率表 …………………………… 103

5.2.1　原理 ………………………… 103

5.2.2　接线规则 …………………… 103

5.2.3　量程选择 …………………… 103

5.2.4　功率表读数 ………………… 104

5.2.5　功率表外观图 ……………… 104

5.3　元件标称值及单相自耦调压器 ………………………………… 105

5.3.1　元件标称值 ………………… 105

5.3.2 单相自耦调压器 …………………… 105
5.4 数字万用表………………………… 106
5.4.1 DM3058 数字万用表 ……………… 106
5.4.2 GDM8341 数字万用表 …………… 109
5.5 函数信号发生器…………………… 112
5.5.1 EE1410 函数信号发生器 ………… 112
5.5.2 SDG2102X 函数信号发生器 …… 115
5.6 数字示波器………………………… 118
5.6.1 TDS1002 数字示波器 …………… 118
5.6.2 SDS1202X 数字示波器 ………… 122
5.7 电路教学实验台…………………… 127
5.7.1 概述 …………………………… 127
5.7.2 产品结构………………………… 127
5.7.3 各部分功能及其使用方法……… 127
5.8 电路综合设计实验箱……………… 132
第6章 常用仿真软件 …………………… 134
6.1 Multisim 14.0 简介………………… 134
6.1.1 Multisim 14.0 的主工作界面 …… 134
6.1.2 Multisim 14.0 的元件库和基本操作…………………………… 137
6.1.3 Multisim 14.0 的虚拟仪器……… 144
6.1.4 Multisim 14.0 的仿真分析……… 150
6.2 PSpice 简介……………………… 156
6.2.1 利用 Capture 绘制电路图 ……… 156
6.2.2 利用 PSpice 分析电路 ………… 161
6.2.3 信号波形的显示 ……………… 165
附录 …………………………………… 172
附录 A 常用逻辑符号对照表 ……… 172
附录 B 视频目录及编号 …………… 173
参考文献 ……………………………… 174

第1章　电路实验概论

1.1　概述

现代科学技术的高速发展，要求从事科研和设计工作的专业技术人员既要有扎实的基础理论知识，又应具备良好的实验技能和解决工程实际问题的能力。

“电路实验”是电类各专业重要的实践性教学课程，通过它可以培养学生良好的实验素养、基本的实验技能、独立操作能力，以及应用计算机分析设计电路的方法，为后续课程的电类实验打下良好的基础，同时也可以进一步加深学生对电路理论知识的理解和掌握。

1.1.1　电路实验的教学目的

1. 巩固、加深和扩展所学电路课程的理论知识，培养理论联系实际及分析、处理实际问题的能力。

2. 培养良好的实验习惯，树立实事求是、严谨认真的科学作风。

3. 训练进行电路实验的基本技能，掌握常用电工仪器设备的使用方法及电路测量的基本方法，为今后从事科学研究及专业技术工作打下必要的基础。

1.1.2　电路实验进行方式

实验课通常分为课前预习、实际操作和编写实验报告三个阶段。各阶段的要求如下。

1. 课前预习

实验能否顺利进行和达到预期的效果，很大程度上取决于预习是否充分。因此要求学生在每次实验前认真阅读实验指导书中有关内容，明确实验目的和任务，了解实验原理、实验方法和步骤及注意事项，对实验中应观察的实验现象和测量数据做到心中有数，并按要求写出预习报告。实验前需将预习报告交指导教师检查，无预习报告或者预习报告不合格者不允许进行实验。

预习报告内容：

1）实验名称、班级、姓名、实验台号、同组人姓名、实验日期。

2）实验目的。

3）实验原理简述。

4）完成各实验“预习要求”中的自拟线路、数据表格的设计和计算等内容。

5）实验步骤包括实验线路、实验数据表格及操作步骤。

2. 实际操作

学生需在指定的时间到实验室完成实验，实验过程中应遵守实验室规则和安全操作规程。

实验一般按下述过程进行：

1）教师在实验前检查预习情况，然后讲解实验要求及注意事项。

2）学生到指定的实验台上进行实验前的准备工作。内容包括清点本次实验所用实验器件及仪器设备，了解它们的使用方法，做好记录的准备工作，将设备的罩布叠放整齐等。

3）按实验线路图接好线路，经自查无误并请指导教师复查后方可合上电源。

4）按拟定的实验步骤或方案进行操作，观察现象，读取、记录数据。注意，实验数据需记录于指定的原始数据记录纸上，数据不能用铅笔记录。实验数据在课上修改需经指导教师认可，课后修改的原始数据无效。

5）在实验过程中，学生要根据课前预习，分析所测数据的合理性。实验内容完成后，实验原始数据需经指导教师检查，并由教师在原始数据记录纸上签字方可生效。

注意：指导教师签字前不可拆除线路。

6）切断电源并拆线。

7）做好实验设备、实验台（桌、椅）及周围环境的清洁整理工作。

8）经指导教师同意后离开实验室。

3. 编写实验报告

实验报告在预习报告基础上完成，包括以下内容。

1）预习报告全部内容。

2）实验用仪器设备。

3）完成实验数据表格中的各测量数据和计算数据，并写出相应的计算过程。

4）绘制曲线、图表，并写出实验结论。

5）回答问题、实验结果讨论分析，如是否达到实验目的和要求，实验中产生误差的原因等。

实验中如发生故障，则应在实验报告中写明故障现象，分析故障原因，说明排除故障的方法，吸取教训，提高实验技能。

6）总结实验收获、体会、及对实验的建议等。

1.2 实验的基本知识

1.2.1 实验的分类

1. 基础性实验

基础性实验是为巩固理论课程基本知识而开设的、注重实验结果而不是实验过程的实验。有利于培养学生的实验操作、数据处理和计算技能，加深学生对相关理论知识的理解。

2. 综合性实验

综合性实验是实验内容涉及相关的综合知识或运用综合知识的实验方法、实验手段，对学生的知识、能力、素质形成综合的学习与培养的实验。其目的在于通过实验内容、方法、手段的综合，培养学生综合考虑问题的思维方式，运用综合的方法和手段分析问题、解决问题的能力，达到能力和素质的综合培养与提高。

3. 设计性实验

设计性实验是指给定实验目的和实验条件，由学生自行设计实验方案、选择实验器材、拟定实验程序，并加以实现的实验。由于设计性实验方法的多样性，不同的学生可以通过不同的途径和方法达到相同的实验目的。在实验过程中，学生的独立思维、才智、个性得到充分发挥，可培养学生的综合设计能力，激发学生的主动性、创造性，提高学生认知能力、组织能力和独立获取知识的能力。

4. 创新性实验

创新性实验中，学生根据自己的兴趣和探索方向来设定（或由教师给出）实验项目，内容涉及本课程内及以外的知识点，包括多项实验操作技能的实验。学生选择该项目后，需预先查阅资料、制定和提交实验方案，选择实验仪器和元器件，在指导老师审阅批准后进行实验，实验报告以小论文形式给出。

创新实验突出一个新字，其目的是引发学生的想象力和创造力，让学生在掌握新技术的过程中，得到科学研究的训练。

1.2.2 电工仪器、仪表、设备

1. 仪器设备的选用

实验前，应根据实验内容及目的和要求，正确合理选用实验用仪器、仪表设备。选用方法可用下述四个字来总结。

（1）类

指根据被测量的性质及测量对象的数值特点选择仪器设备的类型。如不能将直流仪表用于测量交流电量等。

（2）级

指选择仪表设备的准确度等级。

仪表准确度等级有 0.1、0.2、0.5、1.0、1.5、2.5 和 5.0，共 7 级。其中 0.1~0.2 级常用作标准表或作精确测量；0.5~1.5 级仪表用于实验室一般测量；1.5~5.0 级仪表常用作安装仪表或作工业测量。

（3）量

指选择仪表的量程及设备的额定容量值。

对于仪表应合理选择量程，再进行测量。量程小了易烧表或“打表”，量程太大则测量结果误差也大。一般工程测量中，量程选择应为所估被测量最大值的 1.2~1.5 倍，指针式仪表表针指示值尽可能不低于满偏读数的 1/2。对于功率表应特别注意被测量的电压和电流都不允许超过表的量程。对于示波器应注意衰减器的档位，最大信号电压不能超过测试端的最大允许值。如果不知道被测量大小，则按先大（粗测）、后小（细测）的原则选择仪表的量限档位。

一般设备的铭牌上标有容量、参数及额定电压、电流等。设备和器件只有在额定条件下才能正常工作，使用中绝对不允许超过额定值，否则将损坏设备和器件。

（4）内

指选择仪表设备的内阻。

对于直流稳压电源、稳流电源等设备一般认为前者内阻为零，后者内阻为无穷大，即分别作为理想电压源和理想电流源看待；但对信号发生器等其他电源设备必须考虑其内阻。在使用有内阻的电源设备时，负载如需获得最大功率，必须考虑阻抗匹配。

2. 仪器、仪表设备的使用

1）使用或操作仪器设备之前，要仔细阅读使用说明书，看清仪器设备的表面标记、铭牌参数及各端钮的功能，掌握其操作方法。

2）将仪器设备的开关、旋钮调至实验要求的状态。

3）恰当地选好仪表量程。

4）实验时，设备要布局合理，其原则是安全、方便、整齐、防止相互影响。

3. 用电安全

1）接通电源时应先合实验台主控开关，再打开实验台上各种电源及电子仪器的开关，实验结束断电则应与接通电源时的顺序相反。

2）接通电源前，要保证各直流电源、交流调压器、信号发生器的输出起始位置在零位，电路中可调的限流、限压装置放在使电路中电流最小的位置。

3）接通电源后，要缓慢增加电压或电流，同时要注意观仪表显示是否正常，有无超量程、电路有无声响、冒烟、有刺鼻气味等异常现象。若有异常情况应立即切断电源并保护现场，检查出现故障的原因。

4）据统计，交流电在 60 V 以上，人触及后就可能发生致命危险。电路实验室交流电源电压为 380 V、220 V 及 180 V，因此实验时必须注意人身安全，不要带电连接、更改或拆除线路，在测量时也不能用手触及带电部分。

1.2.3 合理布局与正确连线

1）实验设备布局要合理、恰当、便于测量，导线长短应合适，避免导线间相互缠绕。仪表应与磁性元件之间有一定距离，以免磁场影响测量的数据。

2）按照实验线路图接线，从电源一端开始，先接主回路，再接辅助回路。接线柱要适当拧紧，既不能松脱也不能过紧以致无法松脱。同一接线柱上不宜超过三个接头。

3）电源正、负极（或相、地线）的引出线最好用红、黑色导线加以区分。

4）线路连接后要仔细复查，接通电源前要排除连线错误。

1.2.4 正确测量与读取数据

1. 正确测量

在一些实验中，需要研究电路中某一参数变化时各物理量之间产生的影响，电路改变一次参数，其工作状态随之改变，所以应该在电路处于同一种工作状态时依次测量电路中所需测量的物理量。

举例说明：图 1-1 所示电路，当 R_3 变化时，测量各元件电压及各支路电流，验证基尔霍夫定律。

正确的测量方法：当 $R_3\%=100\%$时，依次测量 I_1、I_2、I_3、U_1、U_2；再使 $R_3\%=80\%$，重复以上测量；直至 $R_3=0$，测量各物理量并填入表 1-1 中。

错误的测量方法：电压表放在电阻 R_1 两端不动以测量电压 U_1，然后使 $R_3\%=100\%$，80%，…，0。再将电压表放在电阻 R_2 两端来测量电压 U_2。重复以上的做法，直至测完所有被测量。

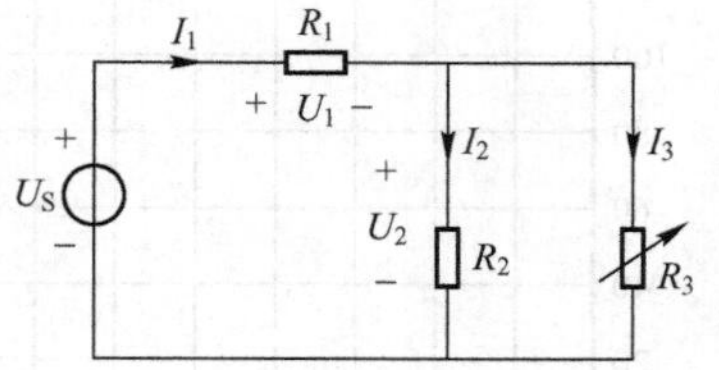

图 1-1 示例电路

表 1-1 图 1-1 测量数据

$R_3\%$	测量数据				
	U_1	U_2	I_1	I_2	I_3
100%					
80%					
60%					
40%					
20%					
0					

2. 合理取点

读取数据前先观察被测物理量的变化规律，找出特殊点；测量数据时合理取点，使曲线能真实反映实验结果。

3. 量程选择

选量程时应根据电源电压、电路连接方式和电路参数变化情况等估计可能出现的最大电压、电流值，将仪表量程选为该值的 1.2~1.5 倍。当被测量值无法估计时，应从电表的最大量程开始测试，然后逐渐减小。

对于指针式仪表，当指针指在大于满量程刻度的 2/3 时，读数误差小，且指针偏转越大，读数越准确。

4. 正确读取数据

读取数据时应注意仪表的量程，特别在使用不均匀刻度仪表时，要事先判明每分格的正确读数。如果不易直接读出数据，可先读出格数及使用的量程，待实验完毕再换算。读表时要注意读出足够的有效数字。

1.2.5 正确绘制曲线

1. 选取合适的坐标系

坐标系分为直角坐标系、半对数坐标系、对数坐标系等。

（1）直角坐标系

两坐标轴都为分度均匀的线性分度，是实验中描绘曲线最常用的坐标系。

（2）半对数坐标系

一个轴是分度均匀的普通坐标，另一个轴是分度不均匀的对数坐标。

下列情况选用半对数坐标系绘制曲线：

1）当变量之一在所研究的范围内发生几个数量级的变化时。

2）在自变量由零开始逐渐增大的初始阶段，当自变量的少许变化引起因变量极大变化，采用半对数坐标系绘制曲线，曲线最大变化范围可扩展，使图形轮廓清楚。

(3) 对数坐标系

两个轴（x 和 y）都取对数标度的坐标轴。

在下列情况下应用对数坐标系：

1）如果所研究的函数 y 和自变量 x 在数值上均变化了几个数量级。

例如，已知 x 和 y 的数据为：

x = 10, 20, 40, 60, 80, 100, 1000, 2000, 3000, 4000

y = 2, 14, 40, 60, 80, 100, 177, 181, 188, 200

在直角坐标系中作图几乎不可能表示出坐标 x 等于10、20、40、60、80 的数据点（见图 1-2），若 x 轴采用对数坐标则可以得到比较清楚的曲线（见图 1-3）。

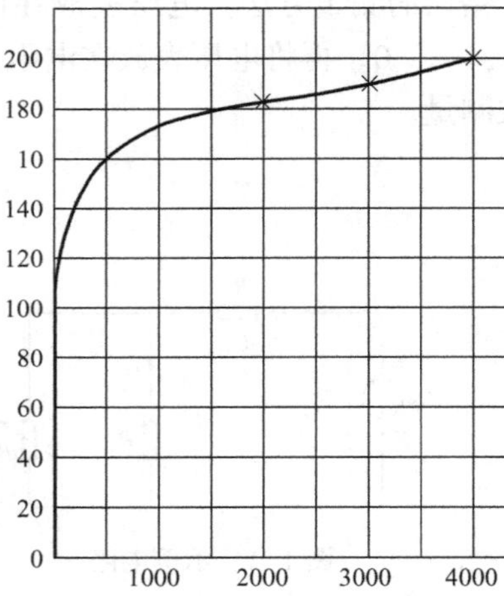

图 1-2　直角坐标系中的曲线

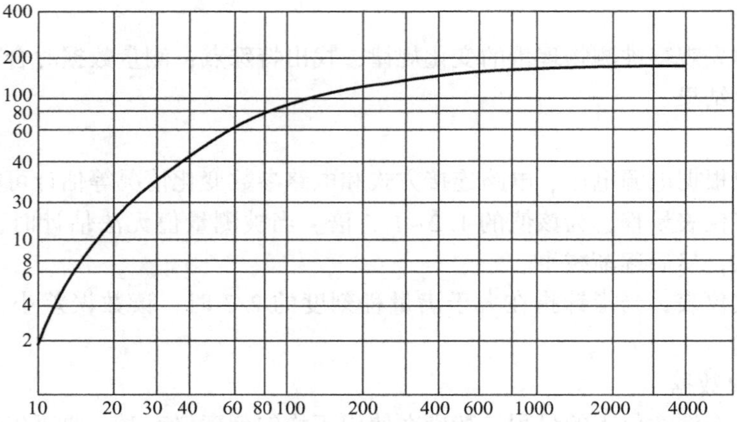

图 1-3　对数坐标系中的曲线

2）需要将曲线开始部分划分成展开的形式。

2. 选取适当分度比例

坐标系中的两个坐标轴可取不同的分度值，分度也可不从原点开始，但要求能明显地反映出所绘曲线的变化规律，所选的分度比例应使曲线占满整个坐标系。

图 1-4a 和图 1-4b 给出了两个不同分度值的例子，显然图 1-4a 较图 1-4b 分度取值更合理，更清楚地反映了曲线的变化规律。

3. 曲线的拟合

由于测量数据中总会存在误差，因此不必强求曲线通过所有数据点（见图 1-5a），而是要绘制出能反映所测数据一般变化趋势的光滑曲线，称为“曲线拟合”。

最简单的求拟合曲线的方法是利用观察法人为地画出一条光滑曲线，使所测数据点均匀地分布在曲线两旁（见图 1-5b）。但这种方法不精确，不同的人绘出的曲线差别较大。

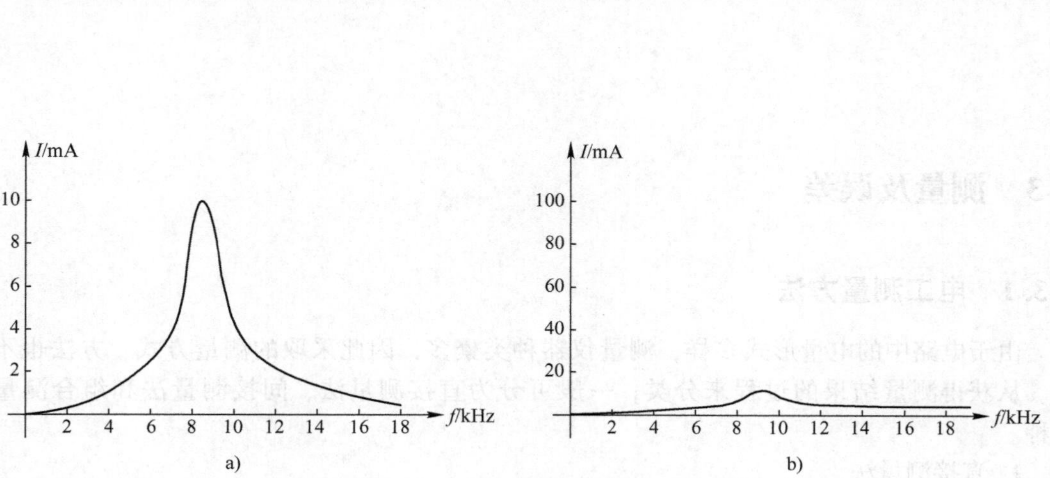

图 1-4　不同分度值曲线

a）分度值比例合适　b）分度值比例不合适

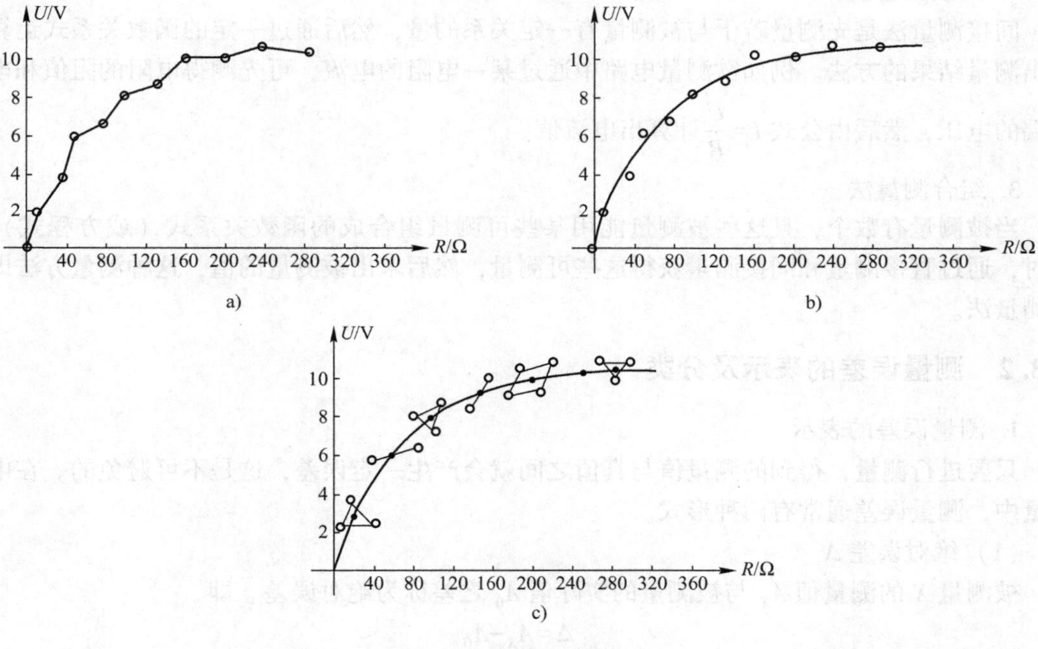

图 1-5　曲线拟合方法

a）曲线过每一数据点　b）观察法拟合曲线　c）分段平均法拟合曲线

另一种工程上常用的曲线拟合法是“分段平均法”。先在坐标图上标出所有数据点；观察其数据分布情况，把相邻的 2~4 个数据点划为一组，共得 m 组数据；然后求取每组数据的几何重心，标于坐标图上；最后根据它们绘制出光滑曲线（见图 1-5c）。分段平均法可以抵消部分测量误差，具有一定的精度。

4. 作图要求

曲线要画在坐标纸上，横坐标为自变量，纵坐标为因变量，标明坐标轴物理量的单位及曲线的名称；若在同一坐标系中绘制多条曲线，各曲线的数据点要用不同符号标记，如叉、空心圆、实心圆等。

1.3 测量及误差

1.3.1 电工测量方法

由于电路中的电量形式多样，测量仪器种类繁多，因此采取的测量方式、方法也不一样。从获得测量结果的过程来分类，一般可分为直接测量法、间接测量法和组合测量法三种。

1. 直接测量法

直接测量法是测量的结果能直接显示出数值的测量方法。例如用电压表直接测得某一支路上的电压即属直接测量法。

2. 间接测量法

间接测量法是先测量若干与被测量有一定关系的量，然后通过一定的函数关系式运算而得出测量结果的方法。例如欲测量电路中通过某一电阻的电流，可先测得电阻的阻值和电阻两端的电压，然后由公式 $I=\frac{U}{R}$ 计算出电流值。

3. 组合测量法

当被测量有数个，且这些被测量能用某些可测量组合成的函数关系式（或方程式）表示时，通过直接测量和间接测量获得这些可测量，然后求出被测量的值，这种测量方法即组合测量法。

1.3.2 测量误差的表示及分类

1. 测量误差的表示

只要进行测量，得到的测量值与真值之间就会产生一定误差，这是不可避免的。在电子测量中，测量误差通常有两种形式。

（1）绝对误差 Δ

被测量 X 的测量值 A_X 与被测量的实际值 A_0 之差称为绝对误差。即

$$\Delta=A_X-A_0$$

绝对误差的单位与被测量的单位相同；并有正负之分。

将绝对误差加一个负号就是校正值 C。

$$C=-\Delta=A_0-A_X$$

在高准确度的电表中，常常附有校正曲线，以便通过“加”校正值来提高测量准确度。

校正曲线以被校表读数为横坐标，以校正值为纵坐标，所做曲线即为校正曲线。曲线上各点间应以直线连接成一折线，如图 1-6 所示。

（2）相对误差 γ

绝对误差与被测量实际值之比，称为相对误差 γ，相对误差通常用百分数表示。即

$$\gamma=\frac{\Delta}{A_0}\times 100\%$$

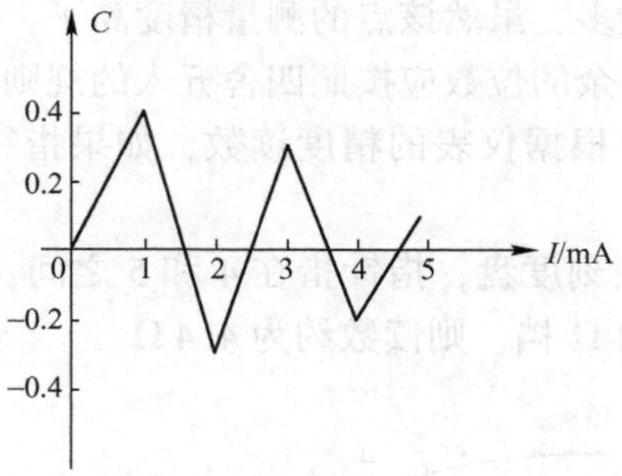

图 1-6　修正值曲线

(3) 引用误差 γ_m

仪表的准确度通常用引用误差表示。引用误差就是绝对误差与仪表量程 A_m 的比值，也用百分数表示，即

$$\gamma_m=\frac{\Delta}{A_m}\times 100\%$$

仪表的最大引用误差（最大的绝对误差 Δ_m 与仪表量程 A_m 的比值）表示了仪表的准确度。仪表的准确度级别越小，则其最大绝对误差越小。我国生产的电表的准确度分为 7 级，即：0.1、0.2、0.5、1.0、1.5、2.5、5.0 级。

仪表的准确度等级应该定期进行校验。一般用比较法，选取一块比被校表的准确度等级高 1~2 级的仪表作为标准表，将两者同时接入电路中，在表的整个刻度范围内，逐点比较被校表与标准表的差值 Δ，根据 Δ 最大值的绝对值与量程之比的百分数，确定被校表的准确度等级。

2. 测量误差的分类

根据测量误差的性质可分为系统误差、随机误差和疏失误差。

(1) 系统误差

在相同条件下，多次测量同一量时，误差的绝对值和符号保持不变，或在条件改变时，按着一定的规律而变化的误差。

(2) 随机误差

在相同的测量条件下多次测量同一被测量时，误差的绝对值与符号以不可预定的方式变化的误差。

(3) 疏失误差

在一定的测量条件下明显地歪曲测量结果的误差。

1.3.3　有效数字位数的处理

在测量中遇到的数据，一般反映的是某一量的大小或多少；但在测量中获取的原始数据，既反映被测量的大小又内含了测量精度。如 1 和 1.0，它们的大小是相等的，但它们的测量精度却差了一个数量级。因此在进行测量或实验后的数据处理时，要使同一项测量保持相同的测量精度，即它们小数点后的数位应相同。当是整数时，要根据精度的要求，在小数点后用 0 将数位补足，在同一项测量中不应出现不同的有效数位。位数少，说明测量精度不够，不能满足测量要求；位数多，虽然该点的测量精度高了，但从整体上看并没有多大的实际意义。为了记录的整齐，多余的位数应按照四舍五入的规则处理。

在电路实验的测量过程中根据仪表的精度读数，如果指针指示的位置在两条分度线之间，可估读一位数字。

例：图 1-7 所示为欧姆表刻度盘，指针指在 4 和 5 之间，可按最小分格的 1/10 或 1/5 估计尾数，若欧姆表量程为×1 Ω 档，则读数约为 4.4 Ω。

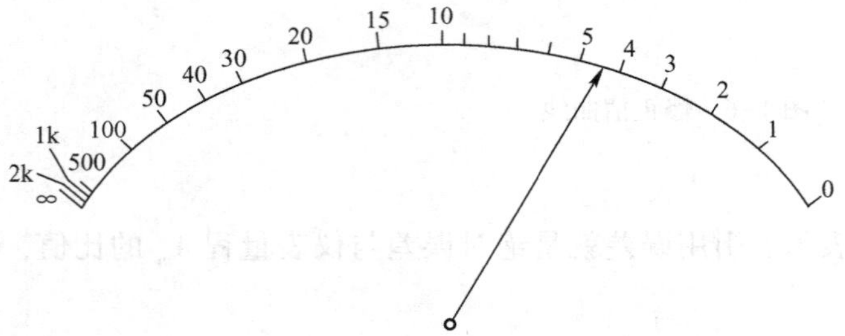

图 1-7　欧姆表刻度

视频 1：绪论

第2章　基础电路实验

2.1　电阻元件伏安特性的测试

一、实验目的

1. 掌握线性电阻、非线性电阻元件伏安特性的测试方法。

2. 加深对电路元件伏安特性的理解。

3. 掌握直流电工仪表和设备的使用方法。

二、预习要求

1. 认真阅读概论、学生实验守则。

2. 阅读第5章5.7节“电路教学实验台”中直流电压源、电流源，直流电流表、电压表的使用方法。

3. 图2-3a和图2-3b分别为电压表前接和后接法测量电路，根据本实验所测非线性电阻的伏安特性，回答两电路的适用情况。

三、实验原理

任何一个两端元件的特性可用该元件上的端电压 U 与通过该元件的电流 I 之间的函数关系 $I=f(U)$ 来表示，即用 $I-U$ 平面上的一条曲线来表征，这条曲线称为该元件的伏安特性（又称外特性）曲线。

电阻元件分为线性电阻元件和非线性电阻元件。

线性电阻元件的伏安特性为

$$U=RI$$

由以上函数关系绘制的伏安特性曲线如图2-1a所示，伏安特性曲线为一条过原点的直线，电阻的阻值 R 为该直线的斜率。

非线性电阻元件的阻值 R 不是常量，其伏安特性是一条过原点的曲线。非线性电阻元件的种类很多，常见的有白炽灯、稳压二极管、普通二极管等，其相应的伏安特性曲线如图2-1b、c、d所示。

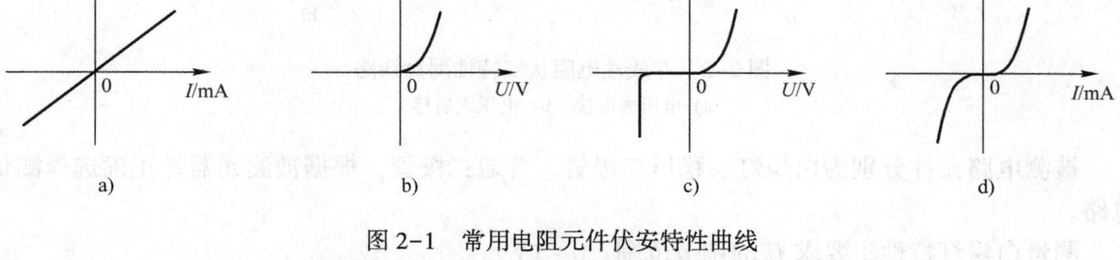

图2-1　常用电阻元件伏安特性曲线

a）线性电阻　b）白炽灯　c）稳压二极管　d）普通二极管

白炽灯工作时灯丝处于高温状态，其灯丝电阻随着温度的改变而改变，又因为温度的变化与通过的电流有关，其伏安特性为图 2-1b 所示的曲线。

稳压二极管具有与普通二极管类似的正向导通特性，但其方向特性特殊，当加反向电压值较小时其电流几乎为零，但当电压增加到某一数值（稳压值）时电流突然增加，而其端电压保持在稳定电压值，其伏安特性曲线如图 2-1c 所示。

普通二极管具有单向导电性。加正向电压时二极管导通，当电压值大于门槛电压（锗管0.3V，硅管0.6V）时，电流迅速增加；加反向电压时电流几乎为零，视为截止，其伏安特性曲线如图 2-1d 所示。

四、实验内容和步骤

1. 测定线性电阻 R 的伏安特性

按图 2-2 接好实验线路。

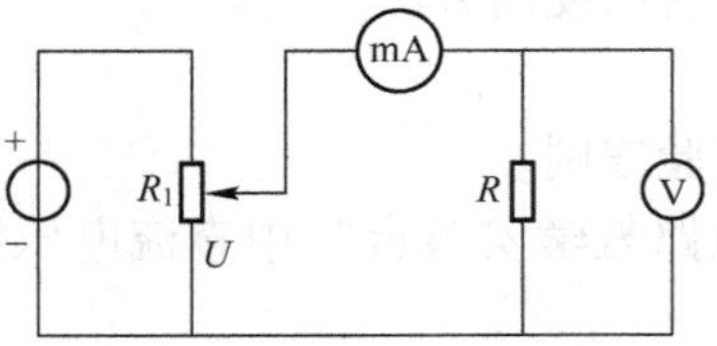

图 2-2 线性电阻伏安特性测量线路

图中 $R=100\,\Omega$，R_1 为 0~100 Ω 的电位器。理想电压源输出电压 $U_S=10\,V$。调节 R_1，使 U 从 0~10 V 变化，测量相应的电压、电流值并填入表 2-1 中。

表 2-1 线性电阻伏安特性测量数据

I/mA					
U/V					

2. 测定非线性电阻的伏安特性

测量线路如图 2-3 所示，图中 R 为限流电阻。

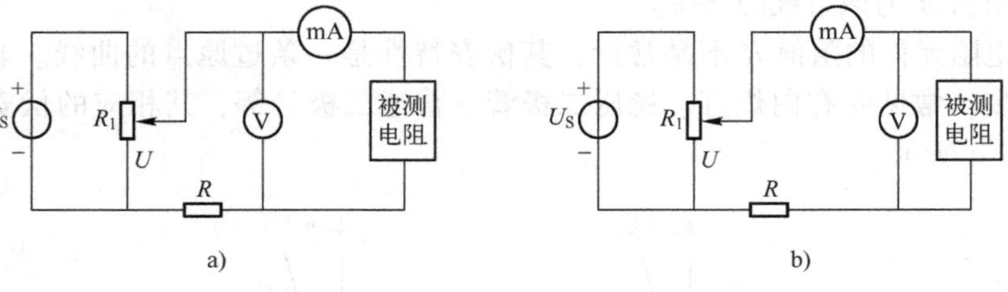

图 2-3 非线性电阻伏安特性测量线路

a) 电压表前接 b) 电压表后接

被测电路元件分别为白炽灯、稳压二极管、普通二极管，根据被测元器件正确选择测量电路。

测量白炽灯特性，要求 U 的调节范围：0~3 V。

测量稳压二极管特性，正向 U 的调节范围：0~3 V，反向 U 的调节范围：0~5 V。

测量普通二极管特性，要求 U 的调节范围：0~3 V，二极管型号：1N4007。

记录数据于表 2-2 中。

表 2-2　非线性电阻伏安特性测量数据

白炽灯	I/mA								
	U/V								
稳压二极管	I/mA								
	U/V								
普通二极管	I/mA								
	U/V								

五、实验设备

电路教学实验台　　　　　　　　　　　1套

六、实验报告要求

1. 根据测量数据，在坐标纸上绘制四种电阻元件的伏安特性曲线。
2. 在绘制的线性电阻伏安特性曲线中求出电阻的阻值。
3. 总结实验心得及提出建议。

2.2　电源元件伏安特性的测试

一、实验目的

1. 掌握电压源及电流源伏安特性测试的方法。
2. 加深对电路元件伏安特性的理解。

二、预习要求

1. 认真阅读概论、学生实验守则。
2. 阅读第 5 章 5.7 节“电路教学实验台”中直流电压源、电流源，直流电流表、电压表使用方法。
3. 画出测量实际电压源、实际电流源伏安特性的实验电路图。
4. 回答问题：

简述在电压源实验电路中如何测量 $I=0$ 的点？在电流源实验电路中如何测量 $U=0$ 的点？

三、实验原理

两端元件的伏安特性是指元件的端电压 U 与流过该元件的电流 I 之间的函数关系。此函数关系可以绘成 U–I 平面上的一条曲线，叫作该元件的“伏安特性曲线”（外特性）。

1. 电压源伏安特性

$$U=U_S-IR_S$$

由以上函数关系绘制的伏安特性曲线称“实际电压源伏安特性曲线”。电压源内阻 R_S 改变则电源伏安特性随之改变。实际电压源模型见图 2-4a，伏安特性见图 2-4b。

R_S 为零的电压源叫理想电压源，其端电压与流过电源的电流大小无关，它的伏安特性是平行于 I 的直线，如图 2-4b 所示。

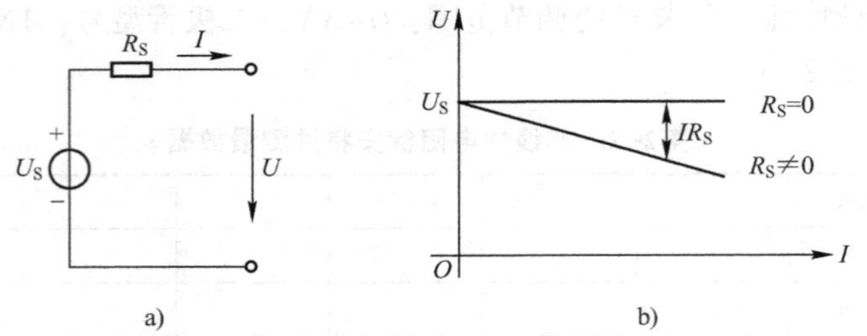

图 2-4 电压源电路模型与伏安特性曲线

a）实际电压源电路模型 b）电压源伏安特性曲线

2. 电流源伏安特性

实际电流源模型如图 2-5a 所示。其关系式为

$$I=I_S-\frac{U}{R_S}$$

由以上函数关系绘制的伏安特性曲线如图 2-5b 所示，电流源的输出电流随内阻 R_S改变而改变。R_S为无穷大的电流源叫理想电流源，其输出的电流与端电压大小无关，它的伏安特性是平行于 U 的直线，如图 2-5b 所示。

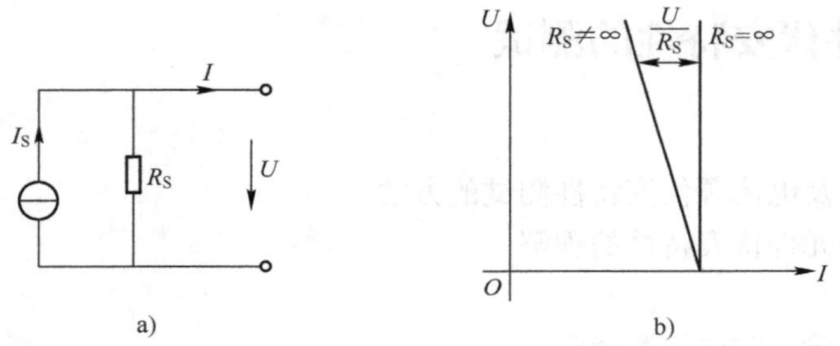

图 2-5 电流源模型与伏安特性曲线

a）实际电流源电路模型 b）电流源伏安特性曲线

四、实验内容和步骤

1. 测定电压源、电流源的伏安特性

（1）电压源伏安特性

1）理想电压源特性

按图 2-6 接好实验线路。

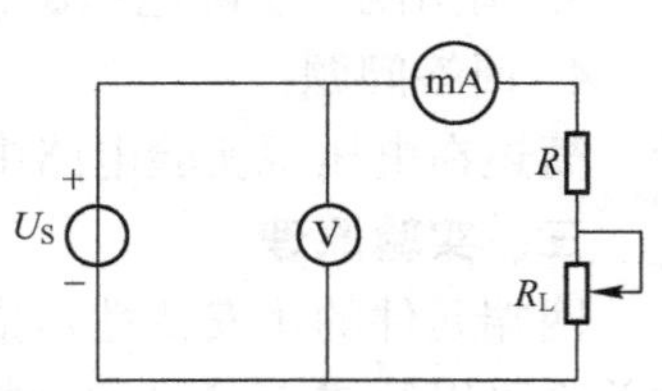

图 2-6 理想电压源实验线路

图中 $R=100\,\Omega$，R_L为 0～1 kΩ 电位器。调节理想电压源 U_S使其输出电压在 8～12 V 之间，改变负载电阻 R_L，测量相应的电压、电流值并填入表 2-3 中。

2）实际电压源特性

将图 2-6 中理想电压源分别与 100 Ω、470 Ω 电阻组成实际电压源，改变 R_L，测量相应的电压、电流值并填入表 2-3 中。要求：画出实际电压源实验线路图。

表 2-3　电压源伏安特性测量数据

$R_S=0\,\Omega$	I/mA	0				
	U/V					
$R_S=100\,\Omega$	I/mA	0				
	U/V					
$R_S=470\,\Omega$	I/mA	0				
	U/V					

（2）电流源伏安特性

1）理想电流源特性

按图 2-7 接好实验线路。图中 $R=100\,\Omega$，R_L 为 0~1 kΩ 电位器。

调节理想电流源 I_S，使其输出电流在 5~10 mA 之间，改变 R_L，测量相应的电流、电压值并填入表 2-4 中。

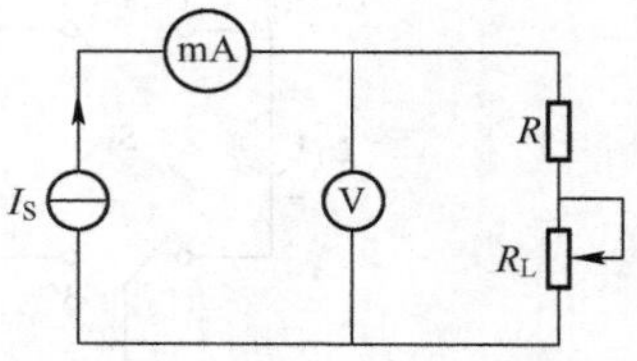

图 2-7　理想电流源实验线路

表 2-4　电流源伏安特性测量数据

$R_S=\infty\ \Omega$	U/V	0				
	I/mA					
$R_S=3.3\,\mathrm{k}\Omega$	U/V	0				
	I/mA					
$R_S=680\,\Omega$	U/V	0				
	I/mA					

2）实际电流源特性

将图 2-7 中理想电流源分别与 680 Ω、3.3 kΩ 电阻组成实际电流源，改变 R_L，测量相应的电流、电压值并填入表 2-4 中。要求：画出实际电流源实验线路图。

五、实验设备

电路教学实验台　　　　　　　　1 套

六、实验报告要求

1. 根据实验数据，在坐标纸上绘制三种不同内阻的电压源、电流源伏安特性曲线，并得出相应的结论。

2. 在理想电压源、电流源外特性测试电路中，电压表的接法是否相同？试对其进行分析。

3. 总结实验心得及提出建议。

视频 2：电源元件伏安特性的测试

2.3　查找电路故障

一、实验目的

1. 掌握查找电路故障的方法。

2. 学会运用电路理论分析、判断电路故障的类型。

二、预习要求

1. 认真阅读原理及说明部分。

2. 请思考回答：

在图2-8中，已知：在U_1、U_2共同作用时，用电流表、电压表测得$I_1=0$，$I_2\neq0$，$I_3\neq0$，且$I_2\neq I_3$，U_{AC}、U_{AB}、U_{CD}、U_{CE}、U_{EF}、U_{FD}、U_{DB}各电压均有示数，试分析电路中的故障（电路只有一处有故障）。

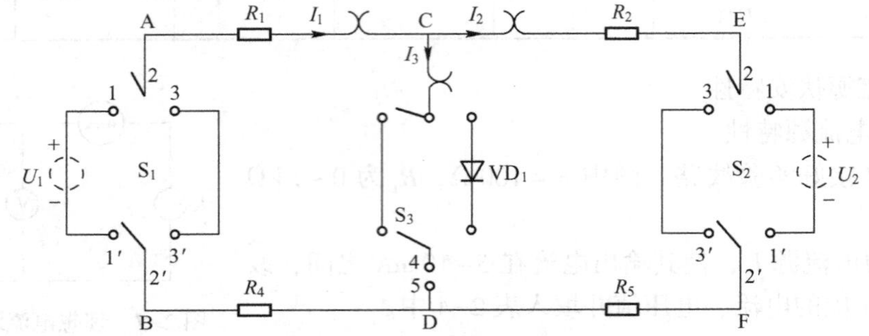

图2-8　查找故障实验线路

三、实验原理

实验中由于各种原因会造成电路故障，准确快速地排除故障不仅需要一定的理论基础，还需要熟练的实验技能和一定的实践经验。因此排除电路故障是培养分析问题、解决问题能力和实际工作能力的一个重要方面，应注意在实验中不断地积累经验。

1. 电路中常见故障

电路故障分为破坏性和非破坏性两种。

破坏性故障通常会有打火、冒烟、发声、发热等现象，会造成电源短路、仪器、仪表及器件损坏。

非破坏性故障只会影响实验结果的正确性，会出现无电压、电流等异常现象。

导致电路发生故障的原因大致如下。

1）电路连接错误，导致原电路结构发生变化。

2）电路连接点接触不良，导线内部断线。

3）元器件或导线间短路。

4）元器件参数异常；实验装置、元器件使用条件不符合其要求。

5）仪器、设备或器件损坏。

2. 查找故障方法、步骤

（1）判断故障种类

1）对于破坏性故障必须采用断电的方法，用看、摸、欧姆表测量相结合，找出电路的故障点。

2）对于非破坏性故障则应在电路通电的情况下用电流表、电压表进行检查。

（2）查找故障步骤

1）对所查电路各支路电流或电路各点电位的正确值做到心中有数。

2）用电流表、电压表检查电路中各支路电流是否正常，各点的电位是否正确，判断故障的主要依据为等电位点没有电压。

3）在查找故障的同时要记录相应的电压、电流值。

4）用相关理论分析记录的各数据，判断出故障点。

3. 查找故障举例

电路如图 2-9 所示，设电路中 e、f 间断路。

故障现象：接通 4 V 电源，$I_1=I_2=0.1\ \text{A}$，$I_3=0$，回路 2 中 10 Ω 及 20 Ω 的电阻元件上没有电压。

分析：由 I_1、I_2 的值说明回路 1 正常无故障，回路 2 有断点。

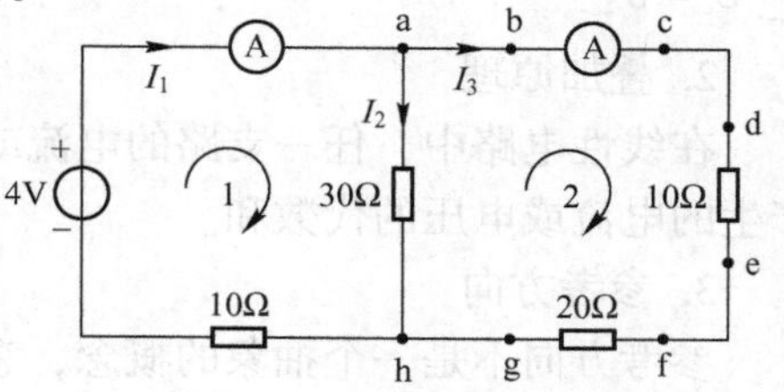

图 2-9　查找故障示例线路

用电压表查找故障点：将电压表接电路中 a、h 两端，电压表有读数，再将电压表的负极端固定在 h 端，移动正极端从 a 点沿回路依次测量 b、c、d、e、f、g、h 各点电压，当测量至 e 点时仍有电压，但当移至 f 点时发现电压表示数为零，说明 $\varphi_e \neq \varphi_f$，而 e、f 为同一导线上的两点，正常时 $\varphi_e=\varphi_f$，由此可以确定导线 ef 断开。

四、实验内容和步骤

1. 图 2-9 所示为待查实验电路，电路中设有 9 个故障点，分别由 9 个按键控制，每个按键对应一个故障点。

2. 接入电源，$U_1=12\ \text{V}$，$U_2=5\ \text{V}$；电路中 4、5 端子接电阻 $R_3=1\ \text{k}\Omega$；

3. 用直流电压表、电流表查找电路中的故障点，并记录相关电压、电流值。

五、实验设备

电路教学实验台　　　　　　　　　　1 套

六、实验报告要求

1. 回答预习要求中的思考题。

2. 用记录的数据对所查出的各故障点进行理论分析，并得出结论。

3. 总结查找线路故障的方法及收获体会。

视频 3：查找电路故障

2.4　基尔霍夫定律与叠加定理

一、实验目的

1. 验证基尔霍夫定律和叠加定理。

2. 加深对参考方向的理解。

3. 观察实验电路中一个参数变化时，电路中各支路电流及电功率变化的情况，并进行理论分析。

二、预习要求

1. 复习与本实验有关的定理、定律等。

2. 回答问题：验证叠加原理时，不作用的电压源、电流源怎样处理？

三、实验原理

1. 基尔霍夫定律

基尔霍夫定律是电路理论中最基本和最重要的定律之一，它包括以下两个内容。

1）基尔霍夫电流定律：电路中，任意时刻流进和流出结点电流的代数和等于零，即 $\sum I=0$。

2）基尔霍夫电压定律：电路中，任意时刻沿闭合回路各元件电压降代数和等于零，即 $\sum U = 0$。

2. 叠加原理

在线性电路中，任一支路的电流或电压都是电路中每一个独立源单独作用时在该支路所产生的电流或电压的代数和。

3. 参考方向

参考方向不是一个抽象的概念，它有具体的意义。如图 2-10 中，AB 为某网络中的一条支路，事先不知道该支路电压的极性，如何去测量该支路电压呢？

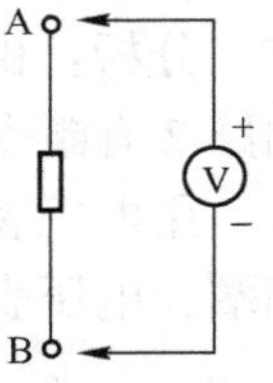

图 2-10

首先假定支路电压方向由 A 指向 B，即 U_{AB} 就是该支路电压参考方向。把电压表正极与 A 相连，电压表负极与 B 相连，若此时电压表指针顺时针偏转，则读数为正，说明参考方向与实际方向一致；反之，电压表指针逆时针偏转，说明参考方向与实际方向相反。测量该支路的电流与测量电压时情况相同。

四、实验内容和步骤

1. 实验线路如图 2-11 所示，其中 $U_1 = 12\,\text{V}$，$U_2 = 5\,\text{V}$，$R_1 = 150\,\Omega$，$R_2 = 100\,\Omega$，$R_3 = 0 \sim 1\,\text{k}\Omega$，$R_4 = 300\,\Omega$，$R_5 = 100\,\Omega$。注意：两电源是否作用于电路由开关 S_1、S_2 来控制。

2. 观察现象

U_1、U_2 共同作用于电路，将 S_3 短接，4、5 端接 R_3。改变电阻 R_3，从 $0 \sim 1\,\text{k}\Omega$ 逐渐增大，观察电流 I_1、I_2、I_3 的变化规律及变化范围。

浮接：细心调节 R_3，观察电流 I_2 是否可能为零，若为零则 I_2 支路没有电流，此时 U_2 处于浮接状态。

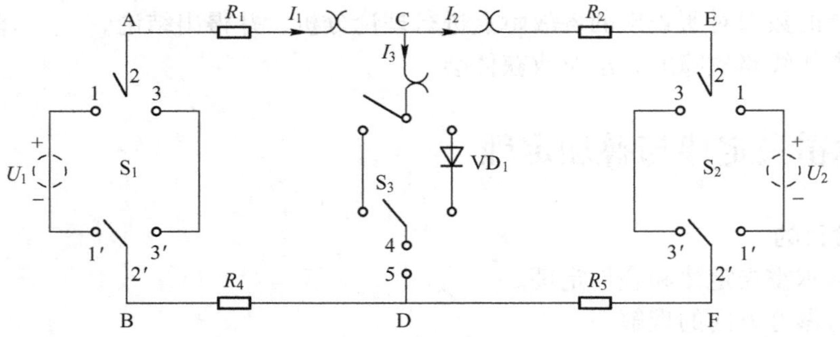

图 2-11　基尔霍夫定律、叠加原理实验线路

3. 测量数据

改变 R_3，分别测量 U_1 单独作用、U_2 单独作用及 U_1 和 U_2 共同作用于电路时，电路中各支路电流及电压的数值，记录在表 2-5 中。

将 S_3 接入二极管 VD_1，4、5 端短接，测量电路中各支路电流及电压的数值，记录在表 2-5 中。

五、实验设备

电路教学实验台　　　　　　　　1 套

六、实验报告要求

1. 根据实验结果（各取 2~3 组数据），验证基尔霍夫定律和叠加原理，并验证非线性电路是否满足叠加原理。

2. 根据表 2-5 中计算所得 P_1、P_2 的数值，分别对其正负号加以解释，并说明是吸收还是发出功率。

3. 分析实验中产生误差的原因。

视频 4：基尔霍夫定律和叠加原理

表 2-5　基尔霍夫定律、叠加原理测量数据

	测量数据									计算数据		
	I_1/mA	I_2/mA			I_3/mA	U_{CE}/V	U_{EF}/V	U_{FD}/V	U_{CD}/V	P_1/W	P_2/W	R_3/Ω
	U_1，U_2 作用	U_1 作用	U_2 作用	U_1，U_2 作用	U_1，U_2 作用	U_1，U_2 作用	U_1，U_2 作用	U_1，U_2 作用	U_1，U_2 作用	U_1 的功率	U_2 的功率	$R_3=\frac{U_{CD}}{I_3}$
R_3												
				0								
VD1												

注：表中 P_1、P_2 为 U_1、U_2 共同作用时的功率。

2.5　戴维南定理及最大功率输出定理

一、实验目的

1. 通过实验验证戴维南定理。

2. 通过实验证明负载上获得最大功率的条件。

二、预习要求

1. 计算图 2-13 有源二端网络 U_{OC}、R_0 的理论值，并设计其等效电路图。

2. 简述用伏安法确定 R_0 的实验步骤。

3. 自拟测量等效电路的伏安特性及功率的数据表格，并简述准确测量 $P=P_{max}$ 点的方法。

三、实验原理

1. 戴维南定理

任何一个线性有源二端网络，对外电路来说，可以用一条有源支路代替，该有源支路电压源的电压等于有源二端网络的开路电压，其内阻等于该有源二端网络的入端电阻。

线性有源二端网络伏安特性是指该二端网络的端口电压与输出电流的伏安特性。

用实验的方法分别测出有源二端网络及其等效电路的伏安特性，并加以比较，就可以证明戴维南定理的正确性。

2. 最大功率输出定理

对于具有一定内阻 R_i 的电源，负载自电源获得的功率随负载电阻 R_L 不同而不同。若电源的电动势和内阻固定，为找出获得最大功率时负载的电阻值，可用图 2-12 所示电路。因负载功率即电源的输出功率，其计算式为：

$$P=I^2R_L$$

但 $I=\dfrac{U_S}{R_i+R_L}$，代入上式得

$$P=\left(\frac{U_s}{R_i+R_L}\right)^2R_L$$

对上式求导数，可得负载获得最大功率的条件为 $R_L=R_i$，即负载电阻等于电源内阻时，电源输出功率最大，这时负载与电源“匹配”。

四、实验内容和步骤

1. 基础性实验

内容：验证戴维南定理、最大功率输出定理

（1）测量有源二端网络外特性

按图 2-13 接好实验电路，其中 $U_1=15\,V$，$R_1=300\,\Omega$，$U_2=5\,V$，$R_2=200\,\Omega$，$R_L=0\sim1\,k\Omega$，虚线框内为一有源二端网络。改变 R_L，测量相应的电压 U_{ab} 和电流 I，填入表 2-6 中。

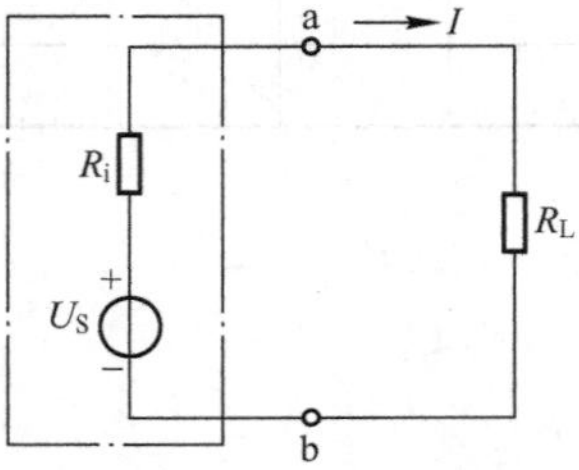

图 2-12　最大功率输出定理电路

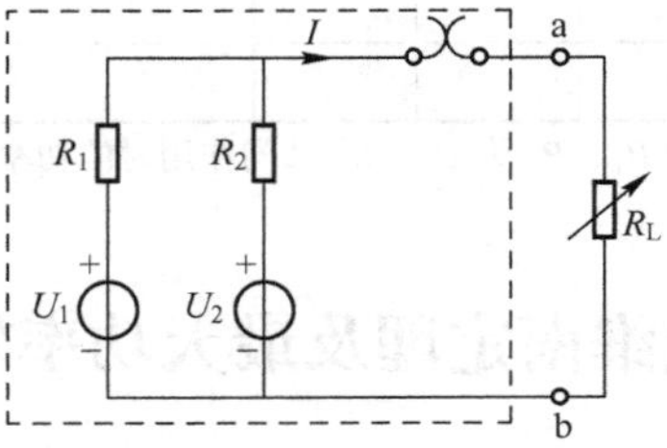

图 2-13　有源二端网络外特性测量线路

表 2-6　有源二端网络外特性测量数据

测量值	U_{ab}/V							
	I/mA							
计算值	R_L/Ω	0						∞

（2）测量有源二端网络等效电路的伏安特性及 $P=f(R_L)$ 曲线

1）根据实验内容（1）所测的 U_{OC} 及 R_0 组成有源二端网络等效电路。

由表 2-6 所测的有源二端网络的开路电压 U_{OC} 和短路电流 I_{SC}，可求得入端电阻 $R_0=\dfrac{U_{OC}}{I_{SC}}$。

要求：有源二端网络等效电路图由同学自己设计，R_0 由伏安法确定，（R_0 由 100 Ω 固定电阻和可调电阻组成）。

2）测量有源二端网络等效电路的伏安特性并计算各种负载下所获得的功率。将测量及计算数据填入自己设计的表中。

要求：准确测量最大功率 P_{max} 点，并在 P_{max} 点前、后各取两点，且取点密些。

2. 提高性实验

设计电路验证戴维南定理和最大功率输出定理。

要求：

1）根据所给实验器件设计一有源二端网络，该网络至少包括一个电压源和一个电流源，其开路电压 $U_{OC}=10\text{ V}$，短路电流 $I_{SC}=35\text{ mA}$。

2）画出相应的实验电路和数据记录表格。

3）写出实验步骤。

五、实验设备

电路教学实验台　　　　　　　1套

六、实验报告要求

1. 根据实验数据在同一坐标系中绘制有源二端网络及其等效电路的伏安特性，加以分析并得出结论。

2. 根据实验数据绘制 $P=f(R_L)$ 的曲线，并验证最大功率输出定理。

3. 回答问题

1）如果有两个不同的线性有源二端网络，其对外端口的伏安特性相同，能否说二端网络等效？

2）负载功率为最大时，电源内部功率损失是多少？这时电源输送能量的效率是多少？

3）对于低内阻的动力电源要不要考虑负载与电源匹配？为什么？

4）一含源二端网络内部结构不详，若该含源二端网络不允许短路和开路，可用什么方法测量其等效电阻 R_0？

七、附录

测量有源二端网络等效电路的参数除了本实验所采用的方法外，还有其他方法。

1. 测量开路电压

测量 ab 端开路电压可用直接测量法。当有源二端网络的等效内阻与电压表内阻相比可以忽略不计时，可以采用此法，否则误差太大。

另外可以用补偿法测开路电压。测量电路如图 2-14 所示。E 为高精度的标准电压源，R_1、R_2为标准分压电阻箱，G 为高灵敏度的检流计。

调节电阻箱为分压比，c、d 两端的电压随之改变，当 $U_{cd}=U_{ab}$时，流过检流计 G 的电流为零。即

$$U_{ab}=U_{cd}=\frac{R_2}{R_1+R_2}E=KE$$

其中 K 为电阻箱的分压比，由标准电压 E 和分压比 K 即可得到开路电压 U_{ab}。在电路平衡时 $I_G=0$，不消耗被测电路的能量，所以补偿法测量精度较高。

2. 测量有源二端网络的等效内阻 R_0

本实验利用测量二端网络开路电压 U_{OC}和短路电流 I_{SC}，得到等效电阻 $R_0=\dfrac{U_{OC}}{I_{SC}}$。这种方法适用于 ab 端等效电阻较大且短路电流不超过额定值的情况，否则有损坏电源的危险。

另有方法二：将有源二端网络中的独立源去掉，在 ab 端施加电压 U，测量 ab 支路电流 I，则等效电阻 $R_0=\dfrac{U}{I}$。

实际的电源都有一定的内阻，它不能与电源本身分开，因此在去掉电源时，电源内阻不能保留下来，这将影响测量的精度。此法适用于电压源内阻较小而电流源内阻较大的情况。

方法三：两次电压测量法。测量电路如图 2-15 所示。第一次测量 ab 开路电压 U_{OC}；然后在 ab 端接一已知电阻 R_L，第二次测量 ab 端电压 U，则 ab 端等效电阻 $R_0=\left(\frac{U_{OC}}{U}-1\right)R_L$

方法三克服了前两种方法的缺点和局限，常常在实际测量中被采用。

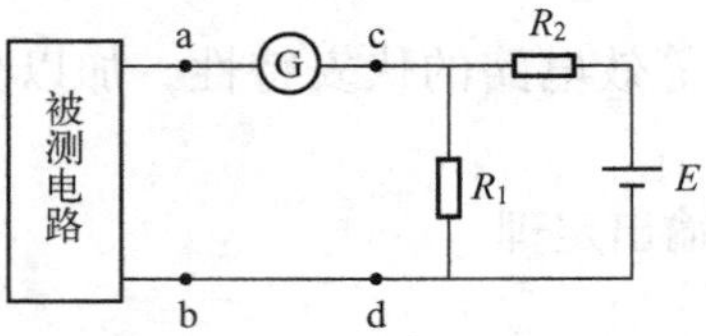

图 2-14　补偿法测量线路

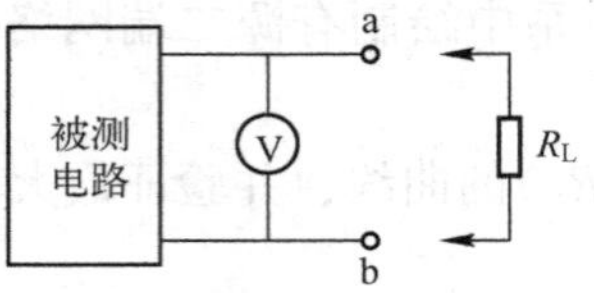

图 2-15　两次电压测量法线路

视频 5：戴维南定理及最大功率输出定理

2.6　示波器和信号发生器的使用

一、实验目的

1. 熟悉示波器和信号发生器面板上主要开关、旋钮的使用方法。
2. 学习示波器屏幕菜单的操作方法。
3. 学习用示波器显示波形，测量周期、频率和相位等。
4. 掌握用示波器测量电压、电流等基本电量的方法。

二、预习要求

认真阅读第 5 章中数字示波器和信号发生器的有关内容。

三、实验原理

1. 示波器

示波器是现代测量中常用的仪器之一，可分为模拟示波器和数字示波器两种。

示波器是一种电子图示测量仪器，它可以把电压（电流）的变化作为一个时间函数在屏幕上描绘出来，也可以把两个变量的相位关系显示在屏幕上（如将电压、电流等分别作为横坐标和纵坐标）。

使用示波器进行测量，具有直观、方便的特点。示波器可用于测量电压、电流（经采样转换）、周期、频率、相位和相位差等物理量。

2. 信号发生器

信号发生器是一种可以产生多种不同形状、不同频率波形的仪器，实验中常用作信号源。

3. 示波器和信号发生器在测量中的作用

信号发生器担负着向实验电路输入信号的任务，实验中可选择所需要的波形形状和信号频率。

示波器在实验中用作测量仪器，用它来完成具体的测量任务。

（1）电压的测量

示波器测量电压的方法主要有直接测量法、光标法和比较测量法等。实验中，常采用直接测量法和光标测量法，直接测量法就是直接从示波器屏幕上测量出被测电压的高度，然后换算成电压值。

计算公式为

$$U_p = D_Y h$$

式中，h 是被测信号峰值高度，单位是 div，D_Y 是 Y 轴灵敏度，单位是 V/div 或 mV/div。

光标测量法主要用于数字示波器，其测量方法见 5.6 节“数字示波器”中的相关说明。

注意：

1）当测量对象是交流电压时，输入耦合方式应选择“AC”；被测对象是直流电压时，耦合方式应是“DC”。

2）测量信号输入之前，应把扫描基线调整到零电平位置。

（2）电流的测量

用示波器不能直接测量电流。若要用示波器观测某支路的电流，一般是在该支路中串入一个“采样电阻”，如图 2-16 所示的电阻 r。当电路中的电流流过电阻 r 时，在 r 两端得到的电压 u_r 与 r 中的电流 i 波形相似，通过 u_r 除以就得到了该支路的电流，即

$$i = \frac{u_r}{r}$$

（3）周期的测量

示波器测量交流信号的周期（频率）可用直接测量法和光标法。

直接测量法是从示波器读出波形一个周期所占的格数 L_2（见图 2-17），按下式计算出波形的周期和频率

$$T = S \times L$$

式中，T 是被测波形一个周期的时间（单位：s）；S 是扫描时间（单位：s/div）；L 是波形一周期所占的格数（单位：div）。

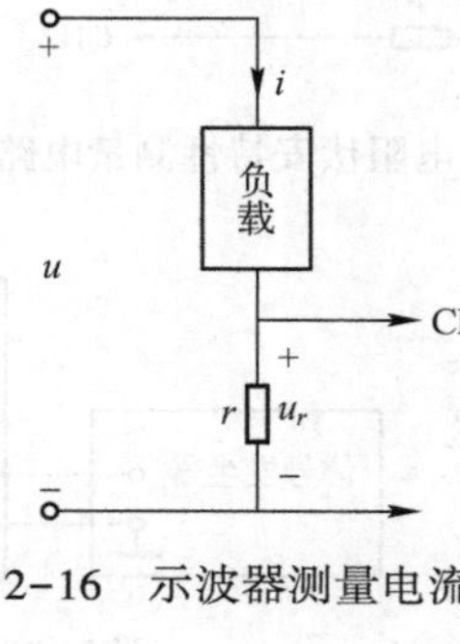

图 2-16　示波器测量电流电路

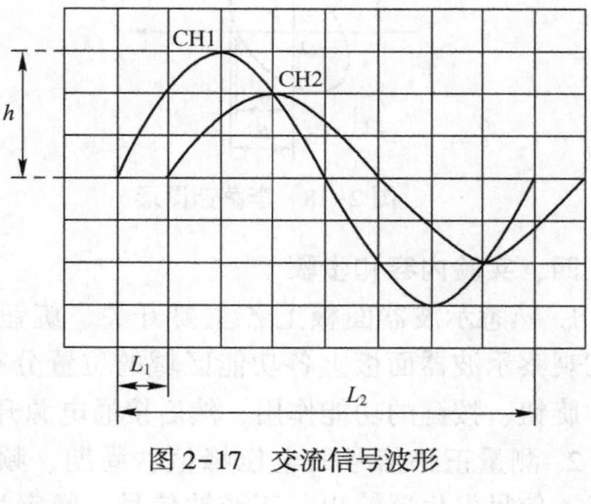

图 2-17　交流信号波形

另

$$f = \frac{1}{T}$$

式中，f 为信号的频率，是信号一个周期时间的倒数。

光标法见第 5 章 5.6 节“数字实时示波器”中的相关说明。

(4) 相位差的测量

测量两个同频率正弦信号的相位差，可以用直接法和椭圆截距法两种方法完成。

1) 直接法是把两个信号分别从 CH1 和 CH2 输入示波器，并把两通道的输入信号均以 YT 方式显示在屏幕上，如图 2-17 所示。从图中读出 L_1、L_2 格数，则它们的相位差为

$$\varphi=\frac{360°}{L_2}\times L_1$$

式中，φ 的单位是度（°）。

2) 椭圆截距法是把两个信号分别从 CH1 和 CH2 输入示波器，同时把示波器显示方式设为 XY 工作方式，则在显示屏上会显示出一椭圆，如图 2-18 所示。测出图中 a、b 的格数，则相位差为

$$\varphi=\arcsin\frac{a}{b}$$

图 2-18 所示图形也称为李萨茹图形。利用李萨茹图形不仅可以测量两个信号的相位差，而且还可以测量两个信号的频率比。

(5) 线性电阻元件特性测量

用示波器测量元件特性，就是利用示波器把元件的特性曲线显示在示波器的屏幕上。

电阻元件的特性曲线就是其伏安特性曲线。用示波器测量电阻元件特性的原理为：使示波器显示方式为 XY 方式，从 CH1 输入电阻元件两端电压信号，从 CH2 输入电阻元件中流过的电流信号，则显示屏上的水平轴就是电压轴，垂直轴为电流轴，显示屏上所显示的图形就是元件的伏安特性曲线。测量电路如图 2-19 所示。其中 r 为电流采样电阻，故 CH2 输入电流，CH1 输入电压，图中 $R\gg r$，u_S 可选正弦交流电源。

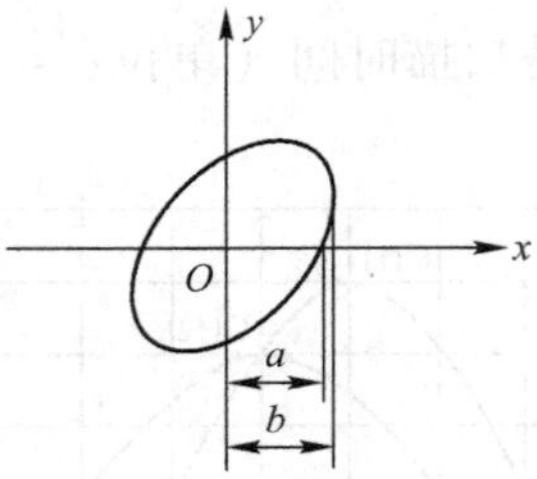

图 2-18　李萨茹图形

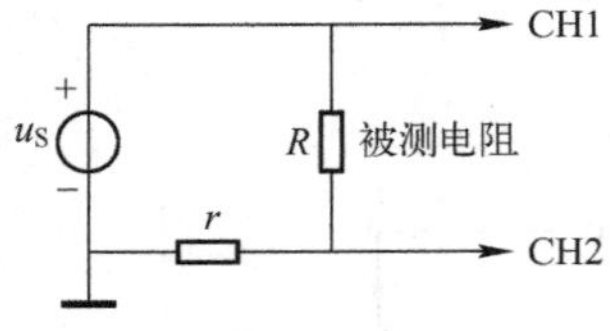

图 2-19　电阻伏安特性测量电路

四、实验内容和步骤

1. 熟悉示波器面板上各主要开关、旋钮、按键的作用。仔细观察示波器面板上各功能区域的位置分布及了解每一区域中旋钮、按键的功能作用，然后接通电源开关。

2. 测量正弦信号的电压峰值、周期、频率，按图 2-20 接线，信号发生器输出一正弦波信号，频率为 600~3000 Hz，$U_{P-P}=1\sim4$ V，观察正弦波，用不同的方法测量电压峰值、周期、频率，记录表格自拟。

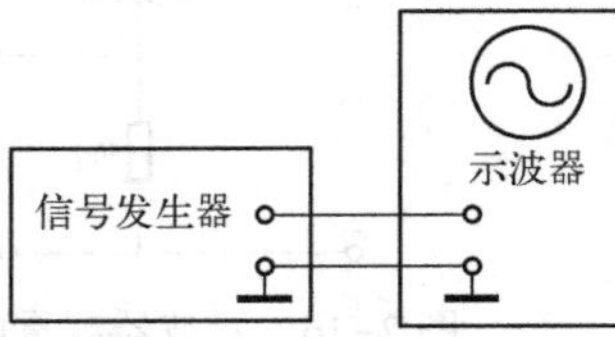

图 2-20

3. 自行设计一个 RC 正弦电路，用直接观察法和椭圆截距法测量出该电路中 u_S 与 u_C 的

相位差。

4. 按图 2-19 接线。

1）用示波器 YT 工作方式观察电阻电压和电流波形。

2）用 XY 工作方式观察电阻的伏安特性曲线。

五、实验设备

1. 数字示波器	1 台
2. 信号发生器	1 台
3. 电路教学实验台	1 套

六、实验报告要求

1. 总结示波器前面板各主要旋钮作用，举例说明什么是示波器的 YT 工作方式、XY 工作方式。

2. 绘出有关实验原理图，并说明实验原理。

3. 绘出任务 3 中电路电压波形图和李萨茹图形，求出相位差，并与计算所得相位差进行比较。

4. 绘出电阻元件的伏安特性曲线。

5. 思考题

1）示波器前面板上控制钮可分为几类？

2）测量一个 $U_{p-p}=2\text{ V}$ 的信号，如要使其在显示屏的垂直方向上尽可能大，但又不能超出显示屏的有效位置，则 Y 轴灵敏度开关应放在什么位置？

3）要测量一个 $f=1000\text{ Hz}$ 的信号，如果要求信号在水平方向上显示两个周期的波形，则示波器水平速度旋钮应调到什么位置？

七、实验注意事项

1. 无论是信号发生器还是示波器，在开机使用前，一定要对其主要旋钮的作用、功能等有所了解，做好预习准备之后再动手操作。

2. 示波器和信号发生器的"公共端"（地线）应连接在一起。

2.7 交流参数的测定

一、实验目的

1. 学习使用三相交流电源和功率表。

2. 学习用交流电压表、交流电流表和功率表测量交流电路的等效参数。

3. 学习用绘制相量图法求元件的参数。

二、预习要求

1. 阅读第 5 章 5.2 节功率表使用说明。

2. 阅读第 5 章 5.7 节"电路教学实验台"中三相交流电源及功率表使用说明。

3. 图 2-23 中 AC 端口等效参数 Z_{AC} 可通过测哪些物理量求得？设计相应的数据表格。

4. 用三表法测无源二端网络参数时，为什么在被测端口 AC 端并联电容可以判断元件的性质？试用相量图说明。并说明为什么所并联的电容 $C'<\dfrac{2\sin\varphi}{\omega|Z|}$？

三、实验原理

1. 三表法

交流电路元件的参数可以用电桥法测定，也可以用“三表法”测定。本实验采用后者。

“三表法”即用交流电压表、交流电流表和功率表测量电路的 U、I、P 然后根据关系式计算元件参数。计算方法如下：

阻抗的模 $$|Z|=\frac{U}{I}$$

电路功率因数 $$\cos\varphi=\frac{P}{UI}$$

等效电阻 $$R'=\frac{P}{I^2}=|Z|\cos\varphi$$

等效电抗 $$X=|Z|\sin\varphi$$

2. 等效电抗

如果被测的量不是一个元件，而是一个无源二端网络，可以用下面的方法来判断其等值电抗是容抗还是感抗。

1）用功率因数表，测得辐角的正、负。

2）在被测（无源二端网络）端口处并联一只适量电容，观察总电流的增减。只要并联电容值 $C'<\frac{2\sin\varphi}{\omega|Z|}$，则总电流增加为容性，减小为感性。

3. 相量图法求元件参数

在没有功率表的情况下，根据测量的 U、I 数据，来确定元件参数。由于所测的 U、I 数据只是电压、电流的有效值，而不知其相位角，因此需用作图法确定各量的相位。

用作图法求电路参数的方法如下。

在图 2-21 中，根据已测得数据 I、U、U_R 及 U_{Lr} 做出相量图。

1）选好电压比例尺（每厘米代表多少伏），以电压 $\dot{U}$ 为参考相量，画 $AB=U$，如图 2-22 所示。

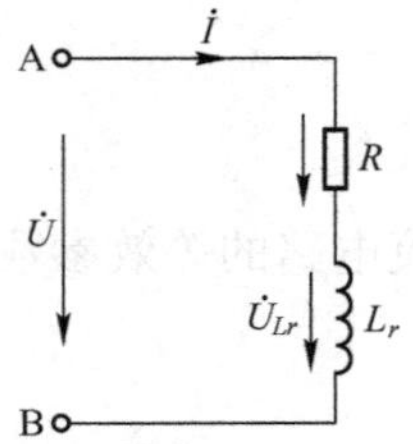

图 2-21

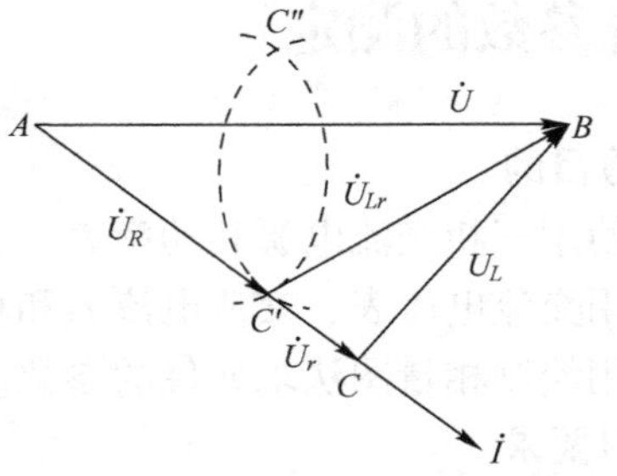

图 2-22　作图法测线圈参数

2）在串联电路中，总电压与分电压组成封闭多边形。图 2-21 所示电路只有两个分电压，应组成一个三角形。以 A 为圆心，U_R 为半径画弧；以 B 点为圆心，U_{Lr} 为半径画弧；两圆弧相交于 C'、C'' 两点。设电路是电感性的，$\dot{U}_R$ 在相位上应落后于 $\dot{U}$，所以取交点 C' 而不取 C''。即 $AC'=U_R$，$C'B=U_{Lr}$。

3）电流相量$\dot{I}$与$\dot{U}_R$同相。

4）自 B 点作垂线 BC，则在$\triangle BCC'$中，线段 $C'B$ 表示电感线圈两端的电压，CC'代表电感线圈电阻压降，BC 代表电感线圈感抗压降，由以下关系式求出参数：

$CC'=I_r=U_r$，有线圈电阻 $r=\dfrac{CC'}{I}$；

$BC=IX_L=U_L$，有线圈感抗 $X_L=\dfrac{BC}{I}$；

线圈的电感值 $L=\dfrac{X_L}{\omega}$。

若电路元件为容性，同样可由作图法求出其参数。

四、实验内容和步骤

1. 电感元件参数测定

1）实验线路如图 2-23 所示，记录电感线圈铭牌，线路中 $R=100\ \Omega/50\ \text{W}$。

2）正确连接线路，并将三相可调电源二次侧电压调至“0”。

3）接通电源，调节三相可调电源二次侧输出电压至 100 V（用电压表测量此值）。

4）测量数据记录在表 2-7 中。

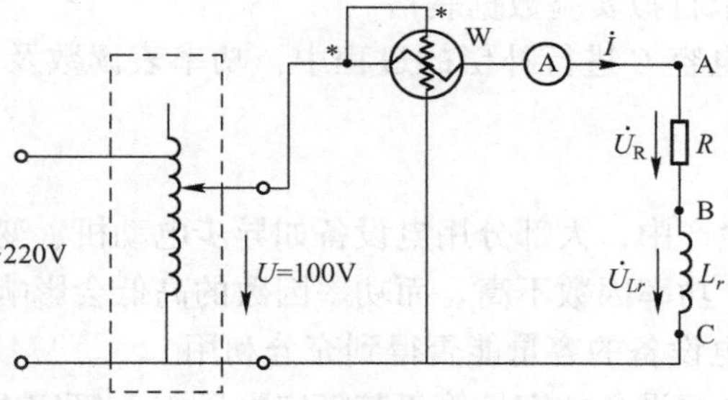

图 2-23　三表法测交流参数线路

表 2-7　电感元件参数测量数据

测量数据					计算数据					作图所得数据			
U/V	U_R/V	U_{Lr}/V	I/A	P/W	$\cos\varphi$	φ	R/Ω	r/Ω	L/H	φ	$\cos\varphi$	r/Ω	L/H

2. 测无源二端网络等效参数 Z_{AC}

1）分别测量在实验线路 2-23 的电感线圈 BC 端并接电容 C（$C=4.3\ \mu\text{F}$，$C=15\ \mu\text{F}$）时，AC 端口的等效参数 Z_{AC}，将测量值填入设计的数据表格中。

2）用并联小电容法判断 AC 端口等效参数 Z_{AC}的性质。

要求：在 AC 端口并接一小电容，分别判断 $C=4.3\ \mu\text{F}$ 及 $C=15\ \mu\text{F}$ 时端口等效参数 Z_{AC}的性质。

请思考应测哪些物理量才能加以判断?

五、实验设备

电路教学实验台　　　　　　　1 套

六、实验报告要求

1. 完成数据表 2-7 及实验内容 2 中 Z_{AC} 的相应计算，并写出相关的计算步骤。

2. 将计算求得的电感参数值和由相量图所求的电感参数值与电感线圈铭牌进行比较，计算其相对误差，讨论误差原因。

视频 6：交流参数的测定

3. 回答思考题

1）使用三相可调电源应注意哪些事项？

2）如何选择功率表量程？测功率时，除了接入功率表外，还常接入电压表和电流表，为什么？

2.8 感性负载功率因数的提高

一、实验目的

1. 学习实验安全用电的一般知识和练习安装荧光灯。

2. 研究在电感性电路中并联电容器对电路 $\cos\varphi$ 的影响。

二、预习要求

1. 预习本实验附录中安全用电知识和荧光灯工作原理。

2. 根据实验内容要求自拟实验数据表格。

3. 荧光灯电路并联电容 C 进行补偿的过程中，功率表读数及荧光灯支路的电流是否变化？为什么？

三、实验原理

在日常生活和工业生产中，大部分用电设备如异步电动机、变压器、荧光灯等都是感性负载，电流落后于电压，功率因数不高。而功率因数的高低会影响到以下两个问题。

1. 发电、输电、配电设备的容量能否得到充分利用

发电机、变压器等电源设备的容量等于其额定电压 U 和额定电流 I 的乘积，也称之为额定视在功率 S，即 $S=UI$。电源输出的有功功率 $P=UI\cos\varphi$。对具有一定容量 S 的电源而言，若负载的功率因数 $\cos\varphi$ 低，则无功功率大，电源就需用较大的容量和负载的电感进行能量交换，那么电源输出的有功功率 P 就减小，从而降低了电源设备的利用率。由此可见，提高功率因数，可使电源设备的容量得到充分的利用。

2. 输电线路损耗的大小

当负载的有功功率 P 和端电压 U 一定时，功率因数 $\cos\varphi$ 越高，输电线路上的电流 $I=\dfrac{P}{U\cos\varphi}$ 越小，线路损耗及线路压降也越小。因此，提高功率因数有着十分重要的经济意义。

提高负载的功率因数常采用并联电容的方法，如图 2-24 所示。由于电容吸取超前于电压 90°的电流，所以并联电容器后可以使电路的总功率因数提高。

并联电容的大小，可根据电路原来的功率因数及提高后的功率因数确定，其计算公式为

$$C=\frac{P}{\omega U^2}(\tan\varphi_1-\tan\varphi_2)$$

式中，P 为电路有功功率；角度 φ_1 和 φ_2 分别为原来的及提高后的功率因数角。

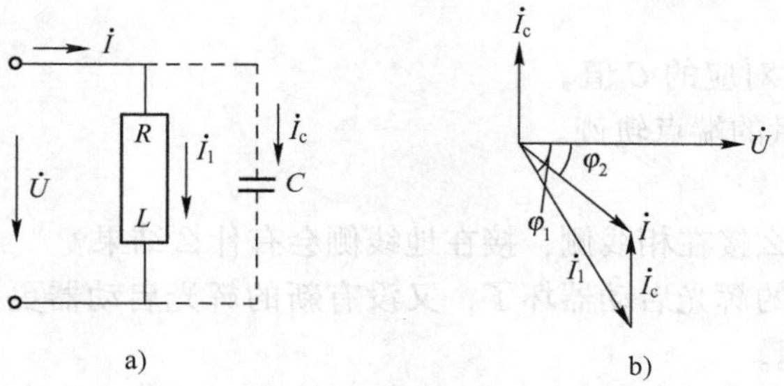

图 2-24　并联电容提高功率因数

a）连线图　b）相量图

四、实验内容和步骤

1. 研究在感性负载荧光灯电路中并联电容提高电路的功率因数。

要求：

1）按图 2-25 实验线路接线（灯泡不接入电路）。

2）改变并联电容器的电容（在 0~7 μF 间变化），测量各支路电流 I、I_1、I_2，各电压 U_2、U_R、U_{Lr}；测量电路总功率 P。并计算相应的 $\cos\varphi$ 和电路总阻抗 Z。

3）在测量数据过程中，要保证 U=220 V 不变。

4）将测量数据和相应的计算数据填入自拟的表格中。

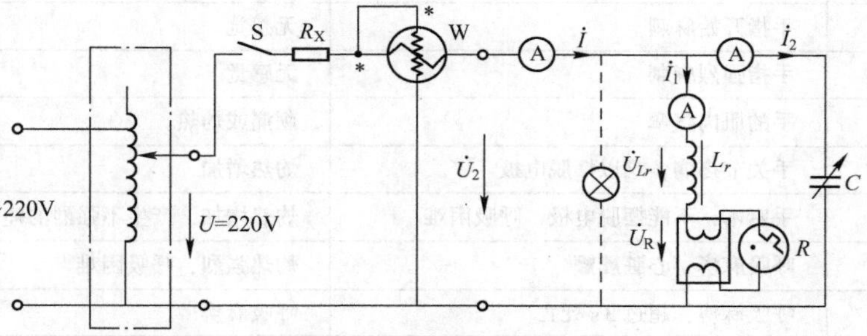

图 2-25　荧光灯电路并联电容提高功率因数实验线路

2. 研究提高功率因数对电源容量利用率的影响。

1）调节电容 C 使电路总电流 I 为最小值；并保证 U=220 V。

2）将白炽灯（220 V/15 W）接入电路，接入灯泡的个数应使总电流 I 与 C=0 时的 I 值大致相等。测量 U、I、P 并将数据填入自拟表格中。

3. 观察功率因数对线路损耗的影响。

在线路图 2-25 中接入一个 100 Ω/50 W 电阻 R_X 模拟输电线路阻抗；接入 2 个白炽灯；改变 C 值，观测灯泡亮度变化，记录有关的 I、U_2 及 $\cos\varphi$ 值并加以分析。

五、实验设备

电路教学实验台　　　　　　　　1 套

六、实验报告要求

1. 完成数据表格。

2. 根据测量及计算数据，画出电路总电流、总阻抗模及功率因数 $\cos\varphi$ 随电容量变化的变化曲线。

3. 计算 $\cos\varphi=1$ 时对应的 C 值。

4. 画出总电流相量的端点轨迹。

5. 回答下列问题：

1）电灯开关为什么接在相线侧，接在地线侧会有什么结果？

2）如果某荧光灯的辉光启动器坏了，又没有新的辉光启动器更换，有没有其他办法启动荧光灯？简述其原理。

3）用实验结果计算分析：并联电容器提高功率因数，若使功率因数超过 0.95 为什么不经济？

4）根据实验数据及观测到的现象，总结提高功率因数对电源容量利用率及输电线路损耗的影响。

七、附录：安全用电知识和荧光灯电路工作原理

A. 安全用电知识

1. 人身安全

过大的电流通过人体时可能引起麻木灼伤，甚至造成死亡，人体对不同电流的反应情况如表 2-8 所示。

表 2-8　人体对不同电流的反应情况

电流/mA	交流（50~60 Hz）	直　流
0.6~1.5	手指开始麻刺	无感觉
2~7	手指强烈麻刺	无感觉
5~7	手的肌肉痉挛	刺痛或灼热
5~10	手关节疼痛，难以摆脱电极	灼热增加
20~25	手麻木，不能摆脱电极，呼吸困难	灼热增加，产生不强烈的痉挛
50~80	呼吸麻痹，心脏震颤	灼热强烈，呼吸困难
90~100	呼吸麻痹，超过 3 s 死亡	呼吸麻痹

由表 2-8 看出，通过人身的电流低于 8 mA 时，不会引起危险，但超过 25 mA 以后，则会引起呼吸困难，甚至造成死亡，通过人体的电流是由人身电阻限制的，人的电阻主要是皮肤电阻，一般为 1000 Ω 到几万欧，随人的体质和皮肤的干燥情况而异。若以 1000 Ω 计算，则 24 V 以下的电气设备不会造成触电事故，但超过 24 V 则可能发生危险。所以不应接触其裸露的导电部分。

2. 设备安全

电气设备可能由于过电压、过电流、绝缘破损或老化以及短路事故等而损坏。在使用电气设备时，应经常检查其绝缘情况和负载情况，以避免发生事故，造成国家财产的损失，对矿井用电来说，还可能由于电气火花引起瓦斯爆炸，所以井下必须使用防爆电气设备，并严格禁止带电操作。

3. 安全用电的一些技术措施

为保证人身安全和设备安全，使用电气设备时，都有许多安全措施，其中常用的有以下几种。

1）供电线路或较大的电气设备必须使用刀开关或断路器，当切断后可使负载与电源隔离以便检修，刀开关的可动刀片应安装在负载一侧。

2）供电线路均应安装熔丝（或熔断器）以防止短路事故，熔丝的额定电流依线路负载而定，不应使用过大的熔丝，熔丝应装在刀开关的负载侧，以便更换，但接地线不许装熔丝。

3）将直流电源的负极或三相交流电源的中性线接地（井下中性线不接地），使其与人身电位一样，避免触电。

4）电气设备的外壳均安装接地线，以避免电气设备绝缘损坏时，因人体触及外壳而发生人身事故。

5）导线连接处必须接牢，不许松动，并用绝缘胶布包裹起来，屋内架设的导线必须用瓷板夹支持。以防导线绝缘破损，发生短路。

6）电灯等小型电气设备的开关应装在相线侧，不能装在地线一侧，以便更换和检修。

4. 对触电者的急救

当发生人身触电时，必须进行急救。急救时应首先将电源切断，如果来不及切断则应先用干木棍、干布等绝缘体使触电者脱离电气设备，不要直接用手拉触电者，这样不但不能使触电者脱离导电部分，自己也会发生触电事故。

如果触电者失去知觉，应使其安静地躺下，解开衣服，用水或阿莫尼亚（氨）使其恢复知觉，或用按摩的方法，使身体温暖而恢复知觉，如果触电者已停止呼吸或呼吸感觉特别困难，则应施行人工呼吸。

B. 荧光灯电路的工作原理

1. 荧光灯电路的组成

荧光灯由三部分组成，即灯管、镇流器和辉光启动器，图 2-26a 和图 2-26b 分别是灯管和辉光启动器的示意图。

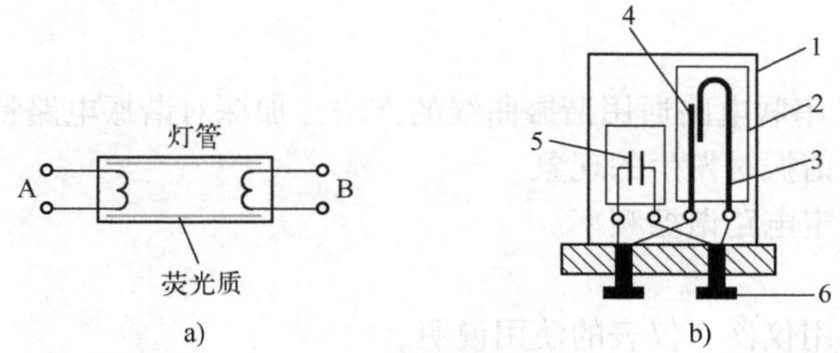

a) b)

图 2-26 荧光灯的灯管和辉光启动器

1—圆柱形外壳 2—辉光管 3—倒 U 形双金属片 4—固定触头 5—电容器 6—插头

a）灯管 b）辉光启动器

灯管是一个外形为奶白色的玻璃管，两端有灯丝电极，当灯丝通电流生热后，管内水银蒸发产生汞蒸气，如果设法在电极 AB 两端产生高电压（利用镇流器）使管内 AB 之间的汞蒸气游离，形成气体放电，则玻璃管内壁所涂的荧光物质将吸收汞蒸气放电时辐射出来的紫外线而发出荧光。

要使灯管内的汞蒸气游离，产生辉光放电需要较高的电压（300~400 V），但游离以后维持放电只需要很低的电压（40~110 V）。为此在荧光灯的线路中串联镇流器，镇流器实际上是一个带铁芯的电感线圈，在荧光灯电路中有两个作用，在启动时产生瞬时高电压，促使灯管放电，在工作时，可降去一部分电压以限制通过灯管的电流。

荧光灯的连接线路及启动过程如图 2-27 所示。

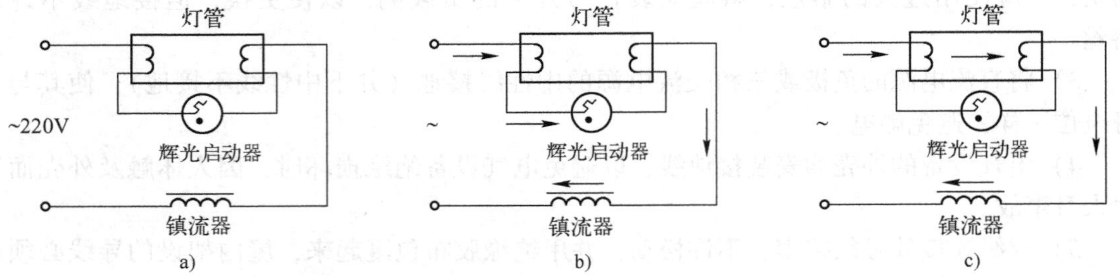

图 2-27 荧光灯的连接线路及启动过程
a）荧光灯线路图 b）启动时电流路径 c）运行时电流路径

2. 荧光灯起动过程

1）接上电源后，辉光起动器内金属片因氖气游离发热使金属片膨胀闭合，电流经镇流器、辉光启动器及灯管两端的灯丝而流通，使灯丝加热，产生汞蒸气，这时荧光灯灯管内因汞蒸气并未游离，故管内无电流。

2）当辉光启动器接通后，电压为零，氖气不再继续游离，于是金属片冷却并自动断开。由于断开时电流突然改变，在镇流器电感线圈两端产生一个很高的感应电动势，使荧光灯灯管两端的电压等于电源电压与感应电动势之和，在此高电压作用下，管内汞蒸气游离放电（荧光灯发荧光）使电流经镇流器和灯管流通，启动过程遂告完成。

2.9 *RLC* 串联电路的谐振

一、实验目的

1. 掌握测定 *RLC* 串联电路通用谐振曲线的方法，加深对谐振电路特点的了解。
2. 用示波器观察谐振时发生的现象。
3. 用实验方法确定电路谐振频率。

二、预习要求

1. 阅读本实验所用仪器、仪表的使用说明。
2. 由所给电路参数计算 *RLC* 串联电路的谐振频率 f_0。
3. 根据曲线 $I\sim f$（见图 2-28）和曲线 $U_L\sim f$ 和 $U_C\sim f$（见图 2-30）的特点，测量数据时频率 f 的取值应注意什么？
4. 叙述 *RLC* 串联电路谐振点的测量方法。

三、实验原理

1. 谐振条件

RLC 串联电路谐振的条件是电抗 $X=\omega L-\dfrac{1}{\omega C}=0$ 或 $\omega L=\dfrac{1}{\omega C}$。即谐振角频率 $\omega_0=\dfrac{1}{\sqrt{LC}}$，谐

振频率 $f_0=\dfrac{1}{2\pi\sqrt{LC}}$，改变电路的 L、C 或 f 都可使电路产生谐振，本实验通过改变电路电源频率 f 实现电路的谐振。

2. 电路产生谐振时的特点

1）电路电抗为零，总阻抗 $Z=R$，呈现纯阻性且阻抗的模最小。此时电路总电压与电流相位相同。

2）当电路电源电压 U_S 不变时，电路的电流有效值最大，且 $I_{max}=\dfrac{U_S}{R}$。

3）电感电压与电容电压大小相等且为电源电压的 Q 倍，即 $U_L=U_C=QU_S$

3. 串联谐振电路的频率特性

电路中的物理量与电源角频率的关系叫作物理量的频率特性，表明其关系的图形叫作谐振曲线。

（1）电路电流的幅频特性

表达式为

$$I=\frac{U_S}{\sqrt{R^2+\left(\omega L-\dfrac{1}{\omega C}\right)^2}}$$

当电路的 U_S、L、C 都为常数时，改变 R 的大小，可以得出不同 Q 值时的电流频率特性曲线如图 2-28 所示。从曲线中看出，Q 值越大即串联电路 R 越小，曲线的尖锐程度越大。为了说明谐振电路的这种性能，在无线电技术中，通常应用通用频率特性，其表达式为

$$\frac{I}{I_0}=\frac{1}{\sqrt{1+Q^2\left(\dfrac{f}{f_0}-\dfrac{f_0}{f}\right)^2}}$$

式中，Q 为电路的品质因数，根据定义有

$$Q=\frac{\omega_0 L}{R}=\frac{1}{R\omega_0 C}=\frac{1}{R}\sqrt{\frac{L}{C}}$$

图 2-29 为一组不同 Q 值的通用频率特性曲线。从中看出，Q 越大，曲线越尖锐。

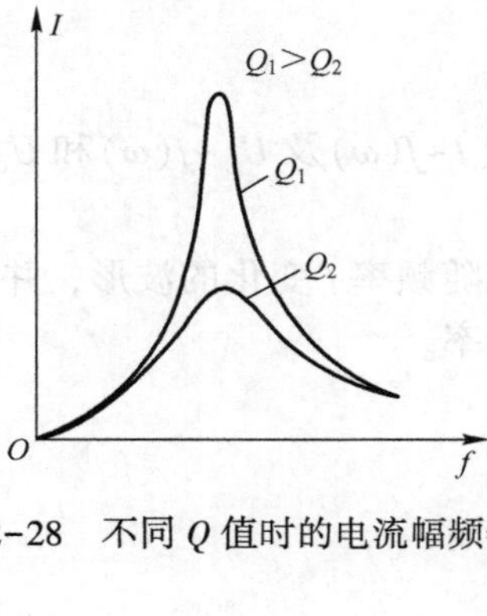

图 2-28　不同 Q 值时的电流幅频特性

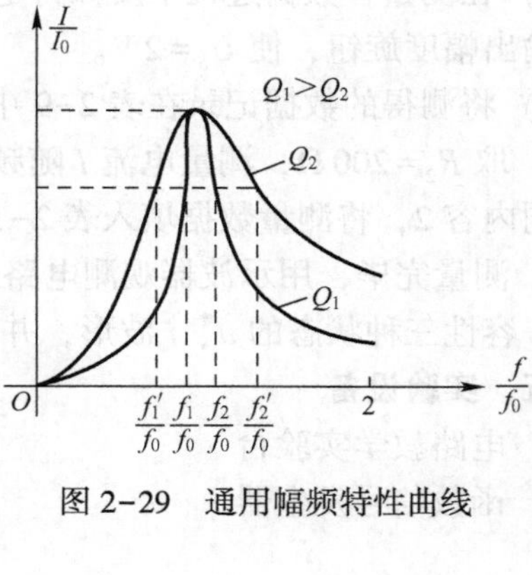

图 2-29　通用幅频特性曲线

(2) 电感电压和电容电压的频率特性

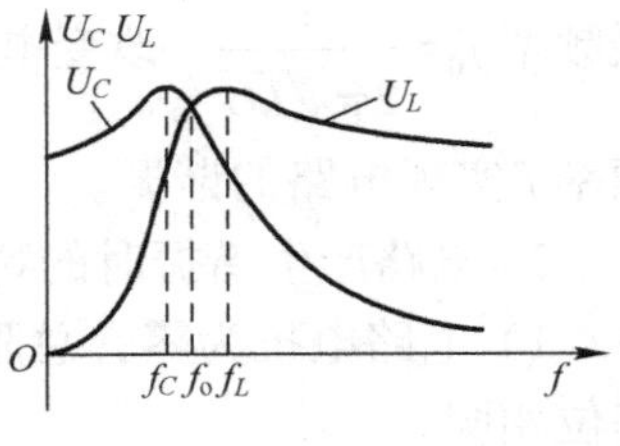

图 2-30　u_Cu_L 频率特性曲线

电感电压幅值表达式：

$$U_L=I\cdot\omega L=\frac{U_S}{\sqrt{R^2+\left(\omega L-\frac{1}{\omega C}\right)^2}}\cdot\omega L$$

电容电压幅值表达式：

$$U_C=I\cdot\frac{1}{\omega C}=\frac{U_S}{\omega C\sqrt{R^2+\left(\omega L-\frac{1}{\omega C}\right)^2}}$$

其频率特性曲线如图 2-30 所示。可以证明，当 $Q>0.707$ 时，U_L和 U_C才出现峰值，且 U_C的峰值出现在$f<f_0$ 处，U_L的峰值出现在$f>f_0$ 处。Q 值越大，两峰值离得越近。

四、实验内容与要求

1. 实验线路如图 2-31 所示。

电路各参数值：$U_S=2\text{ V}$，$R_1=100\,\Omega$，$R_2=200\,\Omega$，$L=18\text{ mH}$，$C=0.033\,\mu\text{F}$。

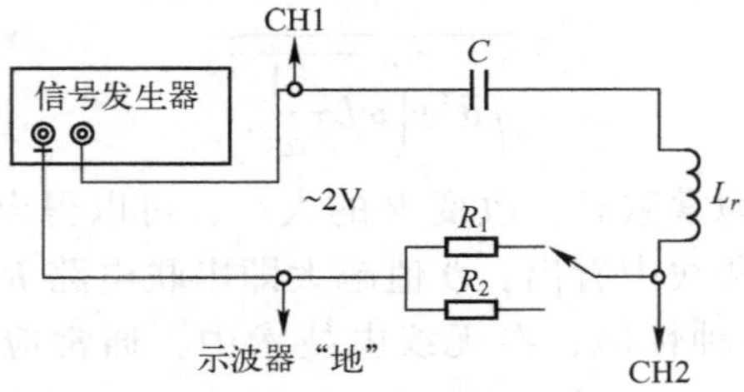

图 2-31　*RLC* 串联谐振实验线路

2. 取 $R_1=100\,\Omega$，测量电流 I 随频率 f 变化的曲线 $I\sim f(\omega)$。

要求：

1）信号源频率 f 取值范围：3 kHz～19 kHz；

2）根据图 2-28 所示曲线特点确定 f 的取值点。为了做到实验时心中有数，应在测量前，大致观察一下 f 在变化过程中，R 两端电压的变化趋势，并找出谐振点的大概位置，然后开始读取数据。

3）在测量各数据过程中要保持电源输出电压值不变（即每改变一次 f 值，都要调节信号源输出幅度旋钮，使 $U_S=2\text{ V}$。

4）将测得的数据记录在表 2-9 中。

3. 取 $R_2=200\,\Omega$，测量电流 I 随频率 f 变化的曲线 $I\sim f(\omega)$ 及 $U_L\sim f(\omega)$ 和 $U_C\sim f(\omega)$ 曲线。要求同内容 2，将测量数据填入表 2-10。

4. 测量完毕，用示波器观测电路总电压和总电流随频率 f 变化的波形，并记录下谐振、感性、容性三种状态的 u、i 波形，并注明所对应的频率。

五、实验设备

1. 电路教学实验台　　　　　　1 套

2. 函数信号发生器　　　　　　1 台

3. 数字万用表　　　　　　　　1 台

4. 数字示波器　　　　　　　　1 台

六、实验报告要求

1. 绘制不同 Q 值时电流的幅频特性曲线。

2. 绘制不同 Q 值时电路的通用幅频特性曲线。

3. 绘制 $R=200\,\Omega$ 时，电感电压、电容电压的频率特性曲线。

4. 回答下列问题：

1）实验中判断 RLC 串联电路谐振状态的方法有哪些？

2）谐振时电容两端电压 U_C会超过电源电压吗？为什么？

3）谐振时，电阻 R 两端的电压为什么与电源电压不相等？试分析。

4）已知：电阻 $R=100\,\Omega$，电感线圈 $L=18\,\text{mH}$，电容 $C=0.033\,\mu\text{F}$，若将电感线圈和电容并联，试用实验方法测出该并联电路的谐振点。

要求：

a）简述实验原理；

b）实验仪器与串联谐振相同；

c）画出实验线路；

d）简述判断谐振的方法。

视频 7：RLC 串联电路的谐振

七、注意事项

1. 使用毫伏表测量 U_L和 U_C时，应将毫伏表的红表笔接在 L 和 C 的公共点间。

2. 在谐振点附近，应多取几组数据。

3. 表 2-9 和表 2-10 中的 I_0和 f_0应以测量值代入计算。

表 2-9　$R=100\,\Omega$ 时测量数据

测量数据	f/kHz										
	U_R/V										
	U_L/V										
	U_C/V										
计算数据	I/A										
	I/I_0										
	f/f_0										

表 2-10　$R=200\,\Omega$ 时测量数据

测量数据	f/kHz										
	U_R/V										
	U_L/V										
	U_C/V										
计算数据	I/A										
	I/I_0										
	f/f_0										

2.10 三相电路中的电压、电流关系

一、实验目的

1. 学习三相负载的星形及三角形联结方法，培养实际操作能力。
2. 验证三相电路中线电压和相电压、线电流与相电流之间的关系。
3. 了解三相四线制供电线路的中性线作用。
4. 了解相序指示器的原理。
5. 进一步提高分析、判断和查找故障的能力。

二、预习要求

1. 不对称三相负载星形联结时，三星四线制电路中线电流是否为零？
2. 不对称三相负载三角形联结时，电源端线电压及负载端线电压是否对称？

三、实验原理

1. 三相电路中负载的连接方式有星形和三角形联结，星形联结时根据需要可以采用三相三线制或三相四线制供电，三角形连接时只能用三相三线制供电。

2. 各相阻抗的大小和性质完全相同的三相负载为三相对称负载，否则为三相不对称负载。当三相电源对称时，由于负载不同，一般可分为6种情况。

（1）星形联结有中性线

负载对称：$U_l=\sqrt{3}U_P$，$I_l=I_p$，$\dot{I}_A+\dot{I}_B+\dot{I}_C=\dot{I}_N=0$ 。

负载不对称：$U_l=\sqrt{3}U_P$，$I_l=I_p$，但$\dot{I}_A+\dot{I}_B+\dot{I}_C=\dot{I}_N\neq 0$。

（2）星形联结无中性线

负载对称：$U_l=\sqrt{3}U_P$，$I_l=I_p$，$\dot{I}_A+\dot{I}_B+\dot{I}_C=0$

负载不对称：$U_l\neq\sqrt{3}U_P$，$I_l=I_p$，$\dot{I}_A+\dot{I}_B+\dot{I}_C=0$。此时，线电压对称，但负载相电压不对称，有中点电压存在。

（3）三角形联结

负载对称：$U_l=U_p$，$I_l=\sqrt{3}I_p$。

负载不对称：$U_l=U_p$，$I_l\neq\sqrt{3}I_p$。

可见，三相电路在星形负载对称连接时，中性线（$\dot{I}_N=0$）可省去；在星形负载不对称连接时，$\dot{I}_N\neq 0$，应采用三相四线制工作，如仍采用三相三线制，则负载的中点电压将发生位移，造成三个负载相电压不对称，负载不能正常工作，甚至损坏。

3. 相序指示器是根据不对称三相星形联结电路的特点制成的，电路如图2-32所示，其中$R_B=R_C=X_A$，使用时将其接入三相电源，设电容所接的为A相，则灯泡较亮的为B相，灯泡较暗的为C相。

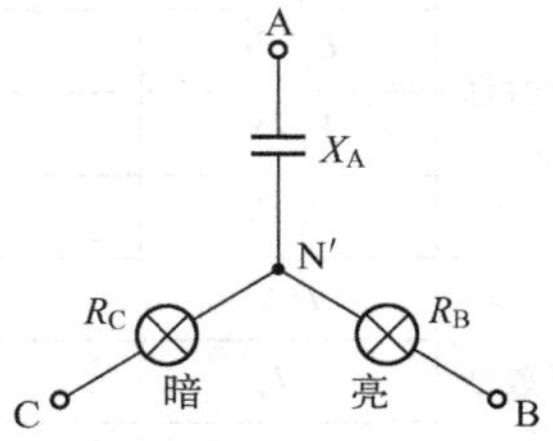

图2-32　相序指示器

四、实验内容和步骤

1. 测电源相序

用电路箱所提供的器件搭接一相序指示器。接入相序指

示器，根据相序指示器灯光的明暗来确定相序。

2. 研究电压、电流关系

研究对称及不对称三相星形联结电路中线电压、相电压及线电流之间的关系，了解中性线的作用。

实验原理图如图 2-33 所示。三相电源线电压 $U_l=180\text{ V}$，用三相灯组作为三相负载，根据表 2-11 中实验顺序改变负载的情况，记录所需测量的数据。

表 2-11　负载星形连接测量数据

顺序	负载情况	$U_{AN'}$/V	$U_{BN'}$/V	$U_{CN'}$/V	$U_{N'N}$/V	I_A/A	I_B/A	I_C/A	I_N/A	灯泡亮暗变化		
										A 相	B 相	C 相
1	3-3-3 有中性线											
2	3-3-3 无中性线											
3	3-2-1 有中性线											
4	3-2-1 无中性线											
5	0-3-3 无中性线											
	线电压 $U_{AB}=$　　(V)				$U_{BC}=$　　(V)				$U_{CA}=$　　(V)			

3. 研究三角形负载电路中线电流与相电流的关系

实验线路如图 2-34 所示，三相电源线电压 $U_l=180\text{ V}$，三相负载同步骤 2，根据表 2-12 的顺序，改变负载情况，记录所需测量的数据，并记录不同负载情况下每相灯泡的亮度。

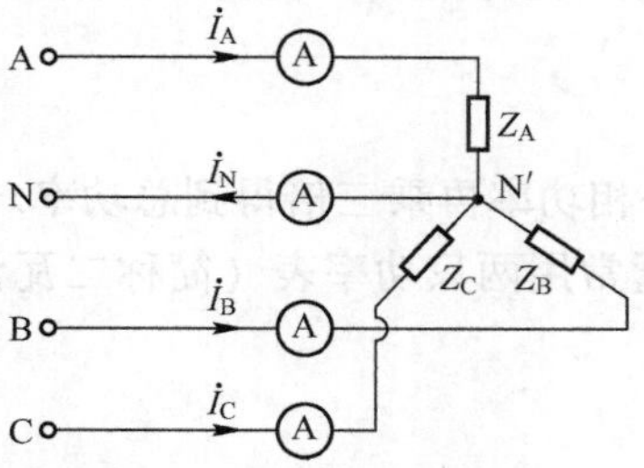

图 2-33　负载星形联结实验线路

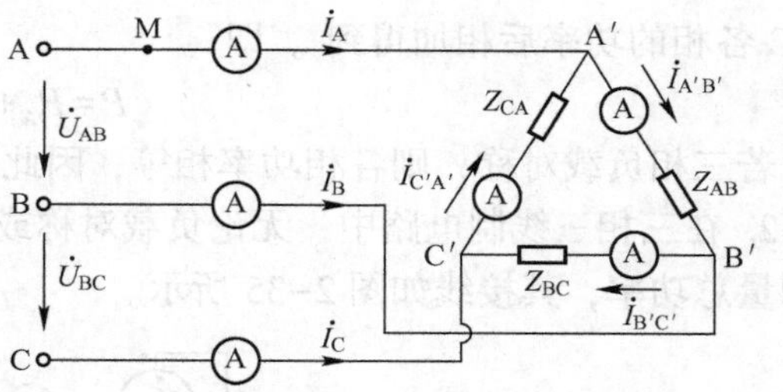

图 2-34　负载三角形联结实验线路

表 2-12　负载三角形连接测量数据

负载情况	$U_{A'B'}$/V	$U_{B'C'}$/V	$U_{C'A'}$/V	I_A/A	I_B/A	I_C/A	$I_{A'B'}$/A	$I_{B'C'}$/A	$I_{C'A'}$/A	灯泡亮暗变化		
										A′B′相	B′C′相	C′A′相
3-3-3												
3-2-2												
3-3-3 断 M												
3-0-3												

五、实验设备

电路教学实验台　　　　　　1 套

六、实验报告要求

1. 完成数据表 2-11、表 2-12。

2. 解释实验中所记录的灯泡亮度情况。

3. 回答问题

1）用实验数据说明：负载为星形联结时，$U_l=\sqrt{3}\,U_P$ 在什么条件下成立？为三角形联结时，$I_l=\sqrt{3}\,I_P$ 在什么条件下成立？

2）中性线的作用是什么？中性线上能安装熔丝吗？为什么照明电路要采用三相四线制，而不采用三相三线制？

视频 8：三相电路中的电压、电流关系

2.11 三相电路中功率的测量

一、实验目的

1. 学习用三瓦计法和二瓦计法测量三相电路的有功功率。

2. 了解测量对称三相电路无功功率的方法。

3. 学习判断功率表读数的正负。

二、预习要求

1. 画出一表法测对称三相电路无功功率的实验电路图。

2. 结合所学理论，证明一表法测对称三相电路无功功率的实验电路图中功率表读数的 $\sqrt{3}$ 倍为整个电路的无功功率。

三、实验原理

1. 三相四线制电路的功率可通过用三只功率表（简称三瓦计法或三表法）分别测出 A、B、C 各相的功率后相加得到 。即

$$P=P_A+P_B+P_C$$

若三相负载对称，则各相功率相等，因此可只测任一相功率再乘三倍得到总功率。

2. 在三相三线制电路中，无论负载对称或不对称，通常用两只功率表（简称二瓦计法）来测量总功率，其接线如图 2-35 所示。

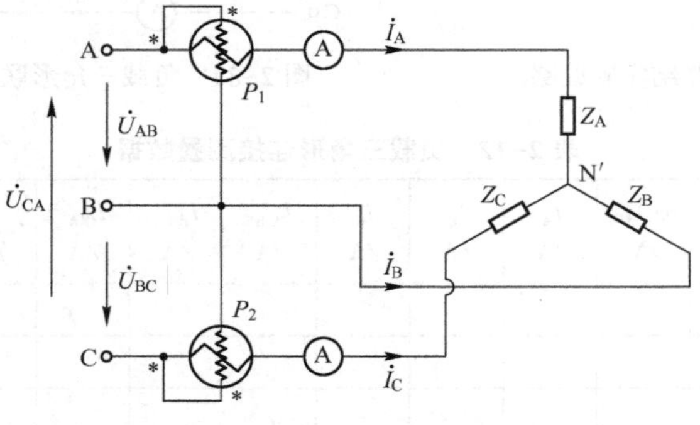

图 2-35　二表法测三相电路功率实验线路

可证明，三相电路的总功率为两只功率表读数的代数和，即 $P=P_1+P_2$，而单只功率表的读数无意义。式中 P_1、P_2 分别为两只功率表的读数，证明如下。

三相总瞬时功率

$$p=p_A+p_B+p_C=u_{AN'}i_A+u_{BN'}i_B+u_{CN'}i_C$$

$$\because\ i_A+i_B+i_C=0 \quad \therefore\ i_B=-(i_A+i_C)$$

$$p=u_{AN'}i_A-u_{BN'}i_B+u_{CN'}i_C-u_{BN'}i_C$$
$$=(u_{AN'}-u_{BN'})i_A+(u_{CN'}-u_{BN'})i_C=u_{AB}i_A+u_{CB}i_C$$

∴ 三相平均功率

$$P=\frac{1}{T}\int_0^T p\mathrm{d}t=\frac{1}{T}\int_0^T u_{AB}i_A\mathrm{d}t+\frac{1}{T}\int_0^T u_{CB}i_C\mathrm{d}t$$
$$=U_{AB}I_A\cos\varphi_1+U_{CB}I_C\cos\varphi_2$$

式中，φ_1 为$\dot{U}_{AB}$与$\dot{I}_A$ 的相位差角；φ_2 为$\dot{U}_{CB}$与$\dot{I}_C$ 的相位差角。

3. 在三相对称感性负载电路中，电压、电流相量如图 2-36 所示，二瓦计按图 2-35 连接时

$$P=P_1+P_2$$
$$=U_{AB}I_A\cos\varphi_1+U_{CB}I_C\cos\varphi_2$$
$$=U_{AB}I_A\cos(30°+\varphi)+U_{CB}I_C\cos(30°-\varphi)$$

式中，φ 为相电压超前于相电流的相位角，即负载的阻抗角。

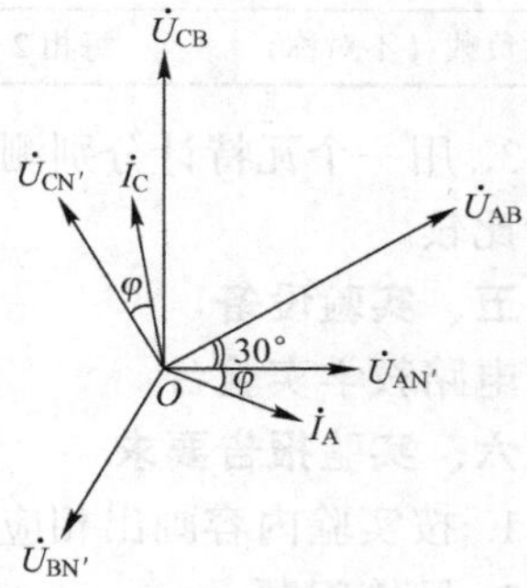

图 2-36　三相感性负载相量图

当 $\varphi=0$ 时，$P_1=P_2$，且恒为正；当 $\varphi<60°$时，P_1 读数小为“小表”，P_2 读数大为“大表” 且 P_1、P_2 均为正，$P=P_1+P_2$；当 $\varphi>60°$时，P_1 读数为负值，P_2 读数为正值，此时 $P=|P_2|-|P_1|$。

4. 在对称三相电路中，可以用二瓦计法的读数 P_1 和 P_2 按下式求出负载的无功功率 Q 和负载的功率因数角 φ

$$Q=\sqrt{3}(P_2-P_1)$$

$$\varphi=\arctan\frac{\sqrt{3}(P_2-P_1)}{(P_1+P_2)}$$

5. 对称三相电路的无功功率也可用一块功率表来测量，功率表的电流线圈和电压线圈的接法如表 2-13 所示。

表 2-13　一表法测无功功率功率表接线方法

电 流 线 圈	电压线圈及其同名端
串 A	接 B* C 相
串 B	接 C* A 相
串 C	接 A* B 相

三相负载吸收的无功功率 $Q=\sqrt{3}P$，式中 P 为功率表的读数。负载为感性时，P 为正值；负载为容性时，P 为负值。

四、实验内容和步骤

1. 用相序指示器测量电源的相序。

2. 用二瓦计测量三相三线制电路在下列各负载情况下的电路总功率。

要求：画出实验线路图，电源星形联结，线电压为 180 V，负载星形联结，容性负载按

灯泡和电容并联，感性负载按灯泡和镇流器并联方式连接。

改变负载情况如表 2-14 所示，记录所需测量数据，解释并说明现象，并由二瓦计的读数求取负载吸收的无功功率。

表 2-14　二表法测量数据

负载性质	负　载	P_1	P_2	$P_{总}$	$Q_{总}$
电阻负载	每相 2 灯				
容性负载	每相 2 灯，电容 $C=2.2\mu F$				
	每相 2 灯，电容 $C=6.5\mu F$				
感性负载（不对称）	每相 2 灯加镇流器				

3. 用一个瓦特计分别测定表 2-14 中容性负载的无功功率，并与实验内容 2 所得的结果进行比较。

五、实验设备

电路教学实验台　　　　1 套

六、实验报告要求

1. 按实验内容画出相应实验接线图，列出测量结果，并说明或解释现象。

2. 回答问题

1）用三瓦计法测量三相电路所消耗的有功功率时，功率表的读数能否出现负值？为什么？

2）用二瓦计法测对称三相三线制电路的功率，若 A、C 两相接入功率表，对于不同性质的负载，什么情况下二功率读数都是正的？什么情况下 P_1 读数为零？什么情况下 P_1 读数为负？用相量图和表达式加以说明（要求分别画出容性负载和感性负载的相量图）。

视频 9：三相电路中功率的测量

2.12　互感电路的研究

一、实验目的

1. 学习测量互感线圈同名端、互感系数。

2. 学习用三表法测量互感线圈的参数。

二、预习要求

1. 预习所用到的相关定理、定律和有关概念。

2. 写出图 2-39 中耦合电感顺串（反串）时，三表法测量 L_{eq}，R 的计算公式。

三、实验原理

1. 线圈的同名端是表示线圈电流与绕向之间关系的一种标记。当两个线圈的电流同时由同名端流进（流出）时，两个电流所产生的磁通相互加强。

用直流断通法判定同名端：电路如图 2-37 所示。在开关接通的瞬间，若电流表指针正向偏转，则电源的正极与电流表的正极为同名端。

2. 互感电势法测定互感系数：电路如图 2-38 所示。当电压表内阻足够大时，测出的电压值，即为互感电压 U_2。由公式 $U_2=\omega MI_1$，得互感系数为 $M=\dfrac{U_2}{\omega I_1}$。

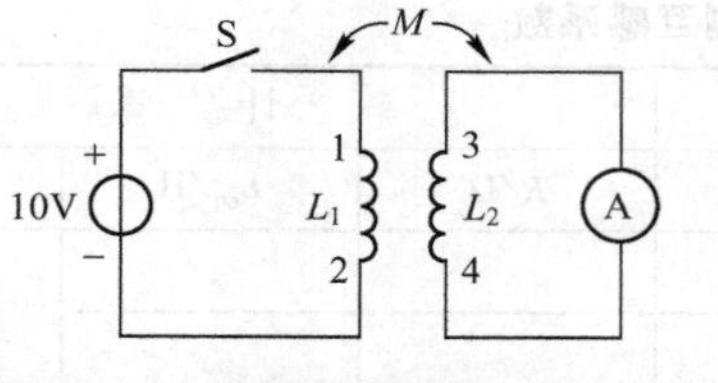

图 2-37　确定互感线圈同名端的直流断通法电路

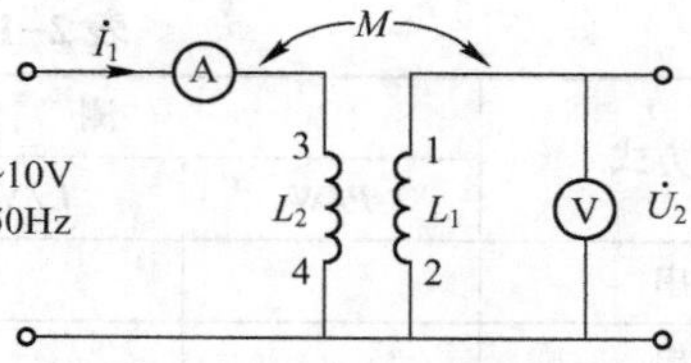

图 2-38　互感电势法测定互感系数电路

耦合电感串联连接时分为顺串和反串，顺串等效电感为 $L_{顺}=L_1+L_2+2M$；反串等效电感为 $L_{反}=L_1+L_2-2M$；即 $M=(L_{顺}-L_{反})/4$。当两电路加上相同正弦电压时，顺串时电流大于反串时电流。

3. 工程上为了定量描述两个耦合线圈的耦合程度，把两线圈的互感磁通链与自感磁通链的比值的几何平均值定义为耦合因数，用 k 表示。k 表示两个线圈磁耦合的紧密程度，有

$$k \overset{\text{def}}{=} \sqrt{\frac{|\psi_{12}\psi_{21}|}{\psi_{11}\psi_{22}}}=\frac{M}{\sqrt{L_1L_2}}$$

四、实验内容和步骤

1. 直流断通法判定同名端

电路如图 2-37 所示，1-2 端接直流电压源 10 V，3-4 端接指针式直流电流表。在开关闭合的瞬间，若电流表正向偏转，则电源的正极与电流表的正极为同名端。如电流表指针反向偏转，则电源的负极与电流表的正极为同名端。

2. 互感电势法测定互感系数 M

按图 2-38 连接电路，通电前将三相可调电源二次侧输出调至“0”。接通电源，调节三相可调电源二次侧输出电压为 10 V，在 3-4 端加正弦电压，测量 1-2 端产生互感电压，记录在表 2-15 中，并计算得出互感系数。

表 2-15　互感电势法测定互感系数

测量数据			计算数据
U_{3-4}(V)	I/A	U_{1-2}/V	M/H

3. 等效电感法测定互感系数 M

电路如图 2-39 所示。在耦合电感分别为顺、反串接时，测量 P(W)、U_{AB}(V)、I(mA)，填入表 2-16 中，并计算相应的值。

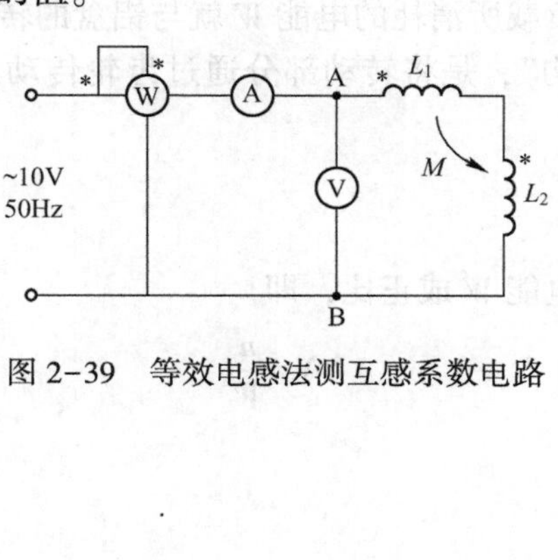

图 2-39　等效电感法测互感系数电路

表 2-16　等效电感法测互感系数

串接方式	测　量			计　算		
	P/W	U/V	I/A	R/Ω	L_{eq}/H	M/H
顺串						
反串						

五、实验设备

1. 电路教学实验台　　　　　1套
2. 耦合电感线圈　　　　　　1组

六、实验报告要求

1. 完成表2-15、表2-16的计算，写出计算步骤。
2. 分析误差原因。

2.13　单相电能表的校验

一、实验目的

1. 了解电能表的工作原理，掌握电能表的接线和使用方法。
2. 学会测定电能表的技术参数和检验方法。

二、预习要求

1. 了解电能表的结构、工作原理和接线方法。
2. 完成提高性实验电路及参数设计。

三、实验原理

电能表是测量电能的仪表，以kW·h即“度”为单位。常见的电能表为单相电能表。单相电能表是一种感应式仪表，是根据交变磁场在金属中产生感应电流，从而产生转矩的基本原理而工作的仪表，主要用于测量交流电路中的电能。它的指示器能随着电能的不断增大（也就是随着时间的延续）而连续地转动，从而能随时反映出电能累积的总数值。

1. 电能表的机构和原理

电能表主要由驱动装置、转动铝盘、制动永久磁铁和指示器等部分组成。

驱动装置是由电压铁心线圈和电流铁心线圈在空间上、下排列，中间隔以铝制的圆盘构成。驱动两个铁心线圈的交流电，建立起合成的特殊分布的交变磁场，并穿过铝盘，在铝盘上产生感应电流。该电流与磁场的相互作用结果产生转动力矩驱使铝盘转动。铝盘上方装有一个永久磁铁，其作用是对转动的铝盘产生制动力矩，使铝盘转速与负载功率成正比。因此，在某一段测量时间内，负载所消耗的电能 W 就与铝盘的转数 n 成正比 。

指示器是一个“积算机构”，是将转动部分通过齿轮传动机构折换为被测电能的数值，由数字及刻度直接指示出来。

2. 电能表的技术指标

（1）电能表常数

铝盘转数 n 与负载消耗电能 W 成正比，即

$$N=\frac{n}{W}$$

其中，比例系数 N 称为电能表常数，常在电能表上标明，其单位是转/(kW·h)。

（2）电能表灵敏度

在额定电压、额定频率及 $\cos\varphi=1$ 的条件下，从零开始调节负载电流，并测出铝盘开始转动的最小电流值 I_{min}，则仪表的灵敏度可表示为

$$S=\frac{I_{min}}{I_N}\times 100\%$$

式中，I_N为电能表的额定电流。电能表铝盘刚开始转动的电流一般很小，约为 I_N的 0.5%。

（3）电能表的潜动

指负载电流等于零时，电度表仍出现缓慢转动的现象。按照规定，无负载电流时，在电能表的电压线圈上施加其额定电压的 110%（达 242 V）时，观察其铝盘的转动是否超过一圈。凡超过一圈者，判为潜动不合格。

3. 电能表的误差检定方法

电能表检定误差方法可用标准电能表对比法或功率表法。

功率法又称瓦-秒法。在检定过程中保持功率 P 不变，在时间 T 内消耗的电能 W 为 $W=PT$，若在 T 内知道电能表的转数 n，则被测电能表常数为 $N'=\frac{3600n}{PT\times 10^{-3}}$。

4. 电能表的连接

本实验采用 220 V、1.5(6) A 电能表，接线图如图 2-40 所示，垂直方向为电压线圈，水平方向为电流线圈。

四、实验内容和步骤

1. 按图 2-41 接线。电源电压调至 220 V，负载为 220 V/60 W 的白炽灯。

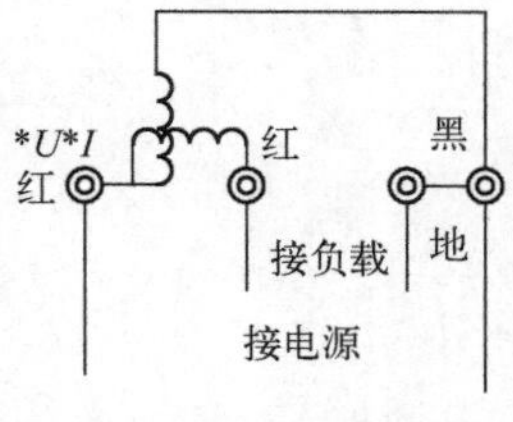

图 2-40 电能表的连接

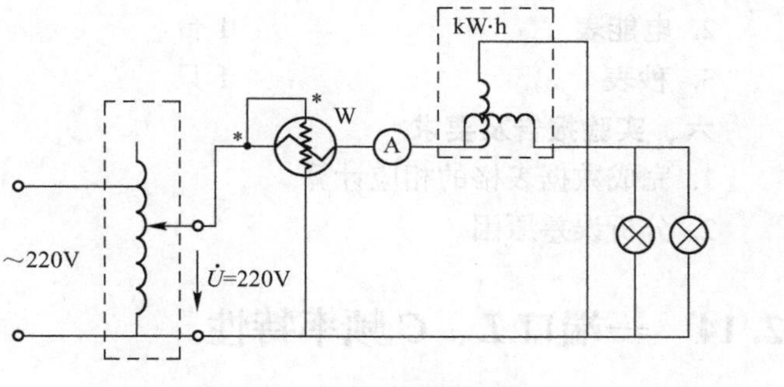

图 2-41 电能表连接线路

2. 基础性实验

（1）用功率表、秒表法校验电能表的准确度

合理选择功率表及电能表量程，接通电源，将调压器的输出电压调到 220 V，按表 2-17 要求接通灯组负载，用秒表定时记录电能表转盘的转数及记录各仪表的读数。为了准确地计时及计圈数，可将电能表转盘上的一小段着色标记刚出现（或刚结束）的时刻作为秒表计时的开始，并同时读出电能表的起始读数。分别测量两灯泡并联、串联情况下的数据，并记入表 2-17。

表 2-17 实验内容 1 数据

负载情况	测量值				计算值				
	U/V	I/A	P/W	时间/s	转数 n	实测电能 W/(kW · h)	计算电能 W/(kW · h)	ΔW/W	电度表 N
灯泡并联									
灯泡串联									

(2) 电能表灵敏度的测试

保持电源电压为 220 V，将灯组负载去掉，改接入电位器作为负载。调节电位器，测量铝盘开始转动的最小电流值 I_{min}，计算电能表灵敏度 S。

(3) 检查电能表的潜动是否合格

断开电能表的电流线圈回路，调节调压器的输出电压为额定电压的 110%（即 242 V），仔细观察电能表的转盘是否转动。一般允许有缓慢的转动，若转动不超过一圈即停止，则该电能表的潜动为合格，反之则不合格。

3. 提高性实验

电能表节电电路设计：由于电能表一年之中总是处于通电状态，按线圈本身耗电 2 W/h 计算，全年耗电约 18 kW · h。节电电路是在不用电时断开电能表的电压线圈，以达到节电的目的。

五、实验设备

1. 电路教学实验台　　1 套
2. 电能表　　1 台
3. 秒表　　1 只

六、实验报告及要求

1. 完成数据表格的相应计算。
2. 分析误差原因。

2.14 一端口 L、C 频率特性

一、实验目的

1. 测定一端口网络的频率特性，了解入端阻抗函数和导纳函数的零点、极点。
2. 加深对串联谐振和并联谐振的理解。

二、预习要求

1. 根据一端口网络参数，计算 $Z_i(\omega)$ 的零点和极点。
2. 完成“实验要求 1)、2)”项内容。
3. 思考问题：如何用交流毫伏表测量图 2-42 所示一端口网络的电流值？

三、实验原理

1. 如果实际电路的电能损失很小，可以看成是纯电抗元件组成的电路。

对于 L、C 串联组成的一端口网络（图 2-42），其入端阻抗的频率特性可由 $Z_L(\omega)$ 和 $Z_C(\omega)$ 的曲线相加求得（图 2-43）。

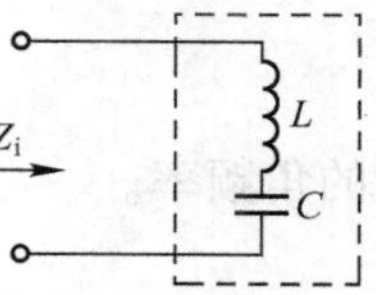

图 2-42　LC 串联电路

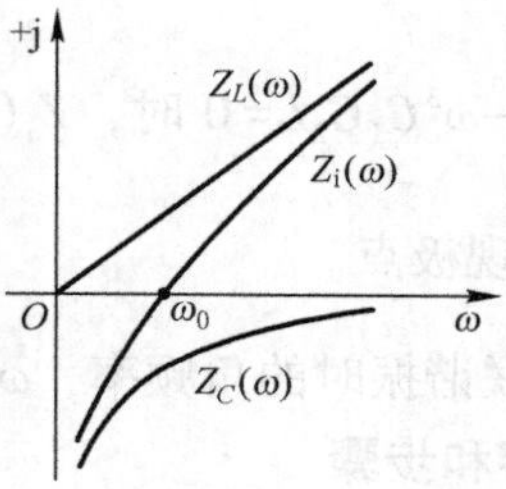

图 2-43　LC 串联电路阻抗频率特性图

当 $\omega=\omega_0=\dfrac{1}{\sqrt{LC}}$ 时（电压谐振），阻抗函数 $Z_i=Z_L(\omega)+Z_C(\omega)=0$。在图中，表示 $Z_i(\omega)$ 的曲线与横轴相交，这个对应的角频率 ω_0 称为该函数的零点，在图中零点用小圆圈表示。

上述电路的入端导纳 $Y_i(\omega)=\dfrac{1}{Z_i(\omega)}$，$Y_i(\omega)$ 的曲线示于图 2-44，当角频率达到谐振角频率 ω_0 时，$Y_i(\omega)$ 为无限大，所以该点称为导纳函数 $Y_i(\omega)$ 的极点，在图中极点用一个小“×”表示。

$Z_i(\omega)$ 和 $Y_i(\omega)$ 的频率特性也可按下列解析表示：

$$Z_i(\omega)=jX=j(X_L-X_C)=jL\left(\omega-\frac{1}{\omega LC}\right)=jL\left(\frac{\omega^2-\omega_0^2}{\omega}\right)$$

$$Y_i(\omega)=\frac{1}{Z_i(\omega)}=\frac{-j}{L}\left(\frac{\omega}{\omega^2-\omega_0^2}\right)$$

由以上两式看出，对于由 L 和 C 串联组成的一端口网络，要认识它的频率特性 $Z_i(\omega)$ 或 $Y_i(\omega)$，只要知道 $Z_i(\omega)$ 的零点或 $Y_i(\omega)$ 的极点（即 ω_0）即可。参数 L、C 的大小仅仅影响 $Z_i(\omega)$ 或 $Y_i(\omega)$ 的比例尺的选择。

2. 对于本实验所研究的一端口网络如图 2-45 所示，它的入端阻抗函数为

$$Z_i(\omega)=\frac{-j\dfrac{1}{\omega C_1}\left[j\left(L-\dfrac{1}{\omega C_2}\right)\right]}{-j\dfrac{1}{\omega C_1}+j\left(\omega L-\dfrac{1}{\omega C_2}\right)}=j\frac{\omega^2C_2L-1}{\omega(C_1+C_2)-\omega^3C_1C_2L}$$

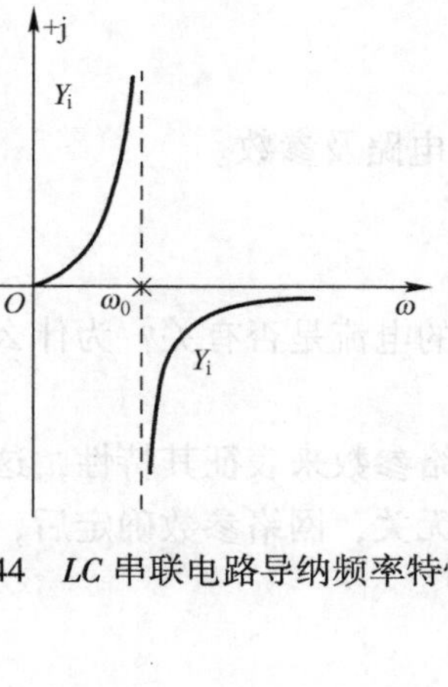

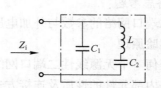

图 2-44　LC 串联电路导纳频率特性图

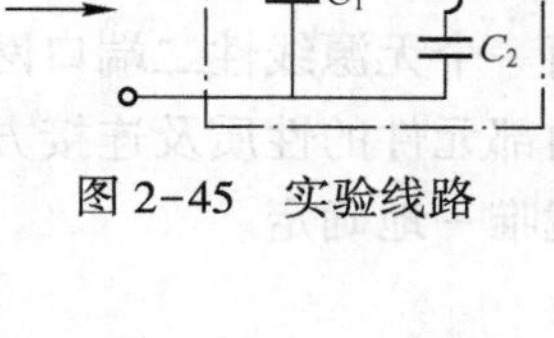

图 2-45　实验线路

当 $\omega^2 C_2 L-1=0$ 时，$Z_i(\omega)=0$。即入端阻抗函数 $Z_i(\omega)$ 的零点发生在角频率 $\omega_1=\frac{1}{\sqrt{LC_2}}$ 时。

当 $\omega(C_1+C_2)-\omega^3 C_1 C_2 L=0$ 时，$Z_i(\omega)=\infty$，即入端阻抗函数 $Z_i(\omega)$ 在角频率 $\omega_2=0$ 和 $\omega_3=\sqrt{\frac{C_1+C_2}{C_1 C_2 L}}$ 时出现极点。

ω_1 相当于串联谐振时的角频率，ω_3 相当于并联谐振时的角频率。

四、实验内容和步骤

1. 图 2-45 中各元件参数值：$L=9\ \mathrm{mH}$，$C_1=0.033\ \mu\mathrm{F}$，$C_2=0.056\ \mu\mathrm{F}$。

2. 实验任务：测定该网络的频率特性，并测出零、极点。

3. 实验要求：

1）根据所提供的实验仪器和元器件画出实验线路图。

2）设计实验方案，写出实验步骤，设计实验数据表格。

3）电源输出电压：$U_S=2\ \mathrm{V}$；频率范围：3 k~20 kHz。

五、实验设备

1. 函数信号发生器	1 台
2. 数字多用表	1 台
3. 电路教学实验台	1 套

六、实验报告要求

1. 完成设计表格中的各项数据，写出相应的计算公式，画出 $|Z|\sim\omega$ 曲线。

2. 总结本实验测量中应注意的问题及收获体会。

2.15 二端口网络参数的测定

一、实验目的

1. 加深理解二端口网络的基本理论。

2. 测定无源线性二端口网络的 Z 参数及 T 参数。

3. 研究二端口网络的特性阻抗。

二、预习要求

1. 复习二端口网络的有关理论知识。

2. 根据实验内容及提供的仪器设备，设计实验电路及参数。

3. 拟定实验数据表格。

4. 回答思考题：

无源二端口网络的参数与外加电压和流过网络的电流是否有关？为什么？

三、实验原理

对于任何一个无源线性二端口网络，可以用网络参数来表征其特性，这些参数只取决于二端口网络内部元件的性质及连接方式，而与激励无关，网络参数确定后，两个端口处的电压电流关系就唯一地确定。

如图 2-46 所示为无源线性二端口网络，输入端电压、电流为$\dot{U}_1$、$\dot{I}_1$，输出端电压、电流为$\dot{U}_2$、$\dot{I}_2$，取这 4 个变量中的 2 个量为自变量，另 2 个量为因变量，则可以组成 6 种特性方程式，常用的有 Y、Z、T、H 四种。本实验只研究测定二端口网络的 Z 参数及 T 参数。

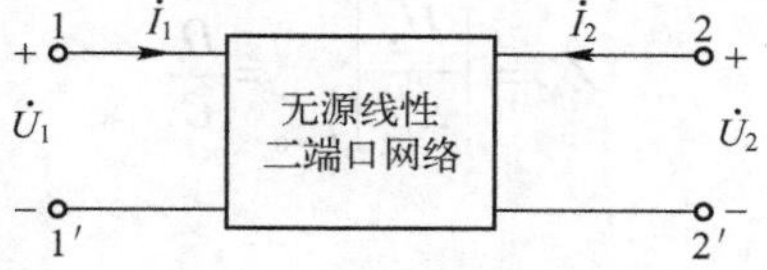

图 2-46　二端口网络

1. Z 参数方程及 Z 参数的测定

若将二端口网络的输入电流$\dot{I}_1$ 和输出电流$\dot{I}_2$ 作自变量，电压$\dot{U}_1$ 和$\dot{U}_2$ 作因变量，则得 Z 参数方程：

$$\begin{cases}\dot{U}_1=Z_{11}\dot{I}_1+Z_{12}\dot{I}_2\\ \dot{U}_2=Z_{21}\dot{I}_1+Z_{22}\dot{I}_2\end{cases}$$

式中，Z_{11}、Z_{12}、Z_{21}、Z_{22}称为二端口网络的 Z 参数，它们具有阻抗的性质，分别表示为：

$$Z_{11}=\left.\frac{\dot{U}_1}{\dot{I}_1}\right|_{\dot{I}_2=0},\ Z_{12}=\left.\frac{\dot{U}_1}{\dot{I}_2}\right|_{\dot{I}_1=0},\ Z_{21}=\left.\frac{\dot{U}_2}{\dot{I}_1}\right|_{\dot{I}_2=0},\ Z_{22}=\left.\frac{\dot{U}_2}{\dot{I}_2}\right|_{\dot{I}_1=0}$$

从上述 Z 参数的表达式可知，只要将二端口网络的输入端和输出端分别开路，测出其相应的电压和电流后，就可以确定二端口网络的 Z 参数。

当二端口网络为互易网络时，有 $Z_{12}=Z_{21}$，从而 4 个参数中只有 3 个是独立的。

2. T 参数方程及 T 参数的测定

若将二端口网络的输出端电压$\dot{U}_2$ 和电流$-\dot{I}_2$ 作自变量，输入端电压$\dot{U}_1$ 和电流$\dot{I}_1$ 作因变量，则得 T 参数方程：

$$\begin{cases}\dot{U}_1=A\,\dot{U}_2+B(-\dot{I}_2)\\ \dot{I}_1=C\,\dot{U}_2+D(-\dot{I}_2)\end{cases}$$

式中，A、B、C、D 称为二端口网络的 T 参数。T 参数反映输入端电压电流与输出端电压电流的关系，故亦称为传输参数，分别表示为：

$$A=\left.\frac{\dot{U}_1}{\dot{U}_2}\right|_{\dot{I}_2=0},\ B=\left.\frac{\dot{U}_1}{-\dot{I}_2}\right|_{\dot{U}_2=0},\ C=\left.\frac{\dot{I}_1}{\dot{U}_2}\right|_{\dot{I}_2=0},\ D=\left.\frac{\dot{I}_1}{-\dot{I}_2}\right|_{\dot{U}_2=0}$$

当二端口网络为互易网络时，有 $AD-BC=1$，因此 4 个参数中只有 3 个是独立的。在电力及电信传输中常用 T 参数方程来描述网络特性。

T 参数实验测定方法有两种：

1）根据上述 T 参数表达式测定。

2）由二端口网络输入/输出端的开路阻抗和短路阻抗求 T 参数。

由 T 参数方程可以得到如下关系式。

开路阻抗：

$$Z_{k1}=\left.\frac{\dot{U}_1}{\dot{I}_1}\right|_{\dot{I}_2=0}=\frac{A}{C}$$

$$Z_{k2}=\left|\frac{\dot{U}_2}{-\dot{I}_2}\right|_{\dot{I}_1=0}=\frac{D}{C}$$

短路阻抗：

$$Z_{d1}=\left.\frac{\dot{U}_1}{\dot{I}_1}\right|_{\dot{U}_2=0}=\frac{B}{D}$$

$$Z_{d2}=\left|\frac{\dot{U}_2}{-\dot{I}_2}\right|_{\dot{U}_1=0}=\frac{B}{A}$$

由以上关系式可导出：

$$A=\sqrt{\frac{Z_{k1}}{Z_{k2}-Z_{d2}}}$$

$$B=AZ_{d2}$$

$$C=\frac{A}{Z_{k1}}$$

$$D=CZ_{k2}=A\frac{Z_{k2}}{Z_{k1}}$$

根据以上关系式，由实验的方法，测定二端口的输入/输出端的开、短路阻抗，可求出 T 参数。

3. 互易二端口网络的等效电路

不管用什么形式的电路参数来表征二端口网络的端口特征，对于互易二端口网络，其电路参数只有 3 个是独立的，其外部特性可以用 3 个阻抗（或导纳）元件组成的 T 型或 π 型等效电路（本实验不讨论）来代替，其 T 型等效电路如图 2-47 所示。

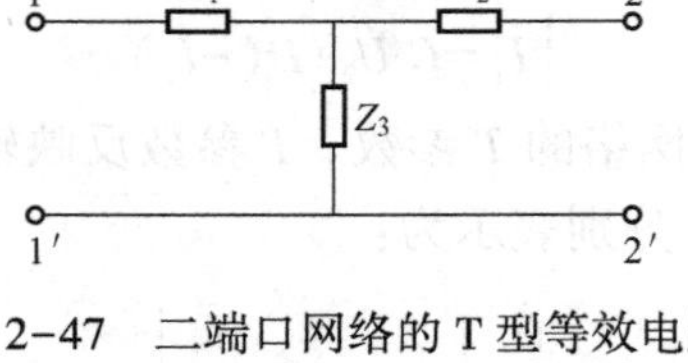

图 2-47　二端口网络的 T 型等效电路

若已知网络的 Z 参数，则阻抗 Z_1、Z_2、Z_3 分别为

$$Z_1=Z_{11}+Z_{12}\quad Z_2=Z_{22}+Z_{12}\quad Z_3=Z_{12}=Z_{21}$$

若已知网络的 T 参数，则阻抗 Z_1、Z_2、Z_3 分别为

$$Z_1=\frac{A-1}{C}\quad Z_2=\frac{1}{C}\quad Z_3=\frac{D-1}{C}$$

4. 二端口网络的特性阻抗 Z

设有载二端口网络如图 2-48 所示。

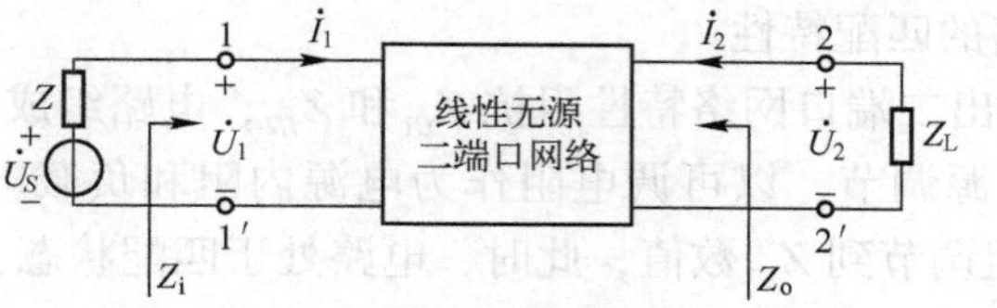

图 2-48　双端接二端口网络

在 1-1′端，其输入阻抗　$$Z_i=\frac{\dot{U}_1}{\dot{I}_1}=\frac{AZ_L+B}{CZ_L+D}$$

在 2-2′端，其输出阻抗　$$Z_o=\frac{\dot{U}_2}{\dot{I}_2}\bigg|_{\dot{U}_S=0}=\frac{DZ_S+B}{CZ_S+A}$$

输入阻抗是二端口网络参数与负载阻抗 Z_L 的函数，对于不同的二端口网络，Z_i 与 Z_L 的关系不同。对电源来说，二端口网络起到了变换其负载阻抗的作用。同理，对负载来说，二端口网络起到了变换电源内阻抗的作用。

当输入阻抗等于电源内阻抗，输出阻抗等于负载阻抗时，即：

$$Z_i=Z_S=Z_{C1}\quad Z_O=Z_L=Z_{C2}$$

则有如下关系式

$$Z_{C1}=\sqrt{\frac{AB}{CD}}$$

$$Z_{C2}=\sqrt{\frac{DB}{AC}}$$

可见，Z_{C1} 与 Z_{C2} 只是二端口网络的函数，定义为二端口网络的特性阻抗。当有载二端口网络的电源内阻抗和负载阻抗分别等于相应侧的特性阻抗时，称为阻抗匹配，此时电源输出最大功率，负载得到最大功率。

当二端口网络为对称时，$Z_{C1}=Z_{C2}=Z_C=\sqrt{\frac{B}{C}}$，因此，二端口网络的特性阻抗可由 T 参数求出。

特性阻抗还可以由二端口网络的开路阻抗和短路阻抗求出，其关系式为：

$$Z_{C1}=\sqrt{Z_{k1}Z_{d1}}\quad Z_{C2}=\sqrt{Z_{k2}Z_{d2}}$$

本实验研究直流无源二端口网络特性，即实验电源为直流稳压电源，二端口网络由电阻组成。因此参数方程中的$\dot{U}$、$\dot{I}$、Z 改为 U、I、R 即可。

四、实验内容和步骤

由三个可变电阻组成 T 型电路

1. 测定二端口网络的 Z 参数。

2. 测定二端口网络的 T 参数。

1）利用参数表达式测定。

2）测定二端口网络输入/输出端的开路和短路阻抗，利用 T 参数与开、短路阻抗关系求 T 参数。

3. 研究二端口网络的匹配特性。

利用已测数据，求出二端口网络特性阻抗 Z_{C1} 和 Z_{C2}，电路组成如图 2-48 所示。输入端电源电压由直流稳压电源调节，以可调电阻作为电源内阻和负载电阻，将电源内阻调节到 Z_{C1} 数值，并将负载电阻调节到 Z_{C2} 数值，此时，电路处于匹配状态，电源输出最大功率，负载得到最大功率。用电压表、电流表测量二端口网络端口的电压、电流，即可测定电源输出功率及负载输入功率。

4. 改变电源内阻及负载电阻，再测定相应功率，以验证二端口网络的匹配特性。自行设计数据表格。

五、实验设备

电路教学实验台　　　　1 套

六、实验报告要求

1. 根据测量数据，求二端口网络的 Z 参数和 T 参数。

2. 验证二端口网络处于匹配状态时，电源输出最大功率，负载得到最大功率。

3. 二端口网络带有负载时，输入端的输入阻抗由实验求出，$Z_i=\frac{\dot{U}_1}{\dot{I}_1}$，也可由 T 参数求出，即 $Z_i=\frac{AZ_L+B}{CZ_L+D}$。取两组实验数据验证。

第 3 章　仿真电路实验

3.1　线性电阻元件伏安特性的测试

一、实验目的

1. 熟悉上机操作基本过程，掌握 Multisim 14.0 软件的使用。

2. 利用 Multisim 14.0 分析了解线性电阻元件的伏安特性。

二、预习要求

阅读 6.1 节 Multisim 14.0 简介。

三、实验原理

参阅本教材第 2 章 2.1 节中的相关内容。

四、实验内容和步骤

测定线性电阻 R 的伏安特性

方法 1：逐点测量法

1）按图 3-1 接线，电阻 $R_1=100\,\Omega$，R_2 为 0~100 Ω 的电位器，直流电源电压为 10 V。

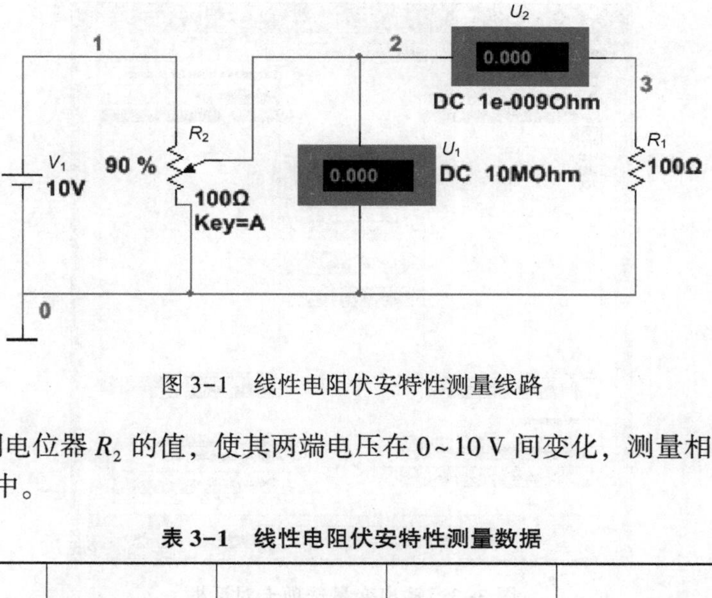

图 3-1　线性电阻伏安特性测量线路

2）改变可调电位器 R_2 的值，使其两端电压在 0~10 V 间变化，测量相应的电流、电压值，记入表 3-1 中。

表 3-1　线性电阻伏安特性测量数据

I/mA					
U/V					

方法 2：直流扫描法

直流扫描分析的目的是观察直流转移特性。当输入直流在一定范围内变化时，分析输出的变化情况。

1）按图 3-1 接线。

2）打开“DC Sweep Analysis”对话框，分别设置输入直流电压源、步长、扫描初值和终值，如图 3-2 所示。

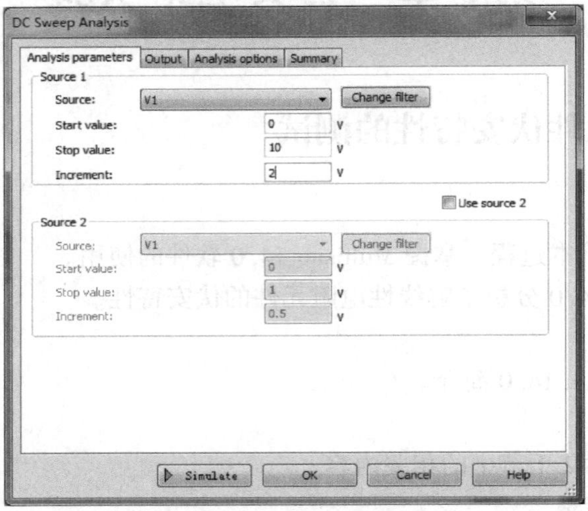

图 3-2　直流分析对话框

3）在“Output-All variables”选项卡中，设置输出变量。本实验选择 R_1 上的电流为输出，如图 3-3 所示。

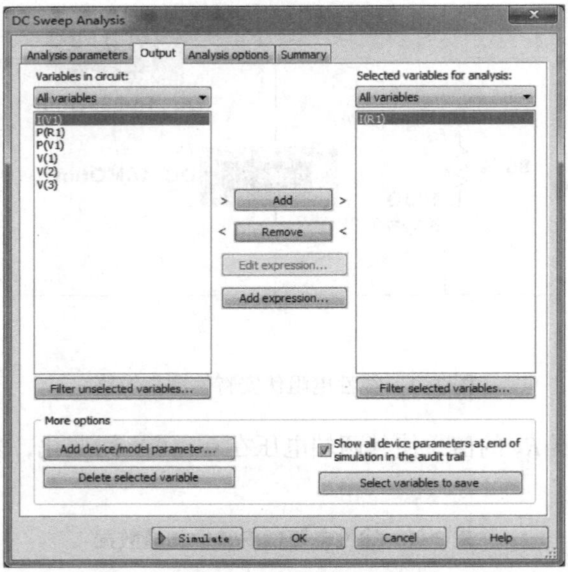

图 3-3　输出变量选项卡对话框

4）单击 Simulate 按钮开始仿真，得到线性电阻伏安特性。

五、实验报告要求

1. 根据表 3-1 测量的数据，在坐标纸上绘制所测线性电阻元件的伏安特性曲线。

2. 在绘制的线性电阻伏安特性曲线中求出电阻的阻值。

3. 打印直流扫描法得到的线性电阻元件的伏安特性曲线。

3.2 电压源和电流源对外端口特性研究及其等效转换

一、实验目的

1. 熟悉上机操作基本过程，掌握 Multisim 14.0 的使用。

2. 利用 Multisim 14.0 分析了解理想电压源和理想电流源的对外端口特性。

3. 验证电压源与电流源之间等效转换的条件。

二、预习要求

1. 复习电压源、电流源对外端口特性的相关理论知识。

2. 根据 2.2 节中内容要求画出理想电压源、实际电压源、理想电流源、实际电流源的实验线路。

三、实验原理

参阅本教材第 2 章 2.2 节中相关内容。

四、实验内容和步骤

1. 电压源伏安特性

（1）理想电压源端口伏安特性

按图 3-4 接好实验线路。

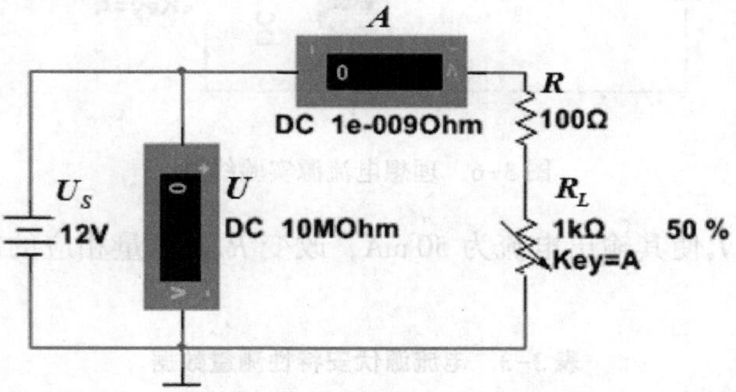

图 3-4 理想电压源实验线路

图中 $R=100\,\Omega$，R_L为 0~1 kΩ 的电位器。改变负载电阻 R_L，测量相应的电压、电流值并填入表 3-2 中。

（2）实际电压源伏安特性

将图 3-4 中理想电压源与 470 Ω 电阻组成实际电压源，如图 3-5 所示。改变 R_L，测量相应的电压、电流值并填入表 3-2 中。

表 3-2 电压源伏安特性测量数据

$R_S=0\,\Omega$	I/mA	0					
	U/V						
$R_S=470\,\Omega$	I/mA	0					
	U/V						

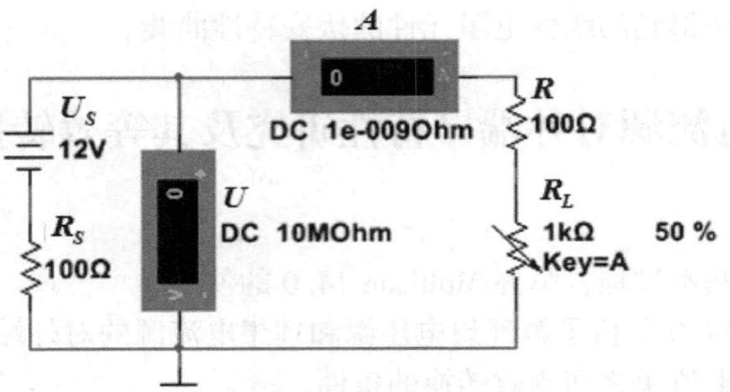

图 3-5 实际电压源实验线路

2. 电流源伏安特性

(1) 理想电流源伏安特性

按图 3-6 接好实验线路。图中 $R=100\ \Omega$，R_L为 0~1 kΩ 电位器。

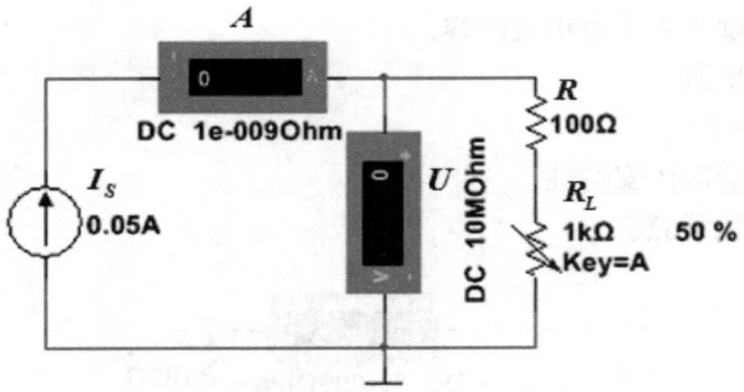

图 3-6 理想电流源实验线路

调节理想电流源 I_S使其输出电流为 50 mA，改变 R_L，测量相应的电流、电压值并填入表 3-3 中。

表 3-3 电流源伏安特性测量数据

$R_S=\infty\ \Omega$	U/V	0				
	I/mA					
$R_S=240\ \Omega$	U/V	0				
	I/mA					

(2) 实际电流源伏安特性

将图 3-6 中理想电流源与 240 Ω 电阻组成实际电流源，如图 3-7 所示。改变 R_L，测量相应的电流、电压值并填入表 3-3 中。

3. 电压源与电流源的等效转换

根据实验内容（1）和（2）的实验结果，验证电压源和电流源是否等效。

五、实验报告要求

1. 根据表 3-2 和表 3-3 测量数据，在坐标纸上绘制所测电压源和电流源的伏安特性曲线。

2. 通过实验理解理想电压源和理想电流源能否等效转换。

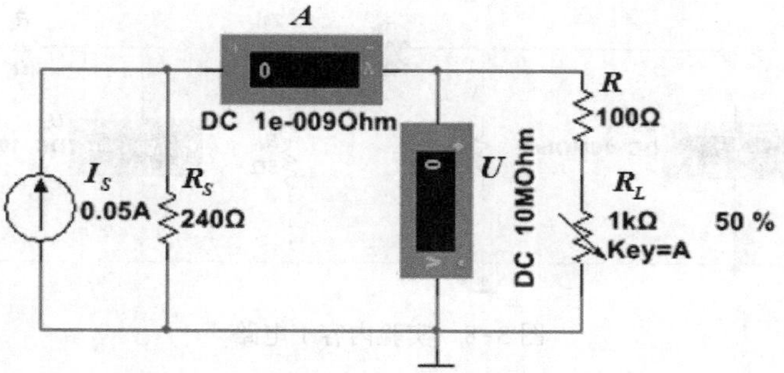

图 3-7　实际电流源实验线路

3.3　直流电路的结点电压分析

一、实验目的

1. 熟悉上机操作基本过程，掌握应用 Multisim 14.0 分析电路的基本方法。

2. 利用计算机分析电阻网络的结点电压。

二、预习要求

1. 在预习报告中画出实验内容 1 和 2 中的电路图。

2. 理论计算出实验内容 1 和 2 电路图中的结点电压。

三、实验原理

1. 线性直流电路的结点电压

当电路有 n 个结点，可任取其中一个结点作为参考结点，并设该结点电位为零，其余的 $(n-1)$ 个结点为独立结点，每一个独立结点与参考结点之间的电压称为结点电压。

结点电压法是以结点电压为未知量，利用基尔霍夫电流定律（KCL）建立方程，求解未知量的方法。

一般来讲，对于 n 个结点的电路有 $(n-1)$ 个独立结点电压。

若任取一个结点为参考结点，以其余 $(n-1)$ 个独立结点的结点电压为求解量，则所列写的结点电压方程的一般形式为：

$$\begin{cases} G_{11}u_{n1}+G_{12}u_{n2}+G_{13}u_{n3}+\cdots+G_{1(n-1)}u_{n(n-1)}=i_{S11} \\ G_{21}u_{n1}+G_{22}u_{n2}+G_{23}u_{n3}+\cdots+G_{2(n-1)}u_{n(n-1)}=i_{S22} \\ \vdots \\ G_{(n-1)1}u_{n1}+G_{(n-1)2}u_{n2}+\cdots G_{(n-1)(n-1)}u_{n(n-1)}=i_{S(n-1)(n-1)} \end{cases}$$

2. 利用 Multisim 14.0 分析结点电压

欲求电阻电路的结点电压，关键是利用 Multisim 14.0 正确画出电路的原理图。

四、实验内容和步骤

1. 电路如图 3-8 所示，求结点 1、2 的结点电压。

2. 电路如图 3-9 所示，求结点 1、2、3 的结点电压。

五、实验报告要求

1. 把观察到的各结点电压数值记录下来，与理论计算结果相比较。

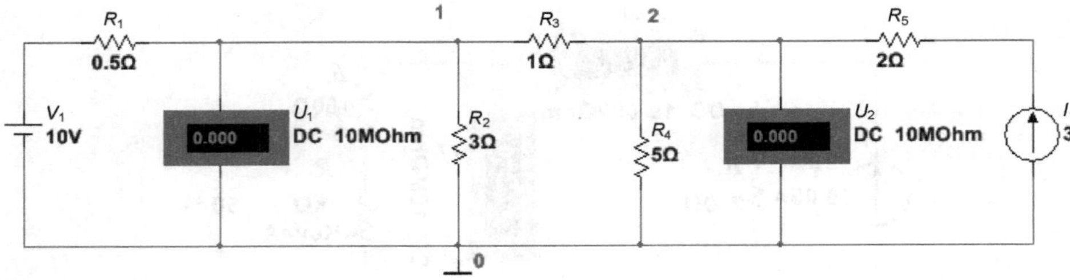

图 3-8　实验内容 1 电路

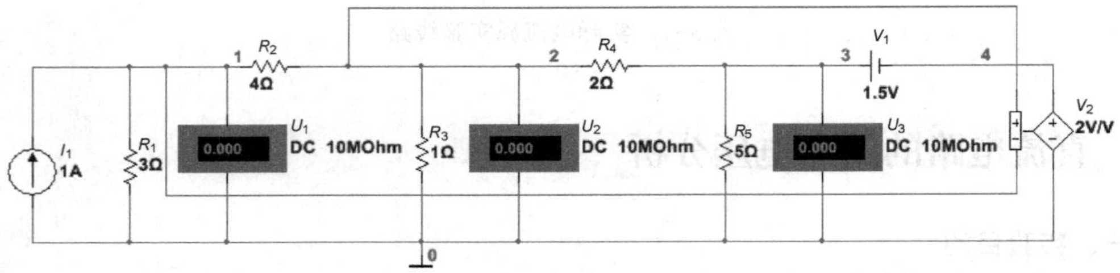

图 3-9　实验内容 2 电路

2. 回答问题：

（1）若改变图 3-8 中与电流源串联电阻 R_5 的大小，则对结点 2 的电压有无影响？改变电阻 R_5 后电阻两端的电压有什么变化？电流源两端的电压有什么变化？

（2）若改变图 3-9 中与电阻 R_2 上控制量 U 的参考方向，实验结果有无不同？由此加深对参考方向的理解。

3.4　动态电路响应的研究

一、实验目的

1. 学会用 Multisim 分析动态电路的过渡过程。
2. 观察电路参数变化对一阶、二阶电路响应的影响。

二、预习要求

1. 阅读 6.1 节 Multisim 14.0 仿真软件简介。

2. 根据实验内容 1 中给出的方波信号周期 T 和电路时间常数 τ 值，确定图 3-20 中 R、C 的值。

3. 自拟实验内容 2 的实验线路图、确定电路参数 R、L、C 值，要求 $R<2\sqrt{\dfrac{L}{C}}$ 且 LC 的固有振荡频率约是方波信号频率的 8～10 倍。

4. 预习二阶电路的动态响应有关理论，分析当 R 变化时，u_R、u_L、u_C 的波形。

三、实验原理

1. 含有 L、C 动态元件的电路叫动态电路。动态电路的响应可由微分方程求解。用一阶微分方程描述的电路叫一阶电路，用二阶微分方程描述的电路叫二阶电路。

2. 电路在无激励的情况下，由储能元件的初始状态引起的响应称为零输入响应。对于图 3-10 所示的一阶电路，$t<0$，S 合于 1，$u_C(0_-)=u_S$；$t=0$，S 由 1→2；$t\geqslant 0$ 时，电路的响

应为零输入响应，此时

$$u_C(t)=u_S e^{-t/\tau}$$

其中 $\tau=RC$ 为电路的时间常数，τ 越大，过渡过程持续的时间越长。

3. 所有储能元件的初始状态为零的电路对外加激励的响应为零状态响应。在图 3-10 中，若 $t<0$ 时，开关 S 位于 2 为时已久，此时 $u_C(0_-)=0$。

当 $t=0$ 时，S 由 2→1，则 $t\geqslant 0$ 时电路的响应为零状态响应，此时

$$u_C(t)=u_S(1-e^{-t/\tau})\quad(t\geqslant 0)$$

4. 电路在输入激励和初始状态共同作用下引起的响应为全响应，对于图 3-11 所示电路，$t<0$ 时，$u_C(0_-)=u_0$，$t=0$ 合 S；则 $t\geqslant 0$ 时，电路的响应为全响应，此时

$$u_C(t)=U_S(1-e^{-t/\tau})+U_0 e^{-t/\tau}\quad(t\geqslant 0)$$

它等于零状态响应和零输入响应之和。

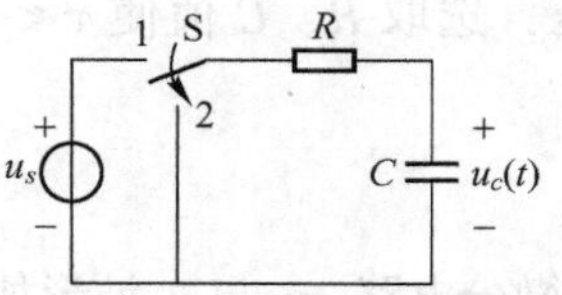

图 3-10　一阶 RC 电路

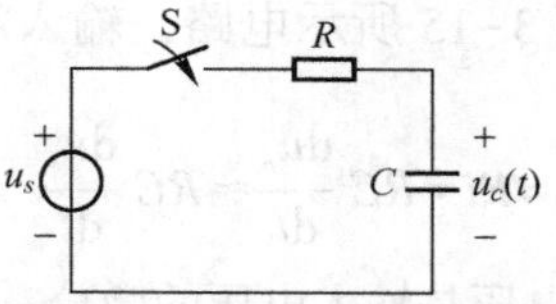

图 3-11　一阶 RC 电路的全响应

5. 由于一阶电路的过渡过程是很短暂的单次变化过程，它在瞬间发生又很快消失。为了更清楚地观察一阶电路的全过程，这里采用方波信号作为电源激励。

1）电路的时间常数远小于方波信号的半个周期时，可以认为方波某一边沿（上升沿或下降沿）到来时，前一边沿所引起的过渡过程已经结束，这时电路对上升沿的响应就是零状态响应；对下降沿的响应就是零输入响应；方波的重复出现，就能观察到零状态和零输入响应的多次过程。因此可以用方波激励借助普通示波器来观察、分析零状态响应和零输入响应，如图 3-12 所示。

2）电路的时间常数约等于或大于方波的半周期时，在方波的某一边沿到来时，前一边沿所引起的过渡过程尚未结束，这样，充放电的过程都不可能完成，如图 3-13 所示。

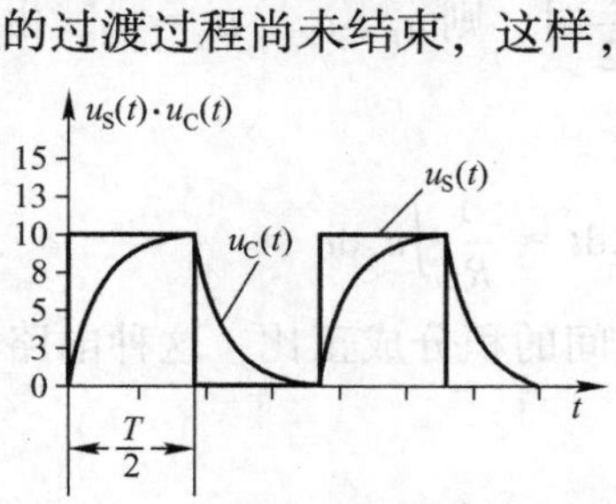

图 3-12　τ 小时一阶 RC 电路的方波响应

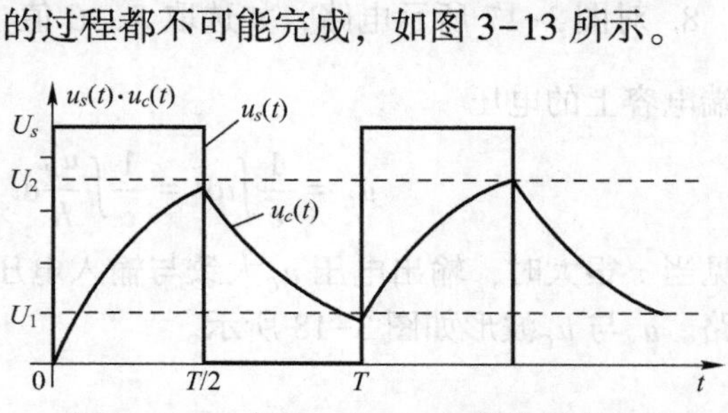

图 3-13　τ 大时一阶 RC 电路的方波响应

充放电的初始值可由以下公式求出：

$$\begin{cases} U_1=\dfrac{U_S e^{-T/2\tau}}{1+e^{-T/2\tau}} \\ U_2=\dfrac{U_S}{1+e^{-T/2\tau}} \end{cases}$$

6. RC 电路充放电的时间常数 τ 可以从响应波形中估算出来，设时间坐标单位 t 确定，对于充电曲线来说，幅值上升到终值的 63.2%所对应的时间即为一个 τ，如图 3-14a 所示；对于放电曲线来说，幅值下降到初始值的 36.8%所对应的时间即为一个 τ，如图 3-14b 所示。

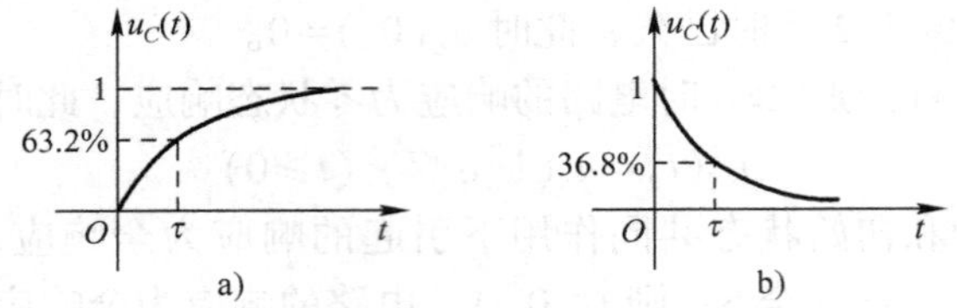

图 3-14　$u_C(t)$的充电、放电波形

a）充电曲线　b）放电曲线

7. 对于图 3-15 所示电路，输入端加矩形脉冲电压，选取 R、C 值使 $\tau \ll \frac{T}{2}$，则 $u_C \gg u_R$，$u_S \approx u_C$，得 $u_R = Ri = RC\frac{du_c}{dt} \approx RC\frac{du_s}{dt}$

可见输出电压是输入电压的微分，这种电路称为 RC 微分电路。u_S与 u_R波形如图 3-16 所示。

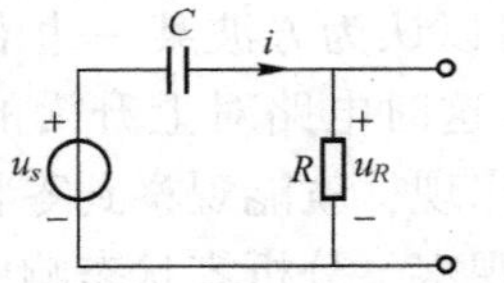

图 3-15　微分电路

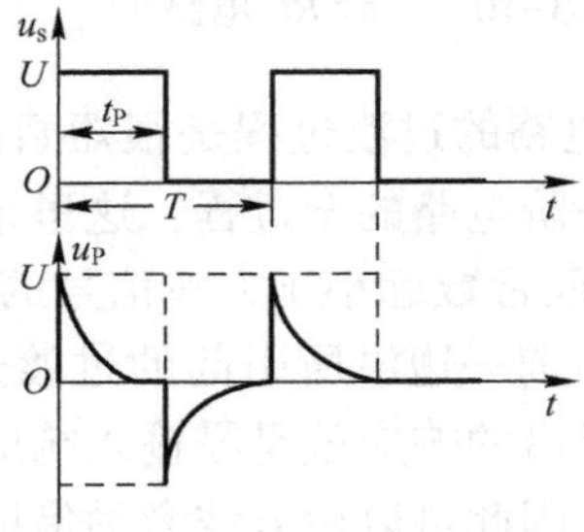

图 3-16　微分电路输入 u_S及输出 u_R波形

8. 对图 3-17 所示电路，如选取 R、C 值，使 $\tau \gg \frac{T}{2}$时，则 $u_R \gg u_C$，$u_R \approx u_S$，由此得到输出端电容上的电压

$$u_C = \frac{1}{c}\int i\mathrm{d}t = \frac{1}{c}\int \frac{u_R}{R}\mathrm{d}t = \frac{1}{RC}\int u_R \mathrm{d}t \approx \frac{1}{RC}\int u_S \mathrm{d}t$$

可见当 τ 很大时，输出电压 u_C大致与输入电压 u_S对时间的积分成正比，这种电路称为积分电路。u_S与 u_C波形如图 3-18 所示。

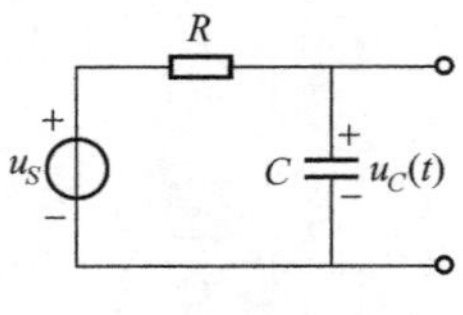

图 3-17　积分电路

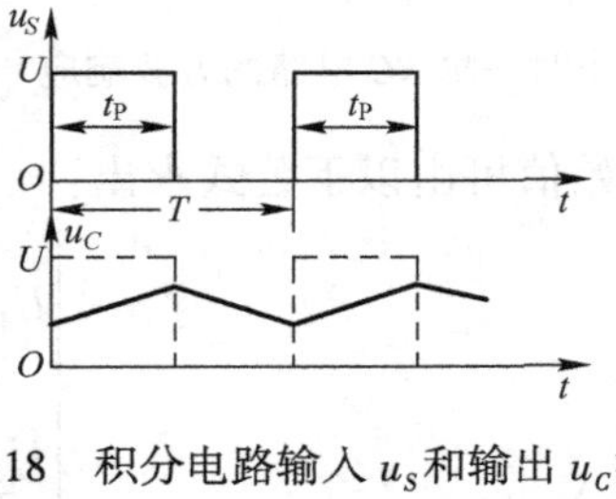

图 3-18　积分电路输入 u_S和输出 u_C波形

9. 二阶电路的响应取决于电路元件的参数，在 RLC 串联电路中，响应分为 5 种情况。

1）$R>2\sqrt{\frac{L}{C}}$时，响应是非振荡，称为过阻尼情况。

2）$R=2\sqrt{\frac{L}{C}}$时，响应是临界振荡，称为临界阻尼情况。

3）$R<2\sqrt{\frac{L}{C}}$时，响应是衰减振荡，称为欠阻尼情况。

4）$R=0$ 时，响应是等幅振荡，称为无阻尼情况。

5）$R<0$ 时，响应是发散振荡。

图 3-19 为 u_C五种方波响应时的波形。

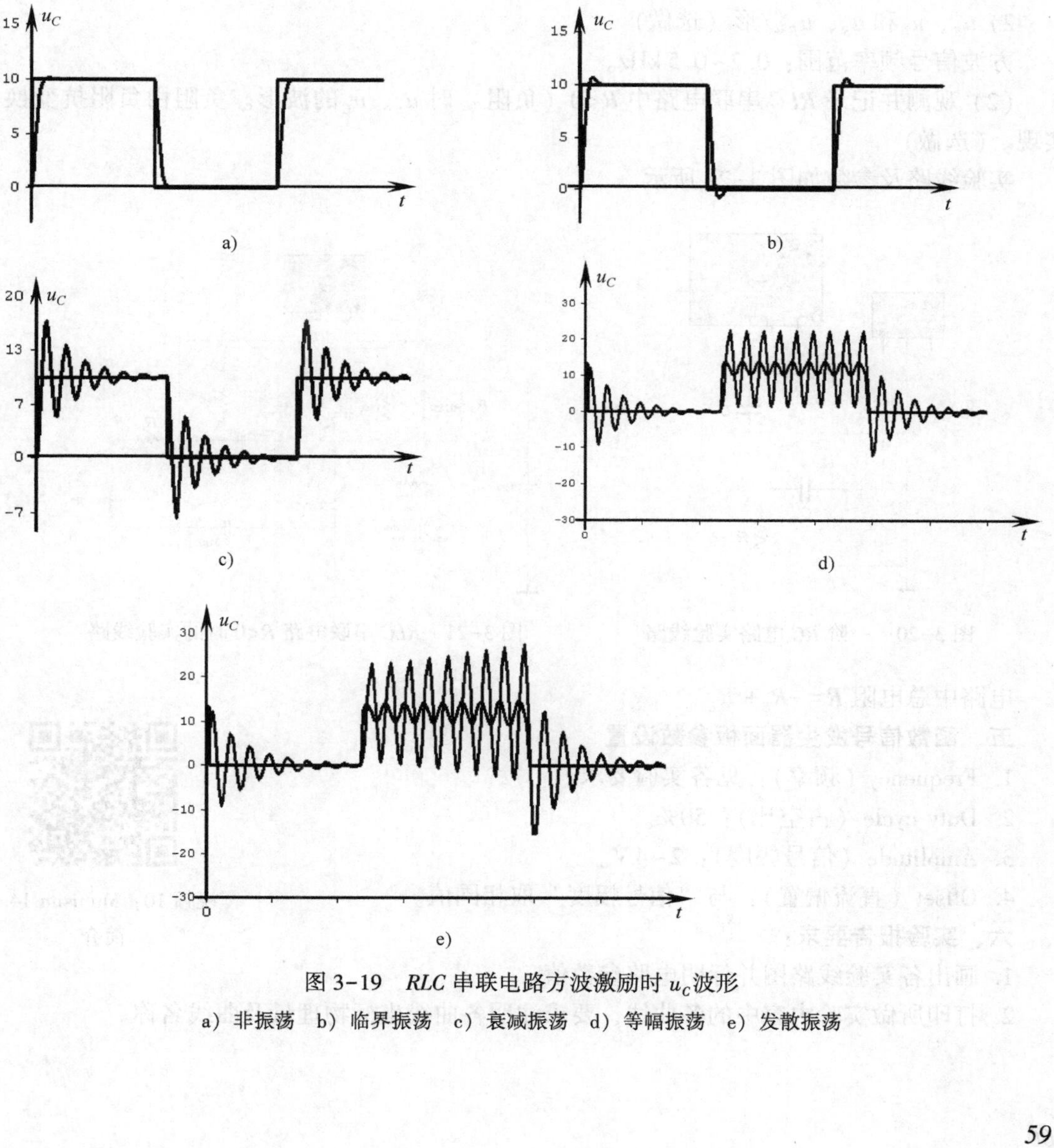

图 3-19　RLC 串联电路方波激励时 u_C波形

a）非振荡　b）临界振荡　c）衰减振荡　d）等幅振荡　e）发散振荡

四、实验内容和步骤

1. 一阶 RC 电路的方波响应（必做）

实验线路如图 3-20 所示。

（1）τ 值小：观测、打印 u_S、u_C波形和 u_S、u_R波形。

方波信号频率 $f=1\text{ kHz}$，周期 $T=1\text{ ms}$，$\tau=RC\approx\dfrac{T}{20}$。

（2）τ 值大：观测、打印 u_S、u_C波形和 u_S、u_R波形。

方波信号频率 $f=1\text{ kHz}$，周期 $T=1\text{ ms}$，$\tau=RC\approx T$。

2. RLC 串联电路方波响应

（1）自拟实验线路及电路参数 R、L、C 的值，求

1）u_S、u_C的波形。（必做）

2）u_S、u_L和 u_S、u_R波形（选做）

方波信号频率范围：0. 2~0. 5 kHz。

（2）观测并记录 RLC 串联电路中 $R<0$（负阻）时 u_S、u_C的波形。负阻由负阻抗变换器实现。（选做）

实验线路及参数如图 3-21 所示。

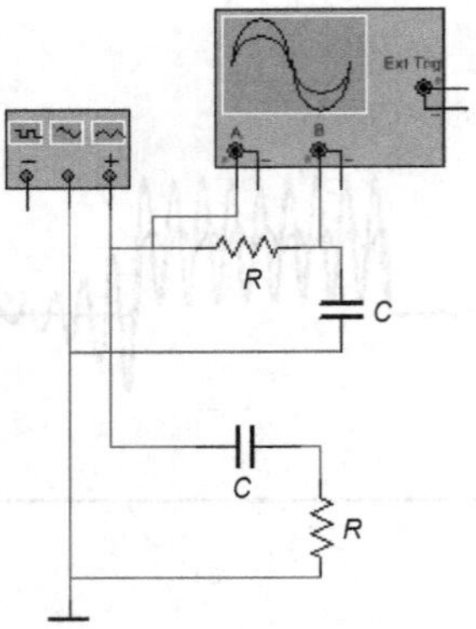

图 3-20　一阶 RC 电路实验线路

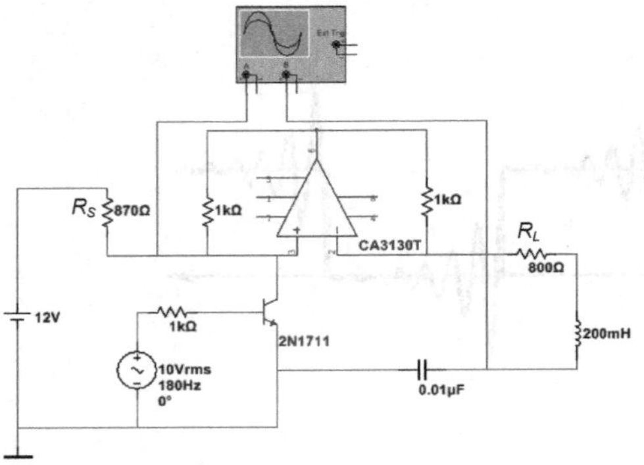

图 3-21　RLC 串联电路 $R<0$ 时的实验线路

电路中总电阻 $R=-R_S+R_L$

五、函数信号发生器面板参数设置

1. Frequency（频率）：见各实验要求。
2. Duty cycle（占空比）：50%。
3. Amplitude（信号幅度）：2~4 V。
4. Offset（直流偏置）：与“信号幅度”取相同值。

视频 10：Multisim 14. 0 简介

六、实验报告要求：

1. 画出各实验线路图并标明电路参数值。
2. 打印所做实验内容中的各曲线，要求注明各曲线坐标物理量及曲线名称。

3.5 *RLC* 电路串、并联谐振的研究

一、实验目的

1. 用 Multisim 分析 *RLC* 电路的谐振特性。

2. 观察电路参数对 *RLC* 谐振电路的影响。

二、预习要求

1. 复习 *RLC* 电路串、并联谐振的有关理论。

2. 阅读 6.1 节 Multisim 14.0 简介。

3. 什么是 *RLC* 串联电路及并联电路的幅频特性和相频特性？根据图 3-18、图 3-19 的接线及参数，试分析幅频特性和相频特性的坐标轴的物理量是什么？

4. 计算图 3-22 所示电路的谐振频率。

三、实验内容和步骤

1. 观测并打印 *RLC* 串联电路不同 Q 值时的幅频特性和相频特性，并记录谐振频率 f_0（必做）。

要求：高 Q 值是低 Q 值的 4~5 倍，且改变 Q 值时电路的谐振频率 f_0 不变。

实验线路如图 3-22 所示。

（1）高 Q 值

电路参数的参考值：$R=100\,\Omega$，$C=0.1\,\mu F$，$L=20\,mH$

（2）低 Q 值

自选电路参数值。

2. 观测并记录 *RLC* 并联电路的幅频特性和相频特性。（选做）

实验线路如图 3-23 所示。电路参数值自选。

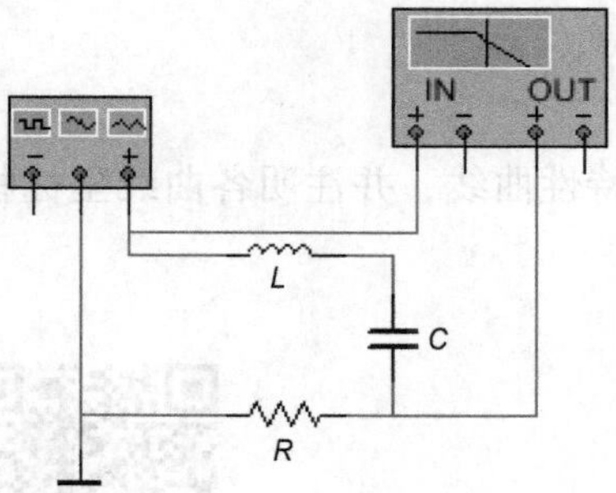

图 3-22　*RLC* 串联电路实验线路

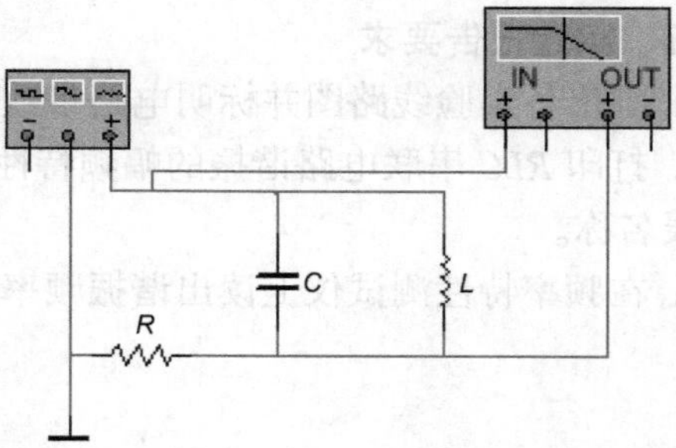

图 3-23　*RLC* 并联电路实验线路

四、仪器面板图参数设置

1. 函数信号发生器

Frequency（频率）：任意值。

Duty cycle（占空比）：50%。

Amplitude（信号幅度）：>0 的任意值。

Offset（直流偏置）：任意值。

2. 频率特性测试仪

（1）串联谐振

1）高 Q 值

① 幅频特性（Magnitude）

Vertical（纵坐标）：Lin

I：0；　F：1

Horizontal（横坐标）：Lin

I：1 mHz；　F：8～10 kHz

② 相频特性：（Phase）

Vertical（纵坐标）：Lin

I：-90；　F：90

Horizontal（横坐标）：Lin

I：1 mHz；　F：8～10 kHz

2）低 Q 值

① 幅频特性

Vertical（纵坐标）取值同高 Q 值。

Horizontal（横坐标）：Lin

I：1 mHz；　F：8～10 kHz

② 相频特性横、纵坐标取值同高 Q 值

（2）并联谐振

1）幅频特性和相频特性的横坐标取值同串联谐振高 Q 值；

2）幅频特性纵坐标：取 Log

I：-65 dB；　F：2～5 dB；

相频特性的纵坐标取值同串联谐振高 Q 值。

五、实验报告要求

1. 画出各实验线路图并标明电路参数值。

2. 打印 *RLC* 串联电路谐振的幅频特性曲线及相频特性曲线，并注明各曲线坐标物理量及曲线名称。

3. 在频率特性测试仪上读出谐振频率 f_0 值。

视频 11：*RLC* 电路串并联谐振特性仿真研究

第 4 章　综合、设计及创新型实验

4.1　运算放大器的应用

一、实验目的

1. 加深对受控源的认识。

2. 获得运算放大器和有源器件的感性认识。

3. 了解运算放大器的运用。

二、预习要求

1. 阅读教材中有关受控源、运算放大器的相关理论知识。

2. 查阅有关数/模转换电路的知识。

三、实验原理

1. 受控源

受控源是一种非独立源，是从电子电路中抽象出来的一种理想化电路模型。实际上受控源是一种有源多端元件，它的输出端（受控端）可以是电压源，也可以是电流源；输入端（控制端）可以是电压，也可以是电流。因此受控源可以分为 4 种，即电压控制电压源（VCVS）、电压控制电流源（VCCS）、电流控制电压源（CCVS）、电流控制电流源（CCCS）。

2. 运算放大器

运算放大器（简称运放）是用集成电路技术制作的一种多端元件，它的种类很多，常见的有高速、高阻、高压、大功率、低耗、通用等类型。常用的一般是高增益、高输入阻抗、低输出阻抗的通用型，如 μA741、LF353 等。

运算放大器不仅可以进行加、减、乘、除、比例、求和、微积分、取对数等运算，而且非常广泛地应用于自动化及信号获取等方面。如幅度比较、选择、采样保持、滤波、信号处理等，又如正弦波、矩形波、三角波、锯齿波等信号的发生。

在理论分析中，运算放大器的电路符号如图 4-1 所示。以 LF353 为例，它的实际引出端如图 4-2 所示，它有 8 个引出端，其中 3 端为同相输入端，2 端为反相输入端，6 端为运放输出端，7 端为正电源端，4 端为负电源端，8 端为闲置端，1、4、5 端可接电位器作运放调零用，也可不接任何元件。

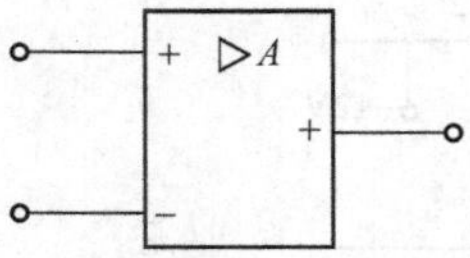

图 4-1　运放的电路符号

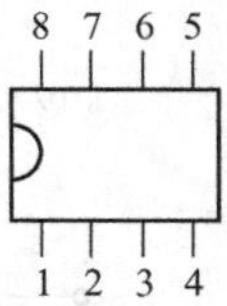

图 4-2　LF353 引脚示意图

在分析由运放组成的实际电路时，可以按照理想化的模型处理运放。理想运放是指开环放大倍数$A\to\infty$，输入电阻$r_i\to\infty$，输出电阻$r_0\to 0$，即认为运放“+”“-”输入端电位相等，称为“虚短”，即$u^+=u^-$；流入运放两输入端的电流为零，称为“虚断”，即$i^+=i^-=0$。

四、实验内容和步骤

1. 电压控制电压源（VCVS）

用运算放大器构成VCVS，并测定其控制特性。

实验电路如图4-3所示。要求根据电路证明控制系数的理论值$\mu=1+\frac{R_f}{R_1}$，取电路参数$R_f=R_1=10\text{k}\Omega$。

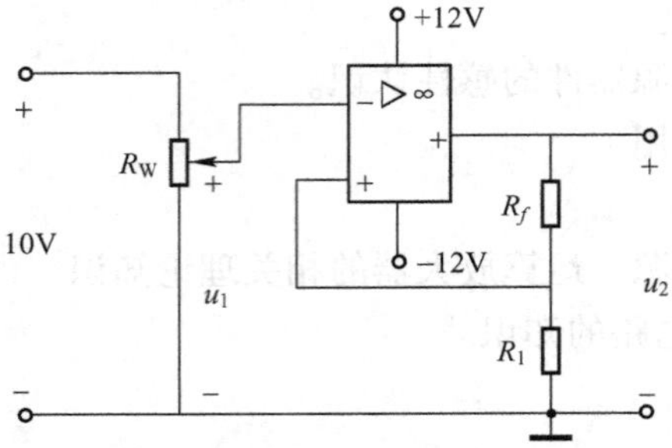

图4-3 VCVS构成及实验电路

调节电位器滑动端取u_1，数据见表4-1，测量记录u_2，由测试数据做出u_2-u_1关系曲线。求出控制系数μ（即转移电压比）。

表4-1 实验内容1测量数据

u_1/V	0.5	1.0	1.5	2.0	2.5	3.0
u_2/V						
μ						
μ平均						

2. 电流控制电压源（CCVS）

用运算放大器构成CCVS，并测定其控制特性。

实验电路如图4-4所示。要求根据电路证明控制系数的理论值$r=\frac{u_2}{i_1}$。

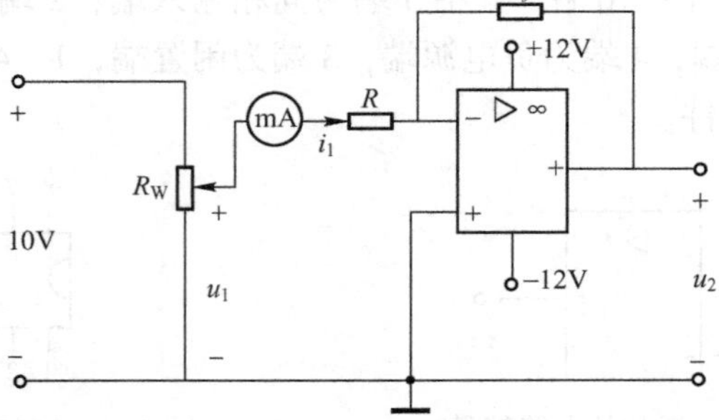

图4-4 CCVS构成及实验电路

电路参数取 $R=100\,\Omega$，$R_f=100\,\Omega$，运放电源电压为±12 V。用电压表测输出电压 u_2 时应注意电压表极性。调节电位器可调端，使电流表的示数如表 4-2 中数据所示，测量记录 u_2，由测试数据做出 u_2-i_1 关系曲线，求出控制系数 r（即转移电阻）。

表 4-2　实验内容 2 测量数据

i_1/mA	1	5	10	15	20	25
u_2/V						
r						
r 平均						

3. 分压器及电压跟随器

分压器的输出电压在空载和有载时是不同的，若负载变化范围很大，分压器的输出电压波动也大，在实际应用中，为了防止级联间的相互影响，常采用由运放组成的电压跟随器作为隔离级。

（1）测量分压器空载及带载能力

图 4-5 为一个具体的分压器电路。

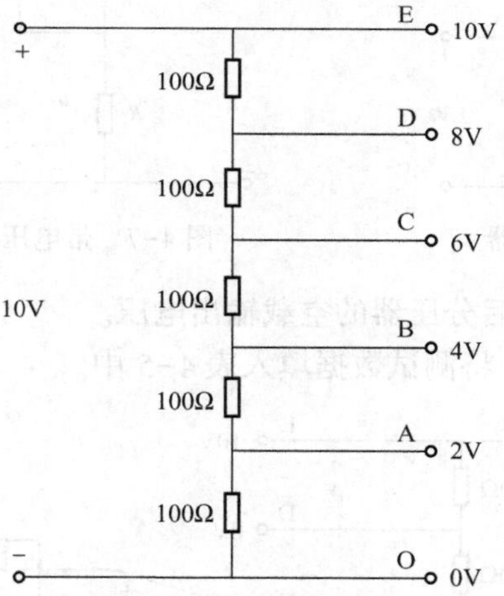

图 4-5　分压器电路

1）测量空载输出电压。按表 4-3 用直流电压表测量图 4-5 中各点对地电压。

表 4-3　分压器空载测量数据

空载 u_0/V	u_{AO}	u_{BO}	u_{CO}	u_{DO}	u_{EO}

2）测量带载输出电压。按表 4-4 用直流电压表测量分压器输出端带不同量级负载时的输出电压，并计算电压变化率 $\frac{u_0-u}{u_0}\times 100\%$。

表 4-4 分压器带载测量数据

	u_{AO}			u_{BO}			u_{CO}			u_{DO}			u_{EO}		
负载/kΩ	0.1	1	10	0.2	2	20	0.3	3	30	0.4	4	40	0.5	5	50
电压/V															
变化率															

(2) 电压跟随器

由运算放大器构成的电压跟随器如图 4-6 所示。应用“虚短”“虚断”概念，分析该电路，很显然 $u_2=u_1$，即具有电压跟随作用。

电压跟随器可以用来作为分压器与负载之间的隔离级，一方面实现得出各种级别电压供给的作用；另一方面由于其输出阻抗很小，可以大大增加其带负载的能力，以消除其负载效应。

图 4-7 为带电压跟随器隔离的分压器。很明显，由于使用跟随器作为隔离级，使得在接入负载后的输出电压与空载时相同，均为$\frac{R_2}{R_2+R_1}u$。说明该电路已经不受负载影响。

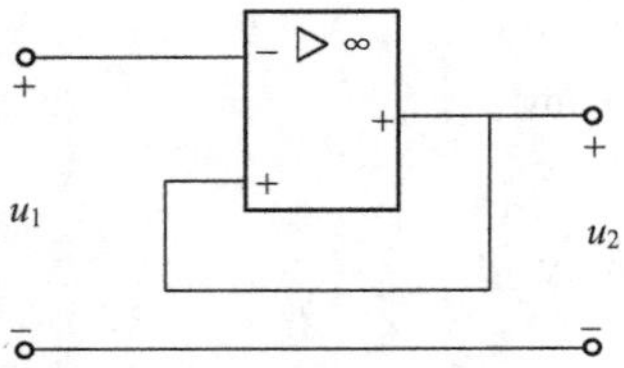

图 4-6 电压跟随器

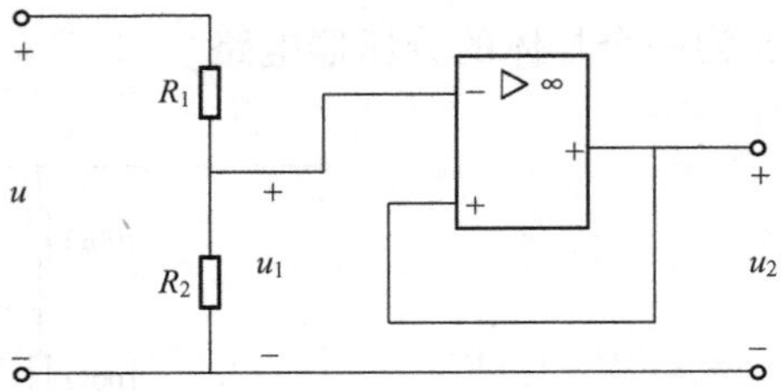

图 4-7 带电压跟随器隔离的分压器

1) 测量加入电压跟随器后分压器的空载输出电压。

测量电路如图 4-8 所示，将测试数据填入表 4-5 中。

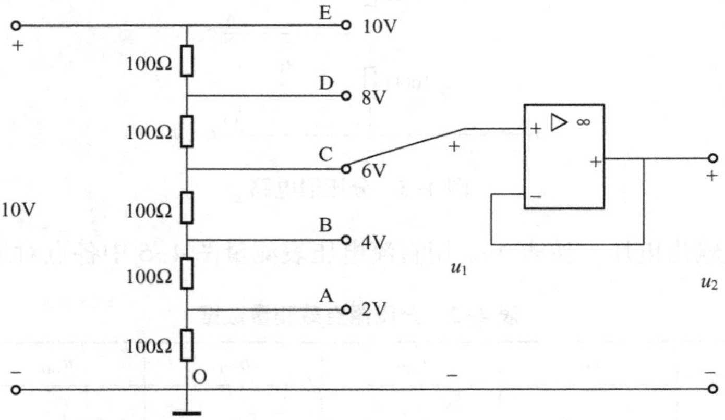

图 4-8 带电压跟随器空载时的实验电路

表 4-5 加入电压跟随器后的分压器空载测量数据

空载 u_0/V	u_{AO}	u_{BO}	u_{CO}	u_{DO}	u_{EO}

2）测量加入电压跟随器后分压器的带载输出电压。

测量电路如图 4-9 所示，将测试数据填入表 4-6 中。

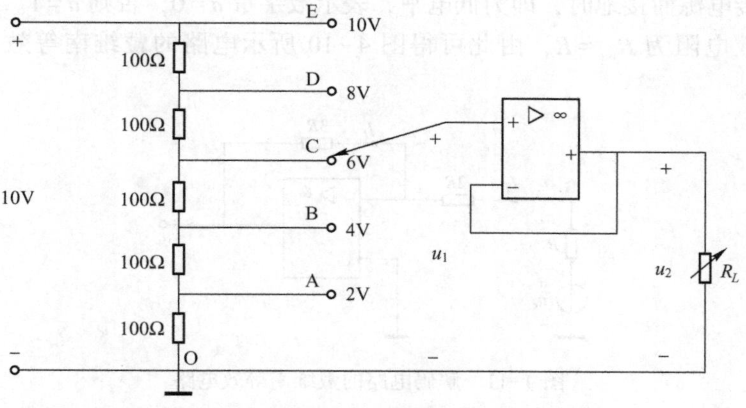

图 4-9　带电压跟随器带载时的实验电路

表 4-6　加入电压跟随器后的分压器带载测量数据

	u_{AO}			u_{BO}			u_{CO}			u_{DO}			u_{EO}		
负载/kΩ	0.1	1	10	0.2	2	20	0.3	3	30	0.4	4	40	0.5	5	50
电压/V															
变化率															

4. 数/模转换器（解码电路）的构成及特性

（1）解码电路原理

图 4-10 是一个具有四个二进制位的解码电路，它由一个运放和一个电阻网络构成。

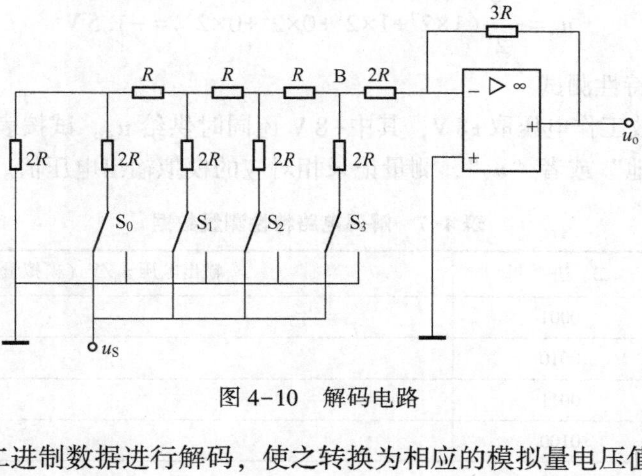

图 4-10　解码电路

该电路可以对二进制数据进行解码，使之转换为相应的模拟量电压值，从而实现由数字量到模拟量的转换。

该电路中，按由高到低位为 $S_3(d_3)$、$S_2(d_2)$、$S_1(d_1)$、$S_0(d_0)$，开关位置代表了二进制码（$d_3d_2d_1d_0$），接地时代表“0”，接“u_S”时代表“1”。

由叠加定理可以证明，该电路中从 B 点向左看进去的戴维宁等效电源的电压值为

$$u_e=\frac{u_S}{2^4}(d_0 2^0+d_1 2^1+d_2 2^2+d_3 2^3)$$

当某一开关不接电源而接地时，即为低电平，表示数字量 $d=0$，否则 $d=1$。

戴维南等效电阻为 $R_{eq}=R$，由此可得图 4-10 所示电路的戴维南等效电路如图 4-11 所示。

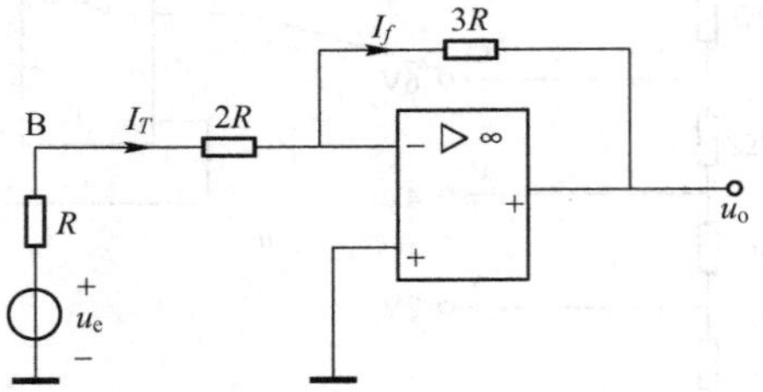

图 4-11　解码电路的戴维南等效电路

根据图 4-11，利用虚短、虚断概念得：

$$I_T=I_f$$

$$I_T=\frac{u_e}{3R}$$

$$I_f=-\frac{u_0}{3R}$$

即 $u_0=-u_e=-\frac{u_s}{2^4}(d_0 2^0+d_1 2^1+d_2 2^2+d_3 2^3)$

由此可知输出模拟电压正比于输入数字量信号。

如取 $u_S=8\text{ V}$，$d_3d_2d_1d_0=0011$，则

$$u_0=-\frac{8}{2^4}(1\times2^0+1\times2^1+0\times2^2+0\times2^3)=-1.5\text{ V}$$

(2) 解码电路特性测试

本实验中，运放工作电压取±8 V，其中+8 V 还同时供给 u_S。试按表 4-7 所列数据，在电路中使开关置“地”或者“u_S”，测量记录相对应的模拟输出电压值。

表 4-7　解码电路特性测量数据

十　进　制	二　进　制	输出电压 u_0/V（模拟量）
1	0001	
2	0010	
3	0011	
4	0100	
5	0101	
6	0110	
7	0111	
8	1000	

五、实验设备

电路教学实验台　　　　　　　1 套

电阻箱　　　　　　　　　　　1 台

数字万用表　　　　　　　　　1 台

六、实验报告及要求

1. 结合本次实验中 4 项实验内容及测试要求，自行设计实验报告。

2. 谈谈对运算放大器及其运用的初步认识和体会。

4.2　波形变换器的设计与实现

一、实验目的

1. 设计一个简单的 *RC* 微分电路，将方波变换成尖脉冲波。

2. 设计一个简单的 *RC* 积分电路，将方波变换为三角波。

二、实验原理

1. 在脉冲电路中，微分电路是一种常用的波形变换电路，它可将矩形脉冲（或方波）变换成尖脉冲电压。

图 4-12a 所示是一种最简单的微分电路，它实质上是一个对时间常数有一定要求的 *RC* 串联分压电路。对于图 4-12a 所示电路，输入端加矩形脉冲电压，选取 *R*、*C* 的值使 $\tau \ll \frac{T}{2}$，则 $u_C \gg u_R$，$u_S \approx u_C$，得 $u_R = Ri = RC\frac{\mathrm{d}u_C}{\mathrm{d}t} \approx RC\frac{\mathrm{d}u_S}{\mathrm{d}t}$。

可见，输出电压是输入电压的微分，这种电路称 *RC* 微分电路。u_S 与 u_R 波形如图 4-12b 所示。

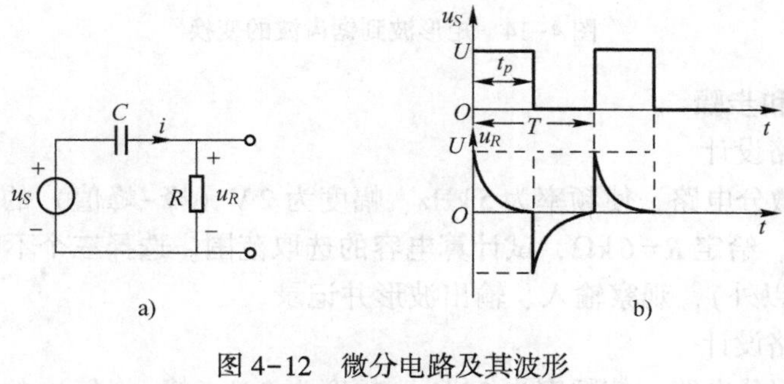

图 4-12　微分电路及其波形

a）微分电路　b）u_S 与 u_R 波形

2. 在脉冲电路中，积分电路是另一种常用的波形变换电路，它将矩形波变换成三角波。对图 4-13a 所示电路，如选取 *R*、*C* 值，使 $\tau \gg \frac{T}{2}$ 时，则 $u_R \gg u_C$，$u_R \approx u_S$，由此得到输出端电容上的电压

$$u_C = \frac{1}{C}\int i\mathrm{d}t = \frac{1}{C}\int\frac{u_R}{R}\mathrm{d}t = \frac{1}{RC}\int u_R\mathrm{d}t \approx \frac{1}{RC}\int u_S\mathrm{d}t$$

可见，当 τ 很大时，输出电压 u_C 大致与输入电压 u_S 对时间的积分成正比，这种电路称积分电路。u_S 与 u_C 波形如图 4-13b 所示。

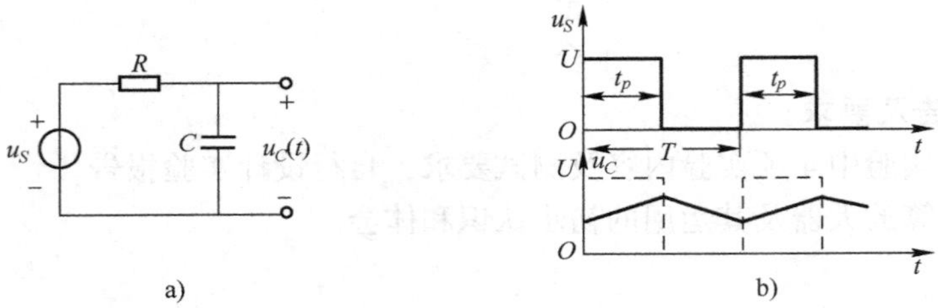

图 4-13　积分电路及其波形

a）积分电路　b）u_S 与 u_C 波形

如果将积分电路的充电和放电回路的时间常数设计得不一样，例如，充电时间常数小而放电时间常数大（或相反），则积分电路还可以将矩形脉冲波变换为锯齿波，如图 4 -14 所示。

设计积分电路，通常要求电路时间常数大于脉冲宽度的 5 倍以上，即

$$\tau = RC \geqslant 5T_0$$

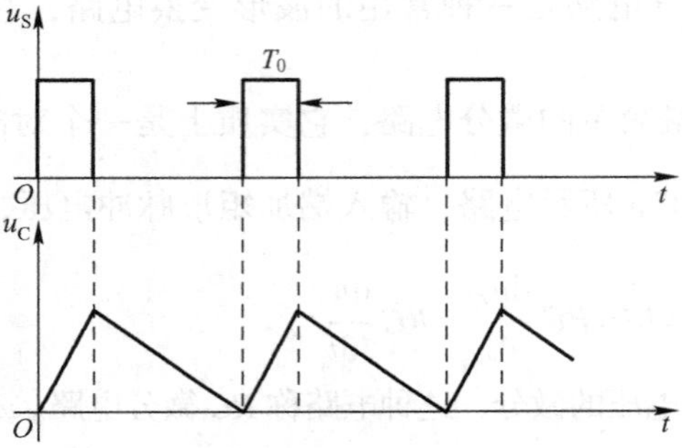

图 4-14　矩形波到锯齿波的变换

三、实验内容和步骤

1. *RC* 微分电路设计

设计一个 *RC* 微分电路，使频率为 5 kHz、幅度为 2 V（峰-峰值）的方波电压通过此电路变为尖脉冲电压。给定 $R=6\,\text{k}\Omega$，试计算电容的选取范围。选择三个不同大小的 C 值（其中一个在计算范围以外），观察输入、输出波形并记录。

2. *RC* 积分电路设计

设计一个 *RC* 积分电路，使频率为 5 kHz、幅度为 2 V（峰-峰值）的方波电压通过此电路变为三角波电压。给定电容 $C=0.01\,\mu\text{F}$，试计算电阻的选取范围。选择三个不同大小的 R 值（其中一个在计算范围以外），观察输入、输出波形并记录。

3. 积分电路输出特性实验

将上述积分电路输入矩形脉冲，频率、幅度不变，脉冲宽度 $T_0=T/4$，其中 T 为脉冲重复周期，观察输出波形是否为锯齿波，并解释。

四、注意事项

观测微分电路、积分电路波形时，双踪示波器的上线和下线接地端应在电路中连在一

起，否则会引起干扰，波形不稳定。

五、实验设备

电路教学实验台	1套
数字示波器	1台
函数信号发生器	1台

六、实验报告及要求

1. 写出设计电路的计算过程。

2. 将观测到的各种电路波形绘制在坐标纸上，并分析得到的结论。

3. 回答下列问题。

1）微分电路中电容 C 变化时，对输出脉冲幅度是否有影响？为什么？

2）积分电路中电阻 R 变化时，对输出波形有何影响？为什么？

3）实验步骤3是否能够观察到锯齿波？为什么？

4）写出设计及实验心得。

4.3 负阻抗变换器的应用

一、实验目的

1. 学习测量有源器件的特性。

2. 获得负阻器件的感性认识。

3. 进一步研究二阶 *RLC* 电路的过渡过程。

4. 通过本实验对学过的电工测量基本技能进行综合性考查。

二、预习要求

1. 看懂实验内容和实验原理电路图，掌握实验方法。

2. 复习与实验内容相关的理论知识。

3. 画出图4-20~图4-22的实际接线图。

4. 设计出图4-22中ES（电子开关）的具体线路。

5. 画出图4-22的等效电路图，写出电路总电阻 R' 的表达式。请回答电路中 R_L 为何值时，总电阻 $R'>0$，$R'=0$，$R'<0$？

6. 阅读5.4节~5.6节的内容。

三、实验原理

1. 负阻抗变换器（Negative-Impedance Convertor，NIC）是一种有源元件。有两种形式：一种是电压反向型负阻抗变换器，简称UNIC，它使电压的极性反向而不改变电流的方向；另一种是电流反向型负阻抗变换器，简称INIC，它使电流方向倒置而不改变电压的极性。

本实验采用了一种由运算放大器构成的电流反向型负阻抗变换器。

2. 图4-15a虚线框内部分是负阻抗变换器的原理图，图4-15b是对应于虚线框内的二端口网络。

设运算放大器是理想的，由于同相输入端“+”和反相输入端“-”之间为“虚短”，输入阻抗为无限大，则有

$$\dot{U}_1=\dot{U}_2,\ \dot{I}_1=\dot{I}_3,\ \dot{I}_2=\dot{I}_4$$

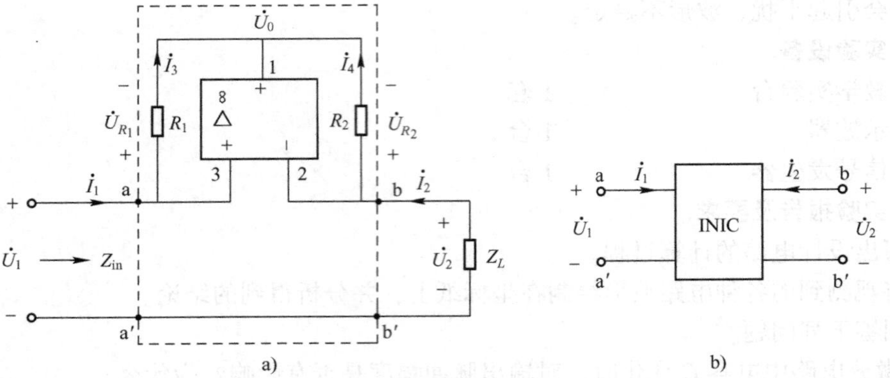

图 4-15　负阻抗变换器

又
$$\dot{U}_0=\dot{U}_1-\dot{I}_3R_1=\dot{U}_2-\dot{I}_4R_2$$
则有
$$\dot{I}_3R_1=\dot{I}_4R_2$$
从而有$\dot{I}_1R_1=\dot{I}_2R_2$

因此，整个电路从输入端 $a-a'$ 看入的入端阻抗

$$Z_{in}=\frac{\dot{U}_1}{\dot{I}_1}=-\frac{R_1}{R_2}Z_L=-KZ_L\left(K=\frac{R_1}{R_2}\right)$$

由此可见，这个电路的输入阻抗为负载阻抗的负值，也就是说，当 b-b′端接入阻抗 Z_L 时，可在 a-a′端得到一个负阻抗元件（$-KZ_L$），简称负阻元件。

3. 若 Z_L 为一个纯电阻元件，则在负阻抗变换器的输入端（a-a′端）可等效为一个纯的负电阻元件。负电阻用“$-R$”表示，其电路符号、伏安特性曲线如图 4-16a 和图 4-16b 所示。当输入电压 u 为正弦信号时，输入电流与端电压相位反相，如图 4-16c 所示。

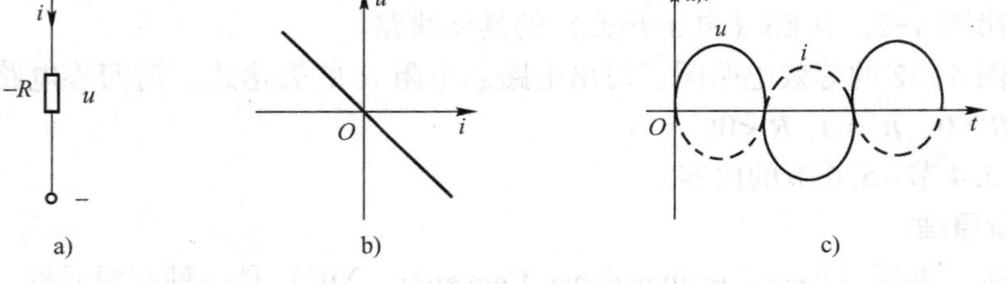

图 4-16　负电阻及其 u-i 特性

4. 利用负阻抗变换器组成一个具有负内阻的电压源，其原理图如图 4-17 所示。

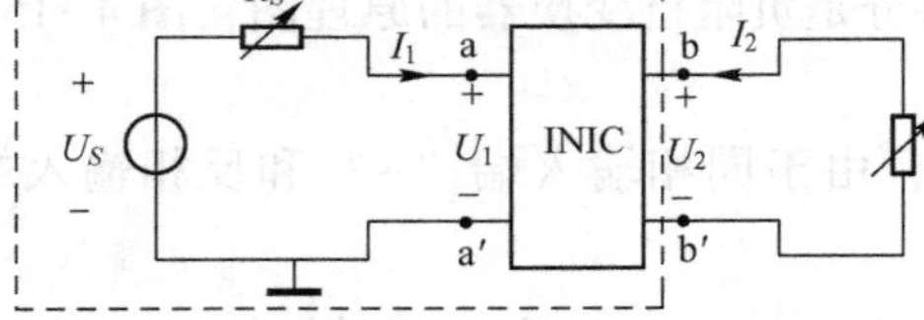

图 4-17　INIC 构成的含有负电阻电压源

根据 INIC 的端口特性
$$\begin{cases} U_1 = U_2 \\ I_1 = \left(-\dfrac{1}{K}\right)(-I_2) \end{cases}$$

及 a-a′端外接特性 $U_1 = -I_1 R_S + U_S$

则在 b-b′端有 $U_2 = -\dfrac{R_S}{K} I_2 + U_S$

显然，虚线框内电路可以等效成一个具有负内阻的电压源，电压源电压为 U_S，等效内阻为 $-\dfrac{R_S}{K}$，其等效电路及电源伏安特性如图 4-18 所示。

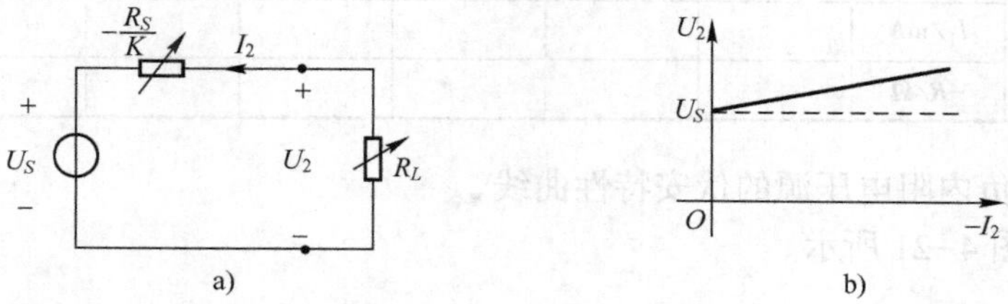

图 4-18　含有负电阻的电压源及其端口伏安特性

a）等效电路　b）电源伏安特性

5. 对于 RLC 串联电路的方波响应，由于实际电感元件中电阻 R_L 的存在，只能观测到非振荡、临界振荡和衰减振荡 3 种状态。若利用具有负内阻的方波电压源作为激励，调节负内阻的值，可使电路的总电阻 $R=0$，此时可观测到等幅振荡，另外，可观测到 $R<0$ 时振幅由小到大的发散振荡状态。

6. LF353 双运放外引线图如图 4-19 所示。

$$V_+ = +12\ \text{V}, V_- = -12\ \text{V}$$

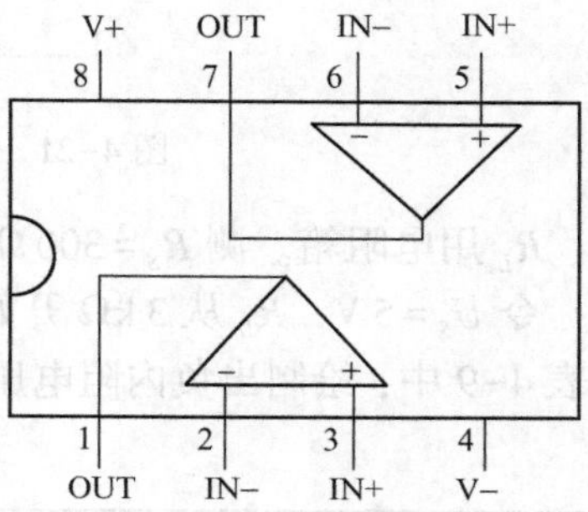

图 4-19　LF353 运放

四、实验内容

1. 测定负电阻的伏安特性曲线

实验线路如图 4-20 所示。

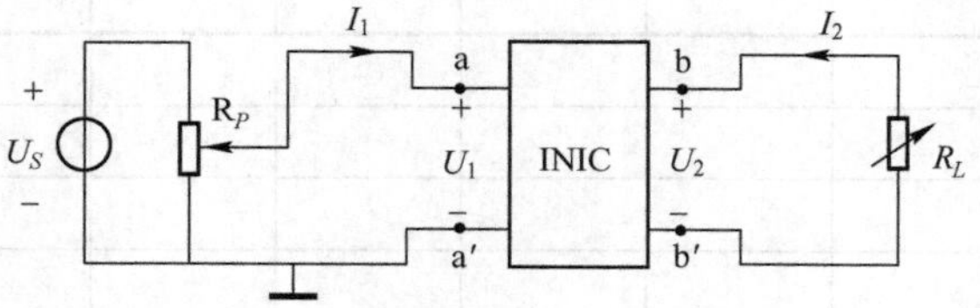

图 4-20　测量负电阻伏安特性实验线路

电路中：取 INIC 中电阻 $R_1 = R_2 = 1\ \text{k}\Omega$，$R_P$ 接 100 Ω 电位器，R_L接电阻箱，U_S用直流电源固定 5 V 输出端。

分别测定 $R_L = 500\ \Omega$ 和 $R_L = 1000\ \Omega$ 时，等效负电阻的伏安特性。

调节电位器 R_P，使 U_1 在 0.5～3 V 的范围内，间隔 0.5 V 取值，测量相应的 I_1 值（即测量图 4-15a 中的 U_{R1}，注意 U_{R1} 的正负号）。并计算负电阻的数值，将数据填入表 4-8 中，绘制出负电阻的特性曲线。

表 4-8 实验内容 1 测量数据

$R_L=500\,\Omega$	U_1/V							$-\overline{R}$=（平均值）
	U_{R1}/V							
	I_1/mA							
	$-R/\Omega$							
$R_L=1000\,\Omega$	U_1/V							$-\overline{R}$=（平均值）
	U_{R1}/V							
	I_1/mA							
	$-R/\Omega$							

2. 测定含有负内阻电压源的伏安特性曲线

实验线路如图 4-21 所示。

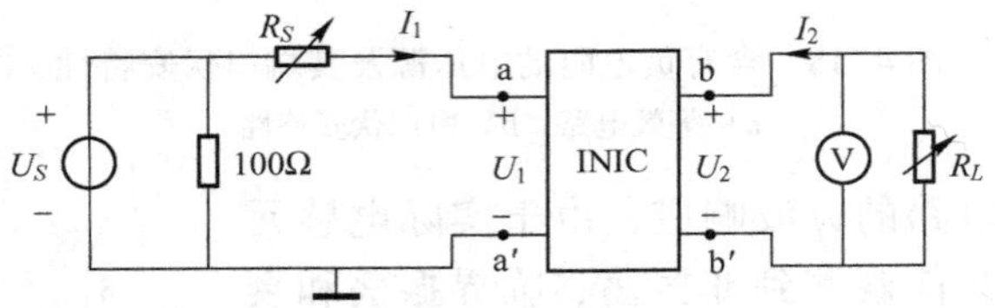

图 4-21 含有负内阻的电压源端口伏安特性实验线路

R_L 用电阻箱。测 $R_S=300\,\Omega$ 及 $R_S=1\,\mathrm{k}\Omega$ 时的负电阻电压源的伏安特性曲线。

令 $U_S=5\,\mathrm{V}$，R_L 从 3 kΩ 开始增加直至无穷大。I_2 可从图 4-15a 中的 U_{R2} 求得，将数据填入表 4-9 中，绘制出负内阻电压源的伏安特性曲线。

表 4-9 实验内容 2 测量数据

$R_S=300\,\Omega$	R_L/Ω							
	U_2/V							
	U_{R2}/V							
	I_2/mA							
$R_S=1\,\mathrm{K}\Omega$	R_L/Ω							
	U_2/V							
	U_{R2}/V							
	I_2/mA							

3. 观测 *RLC* 串联电路的方波响应。

线路如图 4-22 所示。方波输出电压 $U_{\text{p-p}}=2.0\sim2.5\,\mathrm{V}$；频率 500～600 Hz。线路中各参数值：$R_S=510\,\Omega$，$L=18\,\mathrm{mH}$，$C=0.033\,\mu\mathrm{F}$，$R_L$ 为可调电阻箱，ES 为电子开关。ES 的作用是使电路的两种响应完全分离，从而确保示波器显示波形稳定，即 ES 闭合时电路为零输入响应，ES 打开时电路为零状态响应。

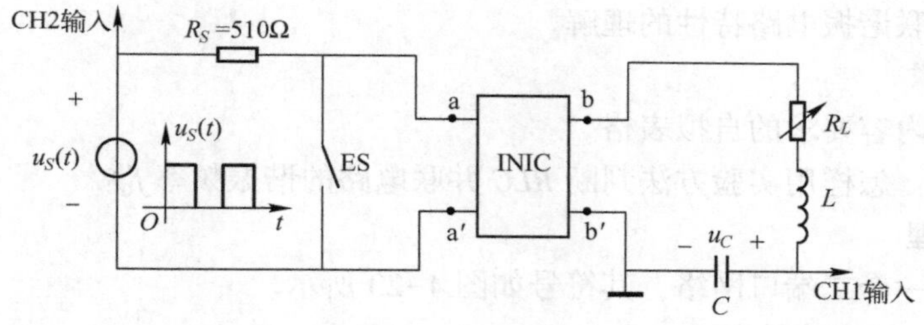

图 4-22　*RLC* 串联电路方波响应实验线路

用示波器 Y-T 输入方式可观测到 u_S、u_C 的非振荡、临界振荡、衰减振荡、等幅振荡和发散振荡 5 种工作状态。

要求：记录各种工作状态下 u_S 及 u_C 的波形；并记录对应的 R_L 值或范围以及电路的固有振荡频率。

做此项内容实验时应注意以下几点：

1）在接近等幅振荡和发散振荡状态时，R_L 调节范围很小，要仔细调节。

2）发散振荡状态时，负阻抗值只需略小于正阻值，否则波形不稳定。

五、实验设备

电路教学实验台	1 套
电阻箱	1 台
数字示波器	1 台
函数信号发生器	1 台
数字万用表	1 台

六、实验报告要求

1. 整理实验数据和图表，对于所做的实验内容，给出比较详细的分析说明。

2. 电压表、电流表测量负阻值和具有负内阻电压源的伏安特性时，有哪些因素会引起测量误差？试举例说明。

3. 分析电子开关在等幅振荡、发散振荡状态中的作用。

4. 除了本实验介绍的应用实例外，能否举出负阻抗变换器在电路其他方面的应用例子？

七、注意事项

1. 使用运算放大器时，看清引脚的接线，±12 V 不能接错，输出端不能对地短接，否则将损坏运放。在 INIC 外部改接线时，必须事先断开供电电源。

2. 用示波器观测负阻器件时，由于仪器有共地要求，故应正确判断 u、i 的相位关系，需要时应将 CH1 通道的信号在示波器上反相 180°。

视频 12：负阻抗变换器的应用

4.4　回转器特性及应用

一、实验目的

1. 研究回转器的特性，掌握回转器特性的测试方法。

2. 了解回转器的某些应用。

3. 加深对并联谐振电路特性的理解。

二、预习要求

1. 画出实验内容要求的自拟表格。

2. 回答问题：怎样用实验方法判断 RLC 并联电路的谐振频率 f_0？

三、实验原理

1. 回转器是一个二端口网络，其符号如图 4–23 所示。

端口的电压、电流关系为：

$$\begin{cases} u_1 = -ri_2 \\ u_2 = ri_1 \end{cases} \quad 或 \quad \begin{cases} i_1 = gu_2 \\ i_2 = -gu_1 \end{cases}$$

式中，r 称为回转电阻，单位为 Ω；g 称为回转电导，单位为 S。

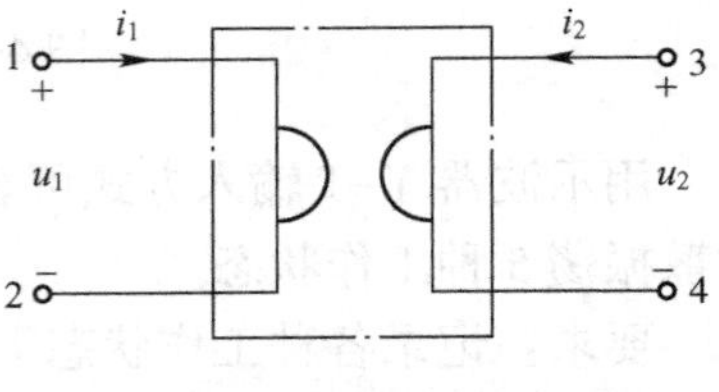

图 4–23　回转器符号

2. 回转器可以由晶体管元件或运算放大器等有源器件构成。图 4–24 所示电路是一种用两个负阻抗变换器来实现的回转器电路。

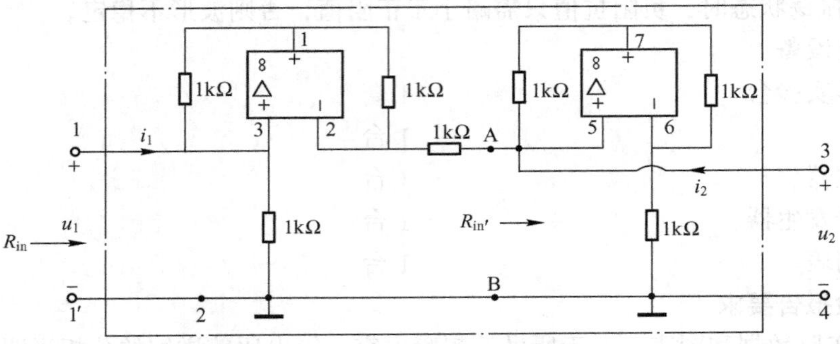

图 4–24　回转器电路

根据负阻抗变换器的特点：A、B 端的输入电阻

$$R_{in'} = R_L // (-R) = \frac{-R_L R}{R_L - R}$$

有
$$R_{in} = R // -(R + R_{in}) = \frac{-R(R + R_{in})}{R - (R + R_{in})} = \frac{R^2}{R_L}$$

即
$$R_{in} = \frac{1}{g^2 R_L} \tag{4-1}$$

3. 如在回转器的 u_2 端接入负载电阻 R_L 时（见图 4–25），从 u_1 端看入的输入电阻

$$R_{in} = \frac{u_1}{i_1} = \frac{-\frac{1}{g}i_2}{gu_2} = \frac{1}{g^2}\left(-\frac{i_2}{u_2}\right) = \frac{1}{g^2 R_L} \tag{4-2}$$

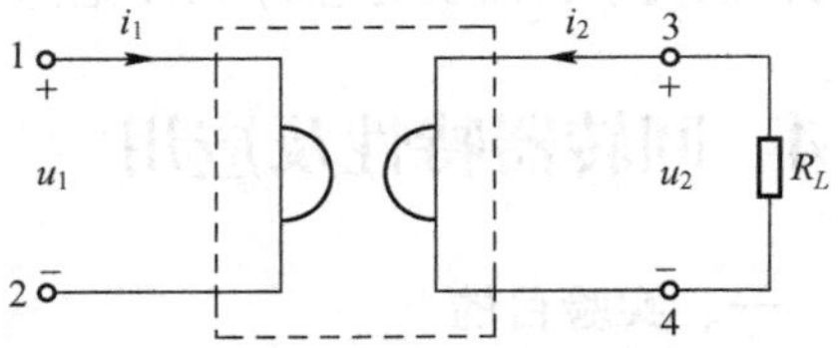

图 4–25　回转器带载电路

比较式（4–1）、式（4–2），得回转器的回转电导 $g = \frac{1}{R}$。

4. 在正弦稳态情况下，当负载是一个电容元件时，有

输入阻抗 $$Z_{in}=\frac{1}{g^2 Z_L}=\frac{1}{g^2\dfrac{1}{j\omega C}}=\frac{j\omega L}{g^2}=j\omega L$$

可见输入端等效为一个电感元件 $L_{eq}=\dfrac{C}{g^2}$。

从上式可见，回转器也是一个阻抗逆变器，它可以使容性负载和感性负载互为逆变。用电容元件来模拟电感器是回转器的重要应用之一。

5. 用模拟电感器可以组成以下 *RLC* 并联谐振电路，如图 4-26a 所示，图 4-26b 是它的等效电路。

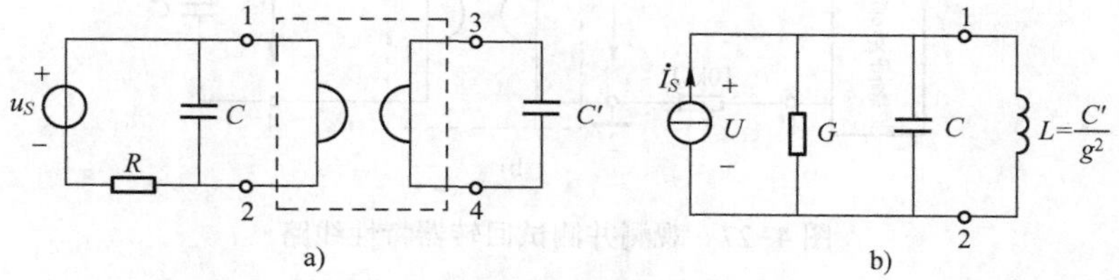

图 4-26　模拟电感组成的 *RLC* 并联谐振电路

并联电路的幅频特性为：

$$U(\omega)=\frac{I_S}{\sqrt{G^2+\left(\omega C-\dfrac{1}{\omega L}\right)^2}}=\frac{I_S}{G\sqrt{1+Q^2\left(\dfrac{\omega}{\omega_0}-\dfrac{\omega_0}{\omega}\right)^2}}$$

当电源角频率 $\omega=\omega_0=\dfrac{1}{\sqrt{LC}}$时，电路发生并联谐振，电路导纳为纯电导 G，支路端电压与激励电流同相位，品质因数

$$Q=\frac{\omega_0 C}{G}=\frac{1}{\omega_0 LG}$$

在 L 和 C 为定值的情况下，Q 值仅由电导 G 的大小决定。若保持图 4-26a 中电压源 U_S 值不变，则谐振时激励电流最小。

四、实验内容和步骤

1. 观察并测试回转器特性

（1）利用示波器观察回转器输入端电压和电流的相位关系。

按图 4-27a 连接线路，等效电路如图 4-27b 所示。

回转器输出端（3-4）接电容 $C=1\ \mu F$，$10\ k\Omega$ 为取样电阻，信号发生器输出电压$\dot{U}_{11'}=2\ V$。在 500~1800 Hz 内调节频率，用双踪示波器观察输入端电压波形（$\dot{U}_{12}$）及电流波形（$\dot{U}_{1'2}$）的相位关系。

（2）测试回转器特性

在观察输入端电压波形（$\dot{U}_{12}$）及电流波形（$\dot{U}_{1'2}$）的相位关系正确时，改变信号发生器频率（500~1800 Hz），测量 U_{12}和 $U_{1'2}$，将数据记录在表 4 -10 中。

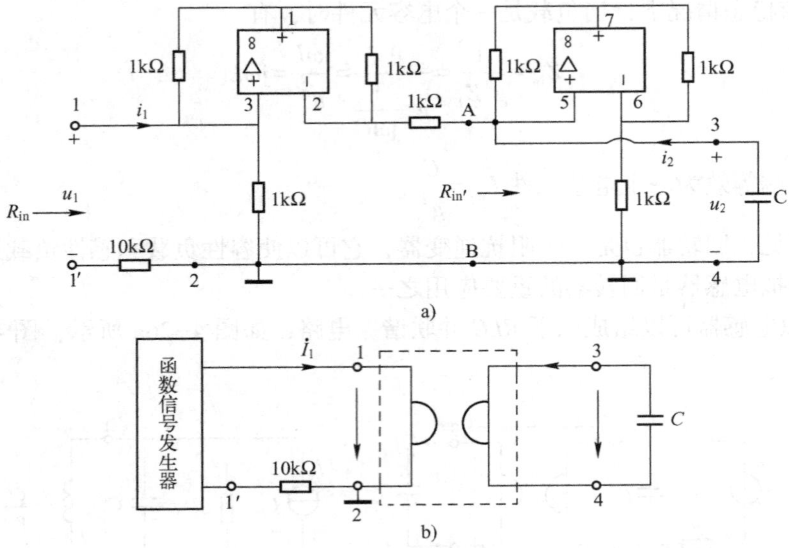

图 4-27　观测并测试回转器特性线路

表 4-10　回转器特性测量数据

频率 f/Hz												
测量值	U_{12}/V											
	$U_{1'2}$/V											
计算值	I_1/mA											
	X_L/kΩ											
	L/H											

2. 用模拟电感器做 *RLC* 并联谐振实验

测试等效电路如图 4-28 所示。电路中 $C'=0.033\ \mu F$，C 与图 4-27a 中的相同；信号发生器输出电压 $U_{11'}=2\ V$。

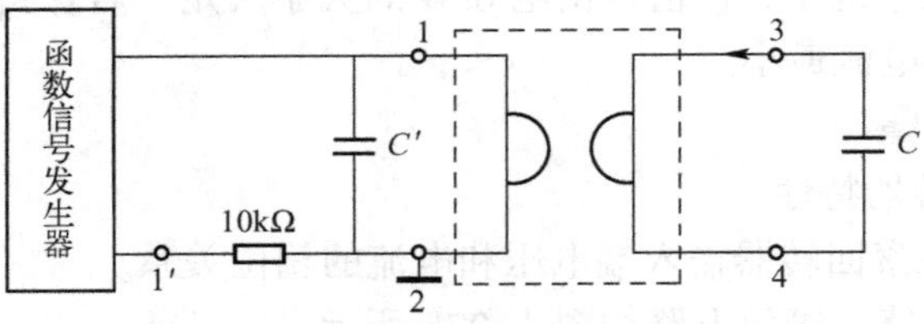

图 4-28　模拟电感器做 *RLC* 并联谐振实验线路

实验要求：

1）改变信号源频率（500~1500 Hz），找出谐振点。

2）测量电流幅频特性曲线（注意：在谐振频率附近，取点密些）。将测量数据记录在自拟的数据表格中。

五、实验设备：

数字示波器	1 台
函数信号发生器	1 台
数字万用表	1 只

六、实验报告要求

1. 完成数据表格 4-10，且根据实验数据计算回转器的回转常数，使之与理论值相比较，并做出 L-f 曲线。

2. 完成自拟数据表格，做出并联谐振电路的电流谐振曲线。

3. 总结在 RLC 并联谐振实验中，判断电路谐振的方法。

七、注意事项

1. 运放是有源器件，接线时注意运放是否连接正负电源。

2. 正负电源的“地”要与各实验线路中的公共地端相连。

视频 13：回转器特性及应用

4.5 万用表的设计与校验

一、实验目的

1. 了解万用表的结构。

2. 了解万用表的直流电流档、电压档、欧姆档、交流电压档的原理，掌握其设计方法。

3. 掌握欧姆档的正确使用方法。

4. 初步掌握校验万用表的方法。

二、预习要求

1. 阅读万用表原理，阅读本实验附录。

2. 完成实验内容 1 中万用表各档不同量程参数的计算步骤，画出各设计电路。

3. 完成实验内容 2 中的自拟表格。

三、实验原理

万用表是一种可用来测量电流、电压、电阻等电气参数的多用途电工仪表。它主要由表头、测量电路和转换开关三部分组成。

表头是一个直流微安表，用来指示被测量的数值。表头指针的偏转角与流过表头的电流成正比。它的满刻度偏转电流一般为几到几百微安，表头的满偏电流越小，其灵敏度越高，表头的性能也越好。

测量电路就是多量程的直流电流表、直流电压表、整流式交流电压表以及多量程欧姆表等几种仪表电路的组合。

转换开关用于实现万用表中各测量电路及量程的选择。转换开关里面有固定接触点和活动接触点，当固定接触点和活动接触点闭合时可以接通电路。

1. 直流电流测量电路

图 4-29 所示为测量直流电流电路原理图。I_C 为表头满偏电流，R_C 为表头内阻，R_A 为分流电阻，则

$$I_C R_C = \frac{R_C R_A}{R_C + R_A} I_N, \qquad I_N = \frac{R_C + R_A}{R_A} I_C$$

令
$$n = \frac{R_A + R_C}{R_A} = 1 + \frac{R_C}{R_A} \tag{4-3}$$

可得
$$\frac{I_N}{I_C} = n \tag{4-4}$$

即并联分流电阻后电流表量程可扩大 n 倍。n 的大小取决于比值 R_C/R_A。

在多量程电流表中，通常采用环形分流器，电路如图 4-30 所示。该电路中，量程为 I_1、I_2、I_3，且 $I_3 > I_2 > I_1$。由式（4-3）和式（4-4）可计算出各量程分流电阻 R_{A1}、R_{A2}、R_{A3}。

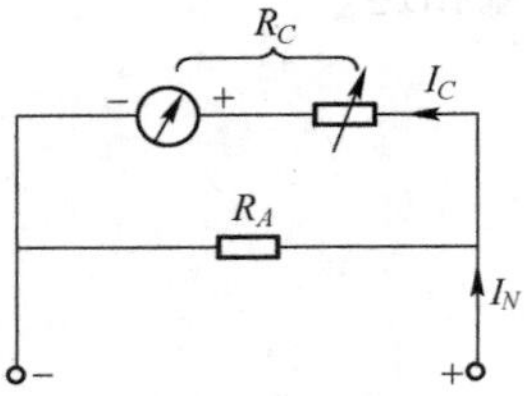

图 4-29　直流电流测量电路

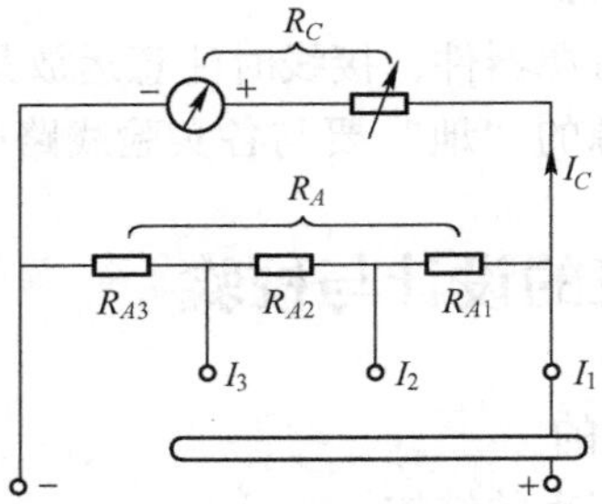

图 4-30　多量程直流电流测量电路

可见，只要知道表头的 I_C 及 R_C 值，就可根据电流表扩大量程的要求，求出各档分流电阻值。

2. 直流电压测量电路

微安表头（I_C、R_C）串联分压电阻 R_V 就构成了直流电压表，如图 4-31 所示。它的电压量程 $U_N = I_C(R_C + R_V)$，当被测电压 U_X 等于量程电压 U_N 时，流过表头的电流 $I_X = I_C$ 使表头刚好满偏。配置多个不同的分压电阻就可构成多量程电压表。

万用表测量直流电压的电路，通常是在直流电流最小量程的基础上串联电阻构成的，如图 4-32 中虚线框所示。此时直流电流最小量程为 I_1，内阻为 $R_N(R_N = R_A // R_C)$，图中 R_{V1}、R_{V2} 为不同电压量程的分压电阻，当被测电压为 U_1 时，分压电阻 R_{V1} 可由下式求得。

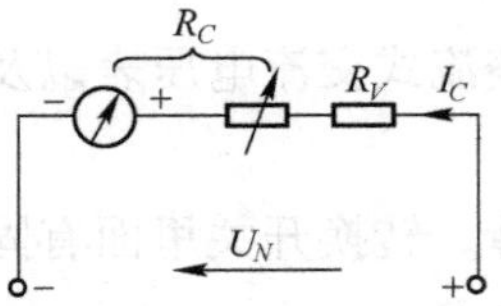

图 4-31　直流电压测量电路

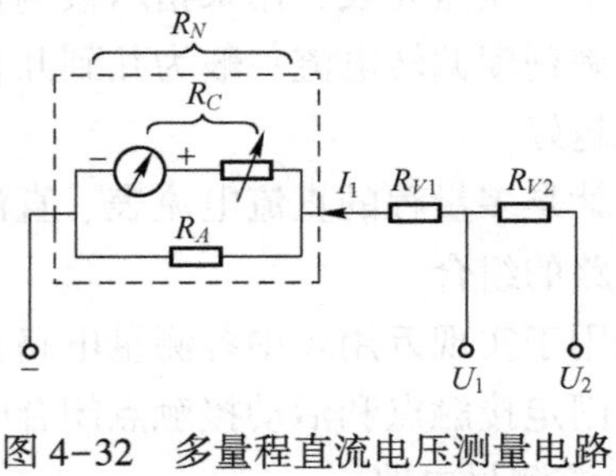

图 4-32　多量程直流电压测量电路

$$U_1 = I_1(R_N + R_{V1}),$$

即
$$R_{V1} = \frac{U_1}{I_1} - R_N$$

同理可求得其他量程的分压电阻。

电压表的内阻参数$\left(\frac{\Omega}{V}\right)$是一个很重要的技术指标，它等于电压表某量程总内阻除以量程电压$\left(\frac{R_C+R_V}{U_N}=\frac{1}{I_C}\right)$，表明了电压表每测量 1 V 电压所对应的内阻数值。所以内阻值越大的万用表，对被测电路的分流作用越小，对被测电路的影响就越小，因此，在进行测量时，应根据测量的具体要求选择合适的万用表。内阻参数在万用表表盘上都有注明。

3. 交流电压测量电路

测量交流电压的原理与测量直流电压的基本相同，只是在电路中附加一整流电路，把交流电压变为直流电压后再加到表头上。图 4-33 是万用表测量交流电压的原理电路。

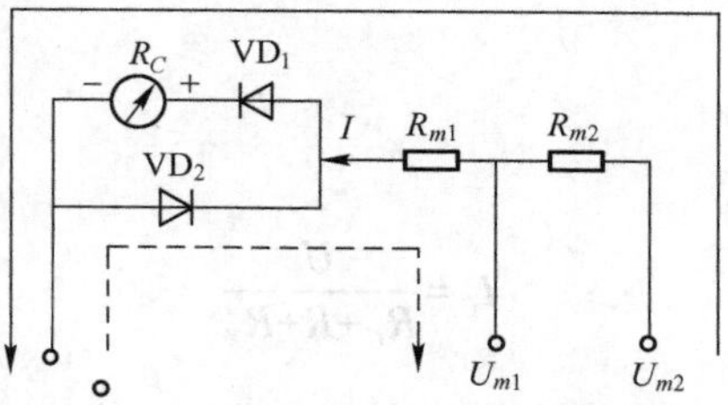

图 4-33　交流电压测量电路

图 4-34 采用的是半波整流电路，交流正半周时电流方向如实线所示；负半周时电流方向如虚线所示。电路中交流电流平均值 I_P（直流分量）与正弦交流有效值 I 的关系为

$$I_p = \frac{1}{T}\int_0^T i\mathrm{d}t = \frac{1}{T}\int_0^{\frac{T}{2}} I_m \sin\omega t\mathrm{d}t = 0.45I$$

$$I = 2.22I_P$$

由于通过万用表表头的电流是交流平均值 I_P，而仪表却是按正弦交流有效值刻度的，所以在半波整流电路中要使表头通过 1 mA 的电流（I_P），电路中通过的电流有效值 I 必须为 2.22 mA。

若交流电压量程为 U_m，则分压电阻

$$R_m = \frac{U_m}{2.22I_P} - R_C$$

4. 直流电阻测量电路

（1）欧姆档

万用表的欧姆档就是一个多量程的欧姆表。欧姆表是直接测量电阻的仪表，测量电阻是以欧姆定律为基础的，其原理如图 4-34 所示。表头电流 I_C 为

$$I_C = \frac{U}{R_C+R+R_X} \tag{4-5}$$

式中，R_C 为表头内阻；R 为限流电阻；R_X 为被测电阻。

由式 4-5 可以看出，当 U、R_C 和 R 一定时，电流 I_C 的大小取决于被测电阻 R_X 的大小，R_X 增加，I_C 值减小。因此欧姆表的指示反映了被测电阻的大小。当 $R_X=0$ 时（A、B 短接），

表头电流最大，$I_{\text{Cmax}}=\dfrac{U}{R_C+R}$，指针满偏，对应刻度"0"Ω；当 $R_X=\infty$ 时，$I_C=0$，指针停在机械零位，对应标尺刻度"∞"。可见欧姆表刻度正好与电流档标尺刻度相反，且刻度不均匀，如图 4-35 所示。

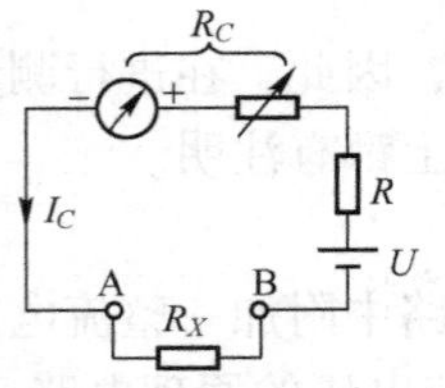

图 4-34　欧姆表测量电路

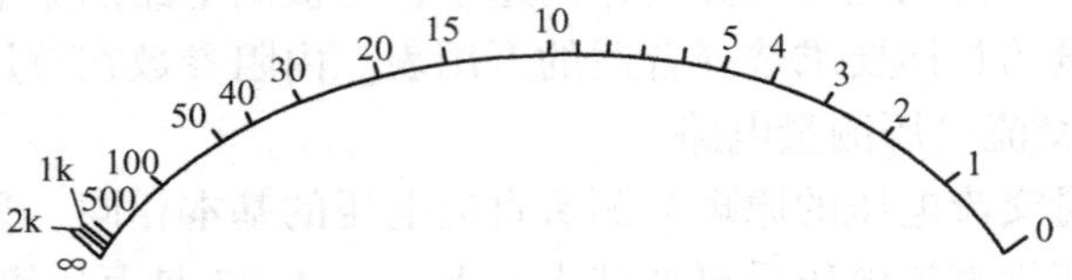

图 4-35　欧姆表刻度

（2）中心欧姆值

在图 4-35 中，表头电流

$$I_C=\frac{U}{R_C+R+R_X}$$

当 $R_X=0$ 时，$I_{\text{Cmax}}=\dfrac{U}{R_C+R}$，指针满偏；当 $R_X=R_C+R$ 时，$I_C=\dfrac{1}{2}I_{\text{Cmax}}$，表头电流为满偏电流的一半。仪表指针将停止在表盘刻度的中心位置，因此将 $R_X=R_C+R$ 的电阻值称为中心欧姆值，它反映了欧姆表在该量程的总内阻值。

欧姆表的标尺是以中心欧姆值作为基准，因此当仪表指针位于表头中心位置时，欧姆表所测的欧姆值精度较高。例如，欧姆表某量程的中心欧姆值为 100 Ω，如果要测 5 Ω 的电阻，则指针指示接近满偏读数，误差太大，只有改变电阻量程使中心欧姆值为 10 Ω，才能较准确地测出 5 Ω 的电阻。因此中心欧姆值是设计欧姆表量程的依据，不同量程有不同的中心欧姆值。

（3）零点调整

欧姆表内电源（干电池）的电压 U 不是恒定的，用久了电压会下降，这样当 $R_X=0$ 时，表头电流将小于 I_{Cmax}，指针不能停在"0"Ω 位置。为解决此矛盾，通常在表头两端并一可变电阻，构成零欧姆调整电路，如图 4-36 所示。当干电池电压降低后，将可变电阻增大，反之调小。因此在使用欧姆表时，首先应在 $R_X=0$ 的情况下调节可变电阻，使表头作满量程指示，即指针停在 0 Ω 位置，这一调整过程称为欧姆调零。

（4）多量程欧姆表的计算

实际的欧姆表都是多量程的，多量程欧姆表共用一条标尺，以方便读数。各档中心欧姆值彼此间是十进制的，且各量程线路相应的总内阻与该档中心欧姆值相等。

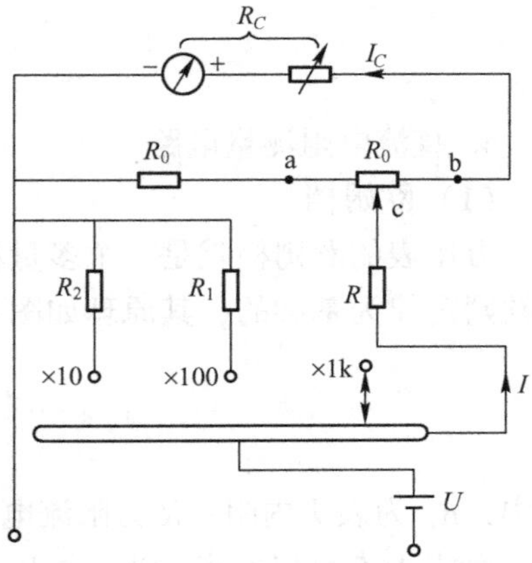

图 4-36　多量程欧姆表测量电路

图 4-36 是一个多量程的欧姆表电路，有 $R\times10$、$R\times100$、$R\times1\text{k}$ 三个倍频档。若以 $R\times10$ 为标准档，该档中心欧姆值为 $100\,\Omega$，则 $R\times100$ 档的中心欧姆值为 $1000\,\Omega$，$R\times1\text{k}$ 档的中心欧姆值为 $10\,\text{k}\Omega$。

多量程欧姆表的各电阻计算步骤如下。

1）选取不带分流器的高倍率档开始计算（如图 4-36 所示的 $R\times1\,\text{k}\Omega$ 档）。

2）确定中心欧姆值：根据给定的欧姆表盘的中央刻度值、高倍率欧姆档来确定中心欧姆值 R_m。如 $R\times1\,\text{k}\Omega$ 档，则中心欧姆值为 $10\times1\,\text{k}\Omega=10\,\text{k}\Omega$。

3）计算欧姆调零电阻 R_0 和分流电阻 R_0'。

为使欧姆表在电池电压下降的情况下还能使用，工作电压 U 一般为 1.3~1.65 V。从 $R\times1\,\text{k}\Omega$ 档的分电路中，可计算出欧姆调零电阻 R_0 和分流电阻 R_0' 的大小。

设干电池最高工作电压 $U_{高}=1.65\,\text{V}$，最低工作电压 $U_{低}=1.3\,\text{V}$，$R\times1\,\text{k}\Omega$ 档的中心欧姆值为 R_m。

在电池电压最高和最低时，电路中相应的电流分别为 $I_{高}=\dfrac{U_{高}}{R_{中}+R_X}$ 和 $I_{低}=\dfrac{U_{低}}{R_{中}+R_X}$。

当 $R_X=0$ 时，不论是工作电流 $I_{高}$ 还是 $I_{低}$，仪表指针均应满偏。

电源电压最低时，R_0 的可调端位于 b 端，R_0 与 R_0' 串联，电路如图 4-37 所示，此时

$$R_0'+R_0=\frac{R_C I_C}{I_{低}-I_C} \tag{4-6}$$

电源电压最高时，R_0 的可调端位于 a 端，R_0 与表头串联，电路如图 4-38 所示，此时

$$R_0'=\frac{(R_C+R_0)I_C}{I_{高}-I_C} \tag{4-7}$$

由式（4-6）可得 $R_0=(R_0'+R_0)-R_0'$，代入式（4-7），求得 R_0 与 R_0' 的大小。

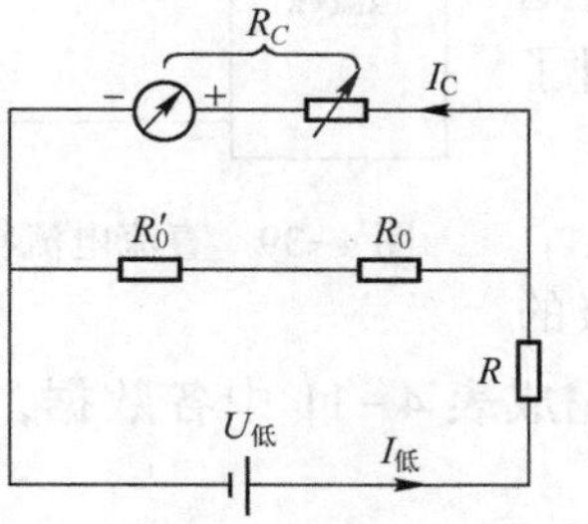

图 4-37　$R_X=0$、U 低时的等效电路图

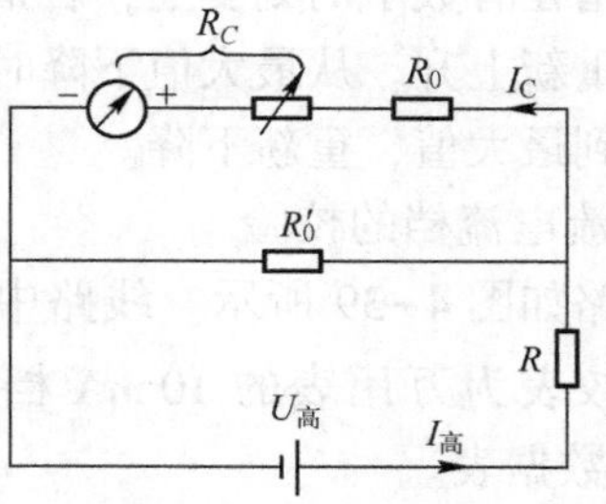

图 4-38　$R_X=0$、U 高时的等效电路图

4）计算限流电阻 R

计算 R 时应将 R_0 的滑动端 C 置于中间位置，并使 $R_X=0$ 表针为满偏值，有

$$R=R_m-\frac{\left(R_C+\frac{1}{2}R_0\right)\left(R_0'+\frac{1}{2}R_0\right)}{\left(R_C+\frac{1}{2}R_0\right)+\left(R_0'+\frac{1}{2}R_0\right)}$$

5）计算各量程分流电阻

若设 $R\times100$ 档中心欧姆值为 R_m'，$R\times10$ 档中心欧姆值为 R_m''，则 $R\times100$、$R\times10$ 档相应接

入的分流电阻 R_1 和 R_2 的计算分别为（忽略电源内阻）

$$R_1=\frac{R_m R'_m}{R_m+R'_m}$$

$$R_2=\frac{R_m R''_m}{R_m+R''_m}$$

四、实验内容

1. 设计要求

已知：表头满偏电流 $I_C=120\ \mu A$，表头内阻 $R_C=1000\ \Omega$

（1）直流电流档量程为 10 mA、100 mA

要求：画出电路图并计算各量程元件值。

（2）直流电压档量程为 5 V、25 V

要求：在图 4-33 中通过虚线框的电流 $I_1=10\ mA$；画出电路图并计算各量程元件值。

（3）交流电压档量程为 50 V、100 V，计算各量程元件值

（4）欧姆档量程为×10、×100、×1k

要求：

1）已知欧姆表刻度如图 4-35 所示，计算中心欧姆值。

2）计算各量程元件值并画出电路图。

2. 校验

用电表测量时总有一定误差，因此要对其进行校验。校表有以下要求：标准表的准确等级要比被校表高两级，例如必须用 0.5 级标准表校 1.5 级表；校表时为防止指针的回程误差，要保证指针偏转单向上升，然后在单向下降的条件下进行，以便观察表头的摩擦情况。上升时把被校表指针从零点调到正指在有数字的刻度上，若指针调过了头，应退回到零点，重新上升。从最大值下降时也一样，若调过了头，应退回到最大值，重新下降。

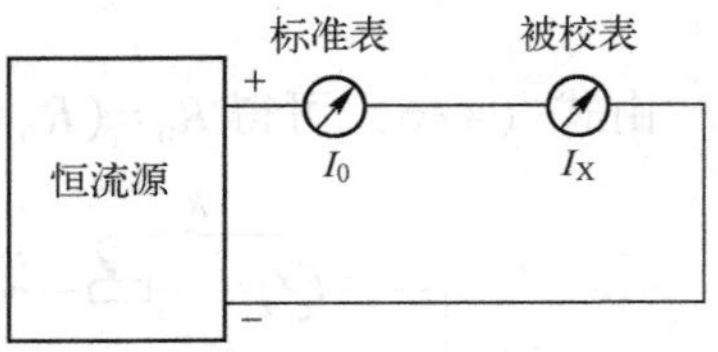

图 4-39　直流电流档校验电路

（1）直流电流档的校验

实验线路如图 4-39 所示。线路中标准表为 0.5 级的电流表，被校表为万用表的 10 mA 档、100 mA 档。完成表 4-11 中各数据，并自拟校对 100 mA 档的数据表。

表 4-11　直流电流档校验测量数据

标准表读数 I_0/mA	2	4	6	8	10
被校表读数 I_X/mA					
绝对误差 $\Delta I=I_X-I_0$					
相对误差 $\gamma=\frac{\Delta I}{I_0}$					
引用误差 $\gamma_m=\frac{\Delta I_m}{I_m}$					
修正值 $C=-\Delta I$					

（2）直流电压档的校验

实验线路如图 4-40 所示。将 0.5 级的标准电压表与被校表并联在恒压电源的输出端。改变恒压源的输出电压值，完成表 4-12 中的各项数据，并自拟校对 25 V 的数据表。被校表量程为 5 V、25 V。

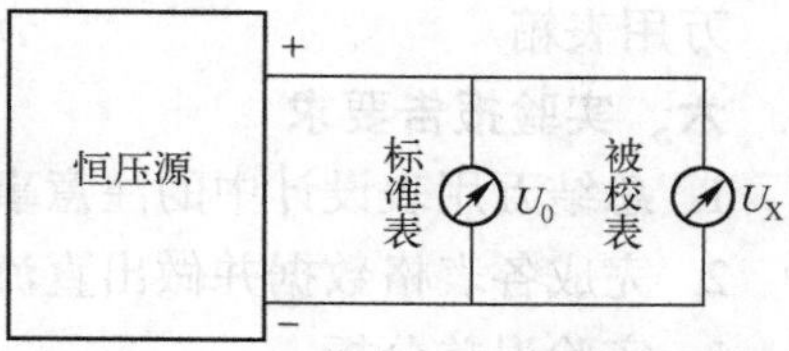

图 4-40 直流电压档校验电路

表 4-12 直流电压档校验测量数据

标准表读数 U_0/V	1	2	3	4	5
被校表读数 U_X/V					
绝对误差 $\Delta U=U_X-U_0$					
相对误差 $\gamma=\dfrac{\Delta U}{U_0}$					
引用误差 $\gamma_m=\dfrac{\Delta U_m}{U_m}$					
修正值 $C=-\Delta U$					

（3）交流电压档的校验

实验线路参照图 4-40。将 0.5 级的标准交流电压表与被校表并联在交流电压源的输出端。改变恒压源的输出电压值，自拟校对 50 V、100 V 的数据表。

（4）欧姆档的校验

用万用表的×10、×100、×1k 欧姆档测标准电阻箱的电阻，从而校验电阻档的准确度。并对各档测量的阻值范围进行误差分析。按表 4-13 测量数据。

表 4-13 欧姆档校验测量数据

×10	电阻箱的电阻值 R_0/Ω	10	70	100	150	1000
	万用表测试值 R_X/Ω					
	绝对误差 $\Delta R=R_X-R_0$					
	相对误差 $\gamma=\dfrac{\Delta R}{R_0}$					
×100	电阻箱的电阻值 R_0/Ω	100	700	1000	1500	10000
	万用表测试值 R_X/Ω					
	绝对误差 $\Delta R=R_X-R_0$					
	相对误差 $\gamma=\dfrac{\Delta R}{R_0}$					
×1k	电阻箱的电阻值 R_0/Ω	1000	7000	10000	15000	100000
	万用表测试值 R_X/Ω					
	绝对误差 $\Delta R=R_X-R_0$					
	相对误差 $\gamma=\dfrac{\Delta R}{R_0}$					

五、实验设备

电路教学实验台　　　　1 套

万用表箱　　　　　　　　　　　1 台

六、实验报告要求

1. 总结万用表设计中的注意事项和收获体会。

2. 完成各表格数据并做出直流电压表、电流表的修正曲线。

3. 实验误差分析。

4. 回答问题

1）使用欧姆档的注意事项是什么？

2）设计万用表时，需要知道表头内阻，是否可以用欧姆档测量表头的内阻（表头内阻通常为 200Ω 到几千欧）？

七、附录（万用表表头灵敏度及内阻测定方法）

设计万用表必须先测出所用表头的灵敏度及内阻，然后才能进行有关计算。（若已知表头的灵敏度和内阻，则此步骤可省略）。

1. 表头灵敏度的测定

表头灵敏度是指单位电流引起指针偏转的角度：$S=\frac{\alpha}{I}$。

当最大偏转角给定时，满偏电流与灵敏度成反比，所以习惯上也用表头的量程来表示表头的灵敏度，即量程越小灵敏度越高。实验电路见图 4-41。

通常选择标准微安表的测量上限要略大于被测表头的测量上限。测量时，开关 S 置于位置"1"，调至被测表头（μA_x）满刻度偏转，这时标准微安表（μA_0）的读数就是表头实际测量上限，它是设计中的一个重要依据。

2. 表头内阻的测定

(1) 代替法：在图 4-41 所示电路中，将开关 S 置于"2"的位置，调 R_n 使标准表（μA_0）读数与开关 S 在位置"1"时的读数相同，这时电阻箱上显示的阻值就是被测表头的内阻 R_C。

(2) 半偏转法：若已知表头的满偏电流值，又无法得到标准微安表时可采用此法。测量电路如图 4-42 所示。测量时，先合上 S_1，断开 S_2，调节电阻 R_t 使被测表头（μA_x）的指针偏转到满刻度，然后再合上 S_2，调节电阻箱 R_n 使被测表头的指针偏转到满刻度的一半，则被测表头的内阻可用下式求出

$$R_c=\frac{R_n(R_0+R_t)}{R_0+R_t-R_n}$$

式中，R_0、R_t、R_n 值都可由电阻箱直接读出。若 $(R_0+R_t)\gg R_n$，可近似取 $R_C=R_n$。

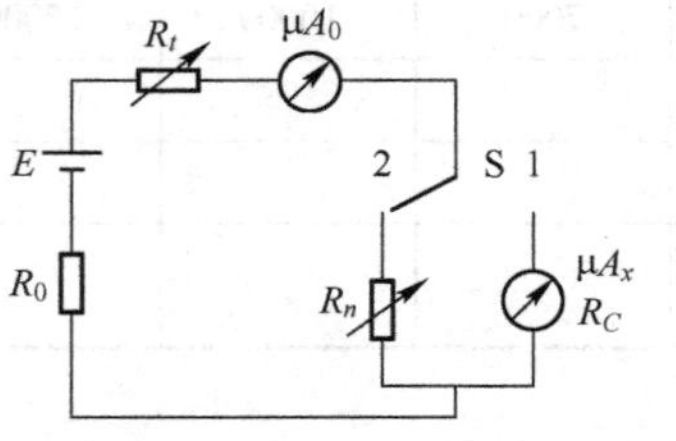

图 4-41　表头灵敏度测定电路

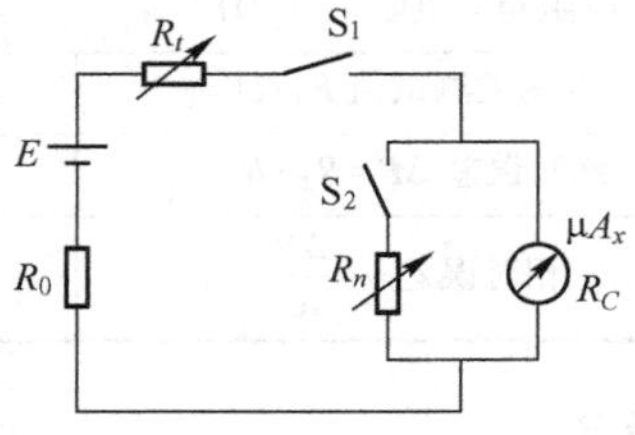

图 4-42　半偏法电路

4.6 延迟开关的设计

一、实验目的

1. 培养学生理论联系实际的能力。

2. 培养学生独立设计实验、撰写实验方案的能力。

二、预习要求

1. 根据实验任务，确定设计的基本思想，复习所用的基本理论。

2. 画出设计线路，确定元件参数。

3. 提出所用的实验仪器仪表、电路元件及其他设备。

4. 拟定实验步骤。

5. 设计好实验数据的记录表格。

三、实验内容和步骤

1. 设计一延迟开关，开关延迟时间分别为 30 s、1 min、3 min、5 min 四个可选值。

2. 用所设计的延迟开关，改装即时开关，延迟点亮或熄灭一盏灯。

四、实验设备

自选。

五、实验报告要求

1. 综述设计原理。

2. 给出实验测试报告。

3. 总结设计、实验体会。

4.7 直流可调电压源的设计与实现

一、实验目的

1. 了解变压器、桥式整流电路的结构及工作原理。

2. 加深对电容滤波稳压的理解。

3. 学习稳压器件的工作原理及使用方法。

4. 学习可调电源的电路设计。

5. 掌握稳压电源性能的测量方法。

二、预习要求

1. 预习有关变压器、全波整流、半波整流的相关理论知识。

2. 查阅稳压芯片资料，选择合适器件。

3. 设计直流可调电压源电路，写出电路设计思路及参数选择的计算过程（电压范围 2~12 V；输出电流>1 A）。

三、实验原理

直流可调电压源一般包括降压、整流、滤波、稳压和调压四部分。如图 4-43 所示。

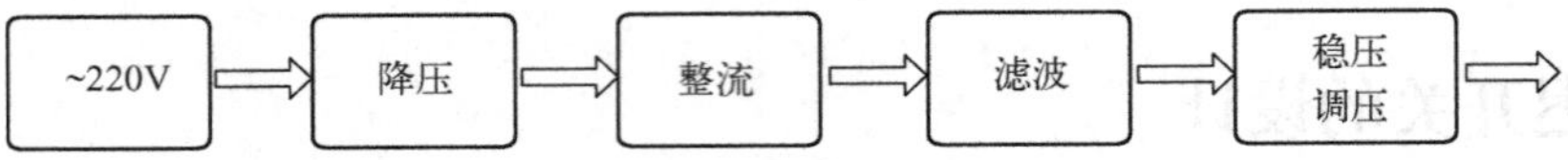

图 4-43　直流可调电压源组成框图

1. 降压

降压部分是将电网 220 V 正弦交流电压降低为低电压交流信号，常见的两种方式有阻容降压和变压器降压。其中变压器降压是实际中采用较多的方法，但缺点是变压器的体积较大，当受体积等因素的限制时，可采用阻容降压式。因阻容降压方式输出端未与 220 V 电压隔离，一旦器件异常，容易存在安全隐患，因此，实验中必须采用变压器方式降压。

变压器的选择主要根据稳压部分的输入电压范围来选择，电压过大易烧坏器件，过小又不能保证稳压部分正常工作。从安全及器件耐压两方面考虑，选择的变压器二次侧输出不应超过 36 V。

2. 整流

利用二极管的单向导电性将前级变压器输出的交流电压变为脉动的直流电压，常用的整流分为半波整流和全波整流两种。由于半波整流只使得正半周的正弦信号通过，负半周截止，能量的使用效率远低于全波整流，因此选择全波整流方式。全波整流桥的型号应根据前级输出电压及后级电路带负载能力两个因素来选择，整流桥的反向击穿电压应大于变压器二次侧输出正弦信号的最大值。

3. 滤波

整流部分输出的是脉动的直流电压，滤波部分的作用是将脉动的直流电压的交流分量变小，近似为稳定的直流电压。常用的滤波电路由储能元件 L、C 构成，利用 L、C 具有储存能量的特性实现，因此，滤波输出的脉动电压交流成分的大小取决于 L、C 电路充放电时间的长短。

由于电感体积较大、笨重，因此，对于小功率电源一般采用电容进行滤波，其工作原理是整流电压高于电容电压时电容充电，当整流电压低于电容电压时电容放电，在充放电的过程中，使输出电压基本稳定。对于大功率电源，若采用电容滤波电路，当负载电阻很小时，则电容容量势必很大，而且整流二极管的冲击电流也非常大，容易击穿，因此实验中应采用电感进行滤波。

4. 稳压和调压

稳压及调压部分是整个电路设计的核心，利用三端稳压器输出基准电压的特点实现稳压和调压，可有多种实现方案。

利用稳压二极管实现，当稳压二极管工作在反向击穿状态时，在一定的电流范围内（或者说在一定功率损耗范围内），端电压几乎不变，这种特性即为稳压特性，但其相对稳定的电压在一定的范围内波动，导致输出电压值不稳定。

利用串联反馈式稳压电路实现，即将晶体管与负载串联，此时输出电压的波动经由反馈电路取样放大后来控制晶体管的极间电压降，从而达到稳定输出电压的目的。

利用三端稳压器实现，三端稳压器是将由晶体管构成的稳压电路集成的结果。常用的固定输出的三端稳压器有 78/79 系列，正电压输出的为 78XX 系列，负电压输出的为 79XX 系列，输出电压值即为 XX 对应的数值，最大输出电流可达 1.5 A。

四、实验内容和步骤

1. 直流可调电压源电路的设计

设计一个直流可调电压源电路，要求在 220 V、50 Hz 的输入电压的条件下，电压调节范围为 2~12 V；输出电流>1 A。要求降压部分必须采用变压器进行设计。

2. 按照设计电路接线，测量输出特性。

3. 提高部分：设计实现正负输出的双路可调电压源，并测量输出特性。

五、实验设备

电路综合设计实验箱	1 套
数字示波器	1 台
函数信号发生器	1 台
数字万用表	1 台

六、实验报告及要求

1. 总结直流可调电压源设计及操作中的注意事项。

2. 对测量结果与理论计算值进行比较、分析。

3. 总结实验心得。

4.8 周期信号的分解与合成

一、实验目的

1. 加深对周期信号谐波分量的理解。

2. 学习无源滤波器、有源滤波器的工作原理。

二、预习要求

1. 预习滤波器相关理论知识。

2. 设计中心频率分别为 100 Hz、300 Hz、500 Hz 的滤波电路。

3. 设计三路输入信号的加法器电路。

三、实验原理

1. 非正弦周期信号

非正弦周期信号在满足狄里赫利条件下，可分解为一系列频率为周期函数频率正整数倍的正弦信号的和。

$$f(t)=f(t+nT)=a_0+\sum_{k=1}^{\infty}A_{km}\cos(k\omega t+\psi_k)$$

式中，$\omega=\frac{2\pi}{T}$为基波频率；A_{km}表示各次谐波的幅值。

利用滤波器的频率选择特性将各次谐波信号分离，以非正弦周期信号——方波为例进行分析，方波信号（正负对称，幅度为 E_m）可分解为

$$f(t)=\frac{4E_m}{\pi}\left(\sin\omega t+\frac{1}{3}\sin3\omega t+\frac{1}{5}\sin5\omega t+\cdots\right)$$

方波信号由 1、3、5、⋯奇次谐波组成，设方波信号频率为 1 kHz，则其谐波成分为 1 kHz、3 kHz、5 kHz、⋯的正弦信号，$(2n-1)$次谐波的幅度值是基波分量（1 kHz）的

$1/(2n-1)$倍。

2. 滤波器

置于输入—输出端口之间，使输出端口所需要的频率分量能够顺利通过，而抑制不需要的频率分量的选频网络，工程上称为滤波器。滤波器主要分为低通、高通、带通、带阻四种类型。

滤波器电路可以分为有源滤波器和无源滤波器两类，无源滤波电路由无源元件 R、L、C 元件组合而成，具有结构简单、成本低的优点。有源滤波器利用有源器件和 R、C 组成，具有一定的放大和缓冲作用。

四、实验内容和步骤

1. 滤波电路设计与仿真

分别设计中心频率为 100 Hz、300 Hz、500 Hz 的滤波电路，并用 Multisim 仿真实现。

2. 方波信号的分解

将频率为 100 Hz、幅值为 1 V 的方波信号作为滤波电路的输入信号，滤波输出方波信号的 1、3、5 次谐波，观察记录波形并测量谐波信号幅度值。

3. 谐波信号的叠加

连接加法器电路，将滤波输出的三路谐波成分进行叠加，并结合测量结果调节电位器使得各谐波幅值满足要求，用示波器同时观察叠加后的信号和方波信号。

五、实验设备

电路综合设计实验箱	1 套
数字示波器	1 台
函数信号发生器	1 台
数字万用表	1 台

六、实验报告及要求

1. 总结电路设计及操作中的注意事项。
2. 进行比较测量结果与理论计算值，并分析误差原因。
3. 计算 1、3、5 次谐波叠加后信号的有效值，并计算截断误差。
4. 总结实验心得。

4.9 常用波形的产生与实现

一、实验目的

1. 了解产生正弦信号的 RC 桥式振荡电路的基本原理。
2. 复习运放原理及相关特性。
3. 深入理解简单的 RC 微分和积分电路，并实现波形的变换。

二、预习要求

1. 复习运放原理及相关特性，自学正弦波振荡电路工作原理，了解不同类型振荡器的特点，通过所学的电路理论知识来分析 RC 桥式振荡电路的工作原理。

2. 设计 RC 桥式振荡电路中的稳幅电路，注意参数的选取，观察输出电压波形由小到大的起振和稳定到某一幅度的全过程。

3. 设计图 4-47a 所示的电路参数值。
4. 设计图 4-48a 所示的电路参数值。

三、实验原理

按照图 4-44 所示流程来设计整个电路。

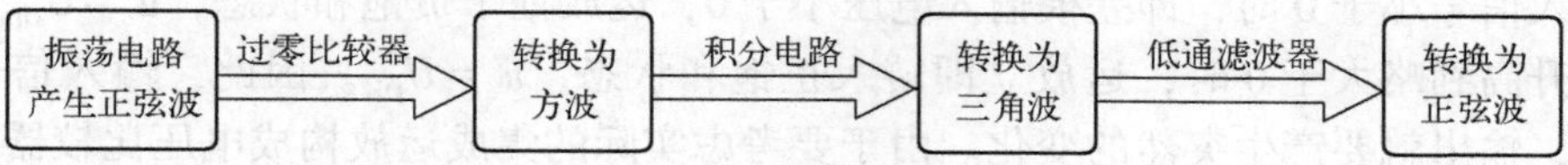

图 4-44　常用波形产生与实现组成框图

1. *RC* 桥式振荡电路

图 4-45 是 *RC* 桥式振荡电路的原理电路，这个电路由两部分组成，即放大电路和选频网络。放大电路为由集成运放所组成的电压串联负反馈放大电路，输入阻抗高，输出阻抗低。选频网络则由 Z_1、Z_2组成，同时兼作正反馈网络。Z_1、Z_2和 R_1、R_f正好形成一个四臂电桥。根据选频网络的函数特性可知，当

$$f=f_0=\frac{1}{2\pi RC}$$

时，反馈系数的幅频响应幅值为最大，即

$$F_{V\max}=\frac{1}{3}$$

而相频响应的相位角为零，即

$$\varphi_f=0°$$

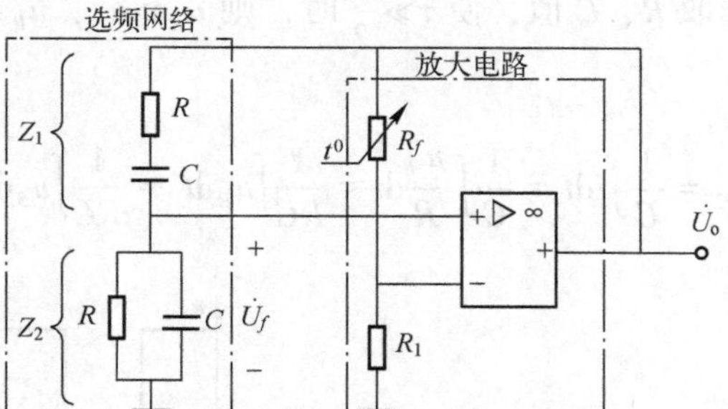

图 4-45　*RC* 桥式振荡电路

欲使振荡电路能自行建立振荡，就必须满足 $|\dot{A}\dot{F}|>1$ 的条件。开始在接通电源后，$\dot{A}_V=1+\frac{R_f}{R_1}$略大于 3，这样就有可能自行起振，达到稳定平衡状态时，$\dot{A}_V=3$，$\dot{F}_V=\frac{1}{3}$。

为了进一步改善输出电压幅度的稳定问题，可以在放大电路的负反馈回路里采用非线性元件来自动调整反馈的强弱以维持输出电压恒定。例如，在图 4-46 所示的电路中，R_f可用一温度系数为负的热敏电阻来实现。当输出电压增加时，R_f上所加的电压也增加，即温度升高，R_f的阻值减小，负反馈加强，放大电路的增益下降，从而使输出电压下降。反之，输出

电压增加，因此，可以维持输出电压基本稳定。也可以采用两只反向并联二极管再与 R_f 并联实现稳幅，或者采用其他非线性元器件实现稳幅。

2. 过零比较器

图 4-46a 是过零比较器的基本电路，主要利用运放的饱和特性来工作。如图 4-46b 所示，当输入信号小于 0 时，即差模输入电压小于 0，运放处于负饱和状态，$u_o = U_{OL}$；当输入信号电压升高到略大于 0 时，运放立即转入正饱和状态，$u_o = U_{OH}$。因此，输入信号电压每次过零时，输出就要产生突然的变化。由于要考虑实际的集成运放构成电压比较器，因此可以考虑加限幅措施，避免运放内部管子进入深度饱和区，以提高响应速度。

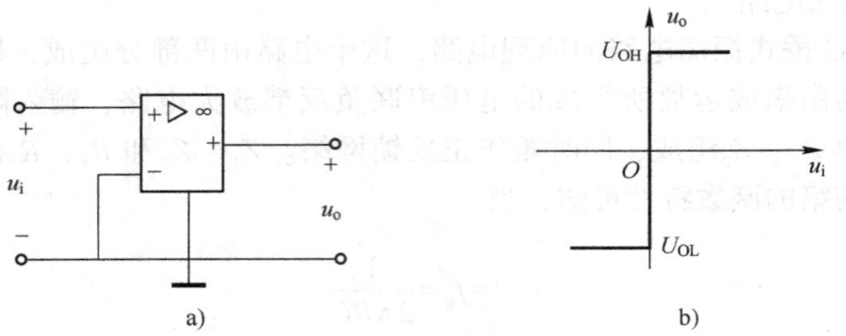

图 4-46　过零比较器

a）电路图　b）传输特性

3. 积分电路

积分电路是另一种常用的波形变换电路，它是将方波变换成三角波的一种电路。对图 4-47a 所示电路，如选取 R、C 值，使 $\tau \gg \frac{T}{2}$ 时，则 $u_R \gg u_C$，$u_R \approx u_S$，由此得到输出端电容上的电压

$$u_C = \frac{1}{C}\int i\mathrm{d}t = \frac{1}{C}\int \frac{u_R}{R}\mathrm{d}t = \frac{1}{RC}\int u_R\mathrm{d}t \approx \frac{1}{RC}\int u_S\mathrm{d}t$$

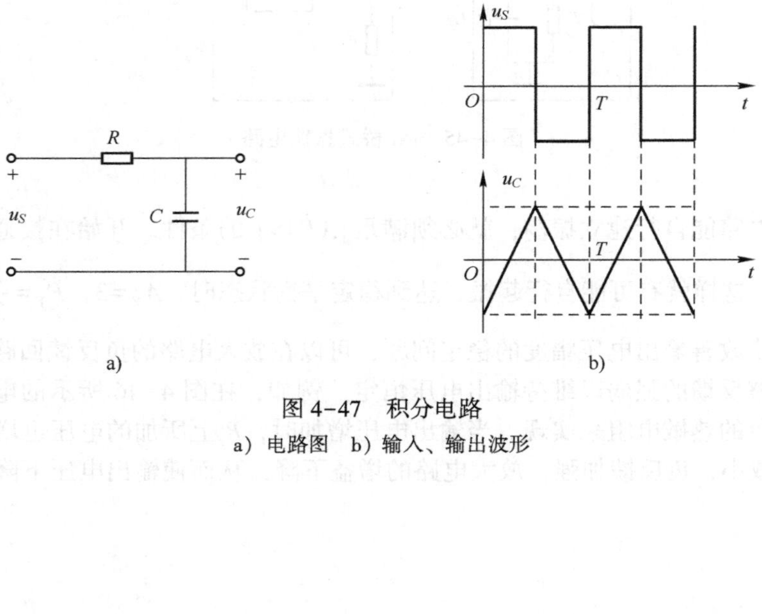

图 4-47　积分电路

a）电路图　b）输入、输出波形

可见当 τ 很大时，输出电压 u_C 大致与输入电压 u_S 对时间的积分成正比，这种电路称为积分电路。u_S 与 u_C 波形如图 4-48b 所示。

设计积分电路，通常要求电路时间常数大于脉冲宽度的 5 倍以上，即 $\tau=RC\geqslant 5T$。

4. 滤波电路

将三角波按傅里叶级数展开，

$$u_i(t)=\frac{8}{\pi^2}U_m\left(\sin\omega t-\frac{1}{9}\sin 3\omega t+\frac{1}{25}\sin 5\omega t-\cdots\right)$$

其中 U_m 是三角波的幅值。根据上式可知，三角波含有基波和 3 次、5 次等奇次谐波，因此通过低通滤波器取出基波，滤除高次谐波，即可将三角波转换成正弦波。电路图如图 4-48a 所示。输入电压和输出电压的波形如图 4-48b 所示，u_O 的频率等于 u_i 基波的频率。设计参数时要注意低通滤波器的通带截止频率应大于三角波的基波频率且小于三角波的三次谐波频率。这种方法适用于固定频率或频率变化范围很小的场合。

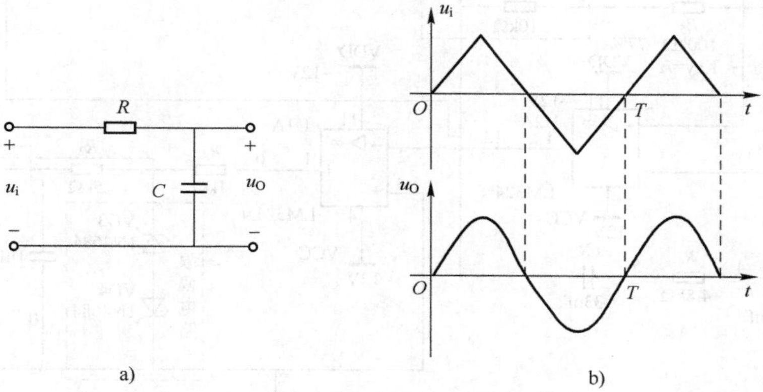

图 4-48　一阶低通滤波器

a）电路图　b）输入、输出波形

四、实验内容与步骤

1. 设计一个 *RC* 桥式振荡电路，选取合适的参数，实现正弦波的输出，要求输出信号频率在 1 kHz 左右，信号幅度不小于 5 V。

注意设计 *RC* 桥式振荡电路的稳幅环节。放大电路和正反馈网络是振荡电路的最主要部分，但是，这样两部分构成的振荡器一般得不到正弦波，这是由于很难控制正反馈的量：如果正反馈量大，则增幅，输出幅度越来越大，最后由放大电路的非线性限幅，必然产生非线性失真；反之，如果正反馈量不足，则减幅，可能停振，为此在实际振荡电路中通常要有一个稳幅电路。

2. 应用运算放大器的饱和电压外特性，将正弦波转换为同频率的方波。

3. 应用一阶动态电路的相关知识，设计一个 *RC* 积分电路，选择合适的参数，将方波信号变换为三角波信号。

4. 设计滤波电路，选择合适的参数，滤掉高次谐波，将三角波信号还原到正弦波。

5. 工整绘制实验电路图，元件参数标注要准确、完整，对设计的电路用 Multisim 进行软件仿真，调节参数、观察并记录每一部分产生的波形。

1）在正弦波产生电路中，调节电路中的参数使得电路输出状态改变并记录工作状态（停振、起振、衰减、失真）和对应的参数大小，分析负反馈强弱对起振条件及输出波形的影响，记录最大不失真输出时的幅值。

2）在积分电路中，调节参数观测三角波幅值、频率的变化，分析电路参数与其关系。

3）比较滤波电路输出的正弦波与 *RC* 振荡器产生的正弦波的幅值和频率，分析幅值、频率变化的原因。

图 4-49 为参考电路。

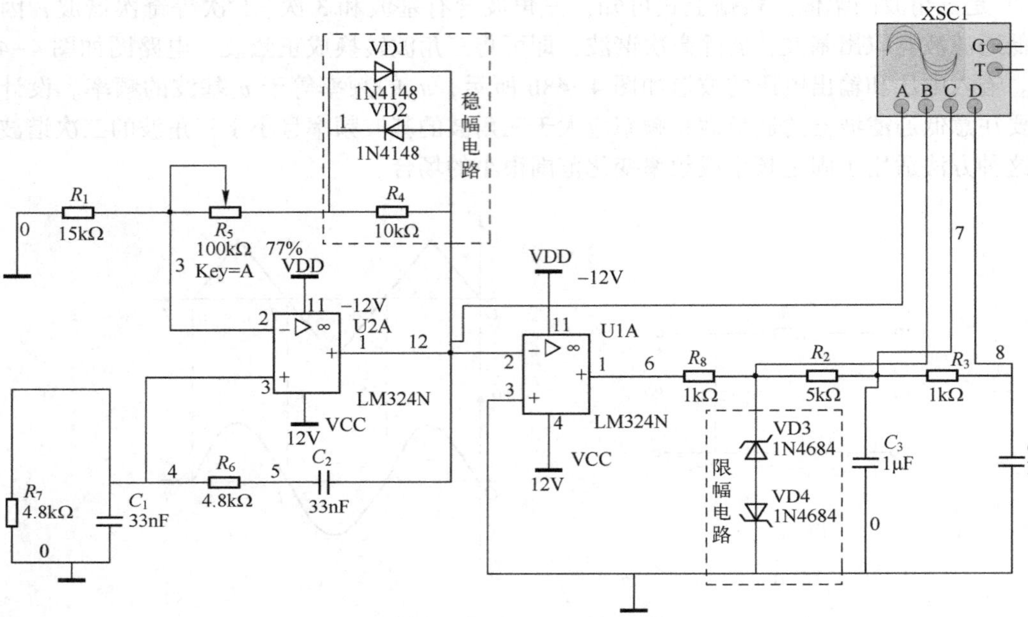

图 4-49　参考电路

五、实验报告要求

1. 对于整个系统的每个部分设计电路，给出设计依据和背景；选取参数，并给出参数选取的计算过程。

2. 按照要求记录每一部分产生的波形。

3. 回答问题

1）把积分电路和低通滤波器这两部分与集成运放结合起来设计电路，会不会有更好的效果？

2）三角波转换成正弦波，滤波以后，输入和输出的波形在时间轴上有什么关系？只有滤波这一种方法吗？

3）给出的实验方案产生的波形的频率有没有变化？如果想产生可以调节频率的波形应该怎么办？

4. 撰写实验心得：总结本次实验过程体会、收获、成功与失败，对实验内容、方式、要求等各方面的建议。

4.10 由单相电源转变为三相电源的裂相电路设计

一、实验目的

1. 充分理解和掌握基本电路元件 R、L、C 端口特性的相量关系。
2. 掌握 RC 移相电路原理。
3. 了解对称三相电源电压的概念及特点。
4. 掌握单相电源裂相为对称三相交流电源的原理。

二、预习要求

1. 复习相关相量法及正弦稳态电路分析的理论知识。
2. 了解 RC 移相电路原理。
3. 了解单相电源裂相为对称三相交流电源的原理和方法。
4. 根据实验内容，设计实验电路，拟定实验步骤。

三、实验原理

1. 对称三相电源

如果三相电压 u_A、u_B、u_C 大小相等、频率相同、角度互差 120°，则此三相电压为对称三相电源。其电源电压表达式可以表示为

$$u_A = U_m\cos\omega t$$
$$u_B = U_m\cos(\omega t-120°)$$
$$u_C = U_m\cos(\omega t+120°)$$

对应的相量图如图 4-50 所示。

表达式中 u_A、u_B、u_C 相位上依次落后 120°，这样的相位顺序称为正序。一般而言，三相电源无特殊说明，均指正序对称三相电源。

2. 移相电路原理

RC 移相电路如图 4-51 所示，由于电阻上电压、电流同相位，而动态元件电感和电容上电压、电流的相位差为 90°，利用这一特性可以实现输入输出电压（电流）间的相位偏移。

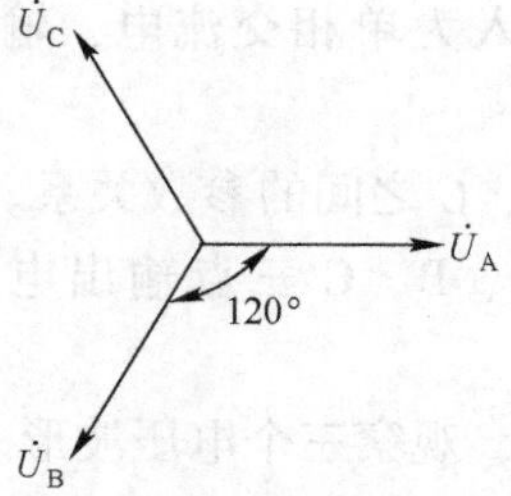

图 4-50 对称三相电源相量

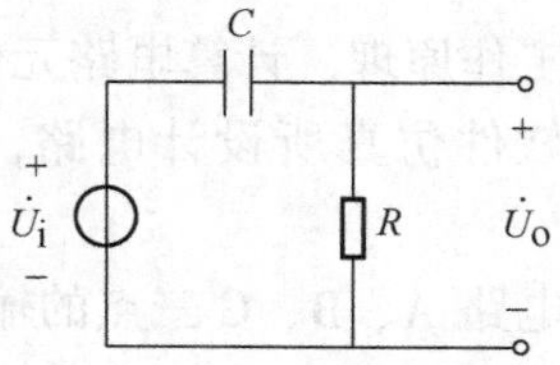

图 4-51 RC 移相电路

图 4-52 为 RC 移相电路。设 $R=\dfrac{1}{\omega C}$，

则$\dot{U}_0=\dfrac{R}{R+\dfrac{1}{\mathrm{j}\omega C}}\dot{U}_{\mathrm{i}}=\dfrac{1}{\sqrt{2}}\dot{U}_{\mathrm{i}}\underline{/45^\circ}$

即输出电压$\dot{U}_0$超前于输入电压$\dot{U}_{\mathrm{i}}\underline{/45^\circ}$。

同样，利用电感元件也可以实现移相的效果。

3. 裂相电路原理

要从单相交流电得到三相交流电，就必须对原单相电压进行移相，以原电压为基准，分别移相+120°和−120°，并且使各个电压的有效值相等，如图 4−52 所示。

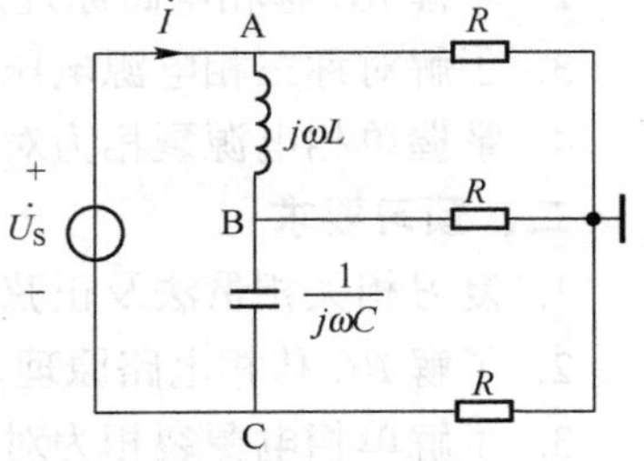

图 4−52　单相交流电变三相交流电线路

设 $\omega L=\dfrac{1}{\omega C}=\sqrt{3}R$

由结点法：　$\dot{U}_{\mathrm{A}}\left(\dfrac{1}{R}+\dfrac{1}{\mathrm{j}\omega L}\right)-\dot{U}_{\mathrm{B}}\dfrac{1}{\mathrm{j}\omega L}=\dot{I}$

$$\dot{U}_{\mathrm{B}}\left(\frac{1}{R}+\frac{1}{\mathrm{j}\omega L}+\mathrm{j}\omega C\right)-\dot{U}_{\mathrm{A}}\frac{1}{\mathrm{j}\omega L}-\dot{U}_{\mathrm{C}}\mathrm{j}\omega C=0$$

$$\dot{U}_{\mathrm{C}}\left(\mathrm{j}\omega C+\frac{1}{R}\right)-\dot{U}_{\mathrm{B}}\mathrm{j}\omega C=-\dot{I}$$

$$\dot{U}_{\mathrm{A}}-\dot{U}_{\mathrm{C}}=\dot{U}_{\mathrm{S}}$$

解得：

$$\dot{U}_{\mathrm{A}}=\frac{1}{\sqrt{3}}\dot{U}_{\mathrm{S}}\underline{/30^\circ}$$

$$\dot{U}_{\mathrm{B}}=\frac{1}{\sqrt{3}}\dot{U}_{\mathrm{S}}\underline{/-90^\circ}$$

$$\dot{U}_{\mathrm{C}}=\frac{1}{\sqrt{3}}\dot{U}_{\mathrm{S}}\underline{/150^\circ}$$

由此可见，$\dot{U}_{\mathrm{A}}$、$\dot{U}_{B}$、$\dot{U}_{\mathrm{C}}$三个电压幅值相同，相位上依次相差 120°，为正序对称三相电压。

四、实验内容和步骤

1. 单相交流电得到三相交流电裂相电路设计

1）自行设计一个不同于图 4−52 的电路，输入为单相交流电，输出为三相对称交流电源。

2）分析电路的工作原理，计算电路元件 R、L、C 之间的参数关系。

3）用 Multisim 软件仿真所设计电路，观察 A、B、C 三点输出电压是否是三相交流电压。

4）测试所设计电路 A、B、C 三点的输出电压，观察三个电压波形。

2. 提高部分

思考：如果用所设计的三相电源去驱动一个三相负载，会出现什么情况？

1）写出实验任务中的分析与计算。

2）记录测试结果。

五、实验报告要求

根据实验内容和步骤，自行设计实验报告。

六、注意事项

1. 所设计电路进行测试前，应仔细检查所选用的 R、L、C 元件的最大允许电流、电压是否满足电路要求。

2. 原单相电压应从低逐步升高到一个合适的电压值。

3. 实验完毕，电路中电容两端电压是否安全放电为零，是否可以安全拆线。

4.11 蔡氏混沌电路的分析

一、实验目的

1. 了解混沌现象以及产生混沌的基本原理。

2. 蔡氏混沌电路的基本结构和设计。

3. 掌握混沌现象的测试方法。

二、预习要求

1. 学习产生混沌的基本原理。

2. 设计一个具有指定特性的非线性有源电阻，给出具体的电路以及电路参数选择的具体过程。

3. 设计蔡氏混沌电路。

三、实验原理

1. 有源非线性电阻的实现

有源非线性电阻是蔡氏混沌电路中的一个重要元件，由两个负阻并联而成，电路如图 4-53a 所示，其伏安特性如图 4-53b 所示。

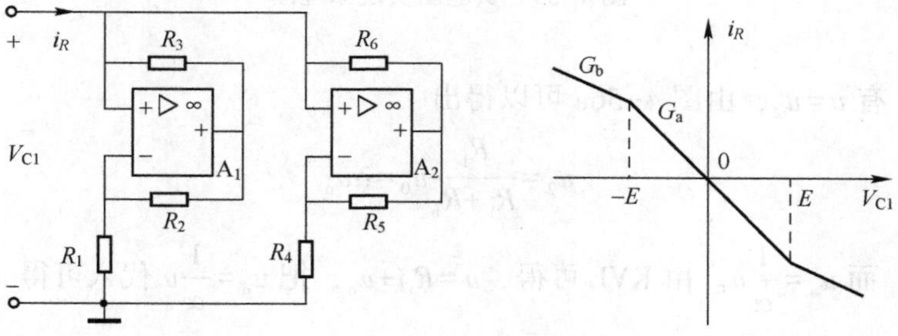

图 4-53　有源非线性电阻

(1) 一个分段线性电阻的实现

理想运放如图 4-54a 所示，放大倍数为无限大，并考虑到输出电压达到饱和值，则运放的输出电压 u_o 与差动电压 u_d 之间的关系可用图 4-54b 所示的特性曲线表示。这里把电压的关系分为 3 个区域考虑（$\pm U_{sat}$ 为运放的饱和值）。

线性区　　$u_d=0$,　　$-U_{sat}<u_o<U_{sat}$

正饱和区　　$u_o=U_{sat}$,　　$u_d=(u^+-u^-)>0$

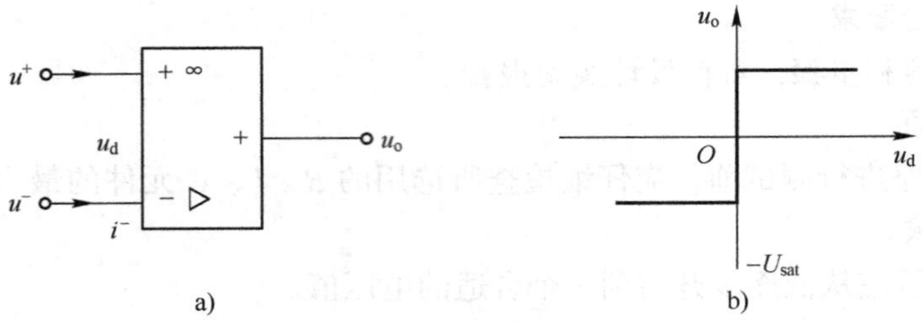

图 4-54　理想运放及其饱和特性

负饱和区　　　$u_o=-U_{sat}$，　　　$u_d=(u^+-u^-)<0$

可见在线性区 u_d 被强制为零，但 u_o 不是定值，它的大小取决于外电路。在正、负饱和区，u_d 不再等于零，但 u_o 是定值。当运放在正饱和区或负饱和区工作时，它是在非线性区工作。

图 4-56a 中运放通过 R_f 实现负反馈，通过 R_a 和 R_b，实现正反馈。如果考虑运放工作在饱和区的情况，这个电路的输入电阻在一定范围内具有负电阻的性质。

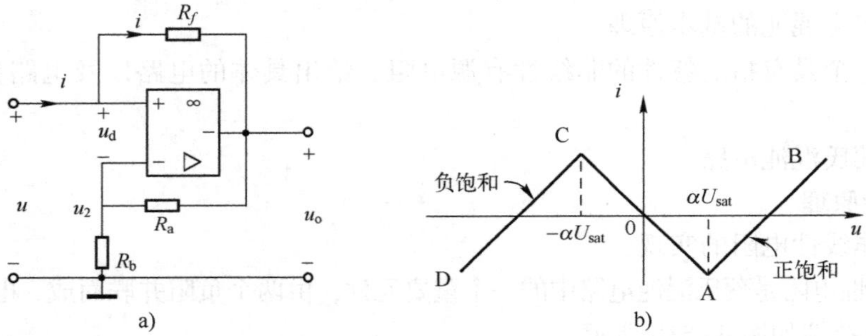

图 4-55　负电阻实现原理图

在线性区，有 $u=u_2$，由图 4-56a 可以得出

$$u_2=\frac{R_b}{R_a+R_b}u_0=\alpha u_o$$

其中 $\alpha=\dfrac{R_b}{R_a+R_b}$，而 $u_o=\dfrac{1}{\alpha}u$。由 KVL 可得，$u=R_fi+u_o$，把 $u_o=\dfrac{1}{\alpha}u$ 代入可得

$$i=-\left(\frac{R_a}{R_b}\right)\left(\frac{1}{R_f}\right)u \tag{4-8}$$

式（4-8）可以用图 4-56b 中的直线段 AOC 表示。对应此线段的 2 个端点 A 和 C 的电压值可以求得如下。在线性区，由于 $u_0=\dfrac{1}{\alpha}u$，所以 $-\alpha U_{sat}<u<+\alpha U_{sat}$，线段 AOC 的斜率是负的，且正比于 $-\dfrac{R_a}{R_b}\dfrac{1}{R_f}$。

在正饱和区 $u_o=U_{sat}$，按 KVL，有

$$u=R_f i+U_{sat}$$

$$i=\frac{1}{R_f}(u-U_{sat})$$

为了确定电压 u 的范围，利用 KVL 可得：

$$u_d=u-u_2=u-\frac{R_b}{R_a+R_b}U_{sat}$$

$$u_d=u-\alpha U_{sat}$$

由于 $u_d>0$，故 $u>\alpha U_{sat}$。这与式（4-8）确定了图 4-56b 中的直线段 AB，它表示在正饱和区的伏安特性，其斜率正比于$\frac{1}{R_f}$。

在负饱和区，$u_o=-U_{sat}$，有

$$u=R_f i-U_{sat}$$

$$i=\frac{1}{R_f}(u+U_{sat})$$

由于 $u_d<0$，故 $u<-\alpha U_{sat}$。图 4-56b 中的直线段 CD 表示在负饱和区的伏安特性，其斜率正比于$\frac{1}{R_f}$。

所以这个电路可以实现一个折线或分段线性电阻，此电阻在运放线性工作范围内具有负电阻性质，其值等于$-\frac{R_b R_f}{R_a}$。

（2）混沌电路中负阻特性分析和计算

由上面的分析可知，对于图 4-55a 所示电路，如果考虑运放的饱和特性，则该电路的输入电阻在一定范围内具有负电阻的性质，且阻值的大小取决于 R_f、R_a 和 R_b 的取值。如果将具有不同取值的负电阻电路并联，如图 4-53a 所示，这样便可得到其端口 u-i 特性曲线由五段曲线组成的电路，如图 4-56 所示。将混沌电路工作在其中的三段负阻折线区，便可实现其分段线性的负电阻 N_R。

其中

$$G_{a1}=-\frac{R_2}{R_1R_3},\ G_{b1}=-\frac{1}{R_3};\ G_{a2}=-\frac{R_5}{R_4R_6},\ G_{b2}=-\frac{1}{R_6};$$

$E_1=\frac{R_1}{R_1+R_2}U_{sat}$，$E_2=\frac{R_4}{R_4+R_5}U_{sat}$；（$U_{sat}$为运放的饱和值）

$$G_a=G_{a1}+G_{a2},\ G_b=G_{b1}+G_{a2},\ G_c=G_{b1}+G_{b2}$$

2. 蔡氏混沌电路的工作原理

蔡氏混沌电路是一个三阶非线性自治电路，它由三个储能元件和一个分段线性电阻组成。如图 4-57 所示，可以把电路分为两部分：线性部分和非线性部分。其中线性部分包括：电阻 R，电感 L 和两个电容 C_1 与 C_2；非线性部分只有一个分段线性电阻 N_R，也就是有源非线性负阻元件。电感 L 和电容 C_2 组成损耗可以忽略的振荡回路，电阻 R 和电容 C_1 串联将振荡产生的正弦信号移相输出。

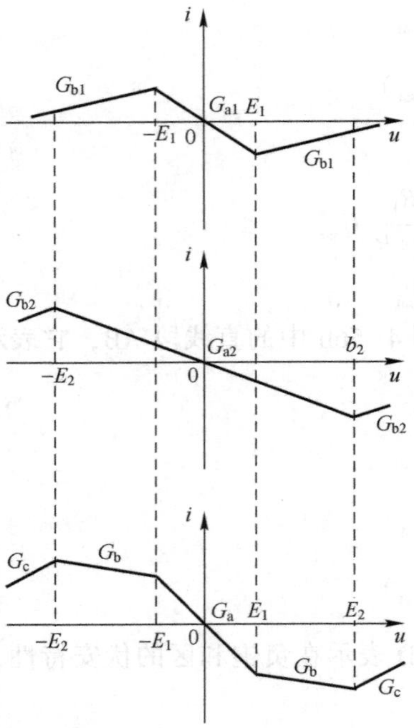

图 4-56　分段线性负阻特性曲线

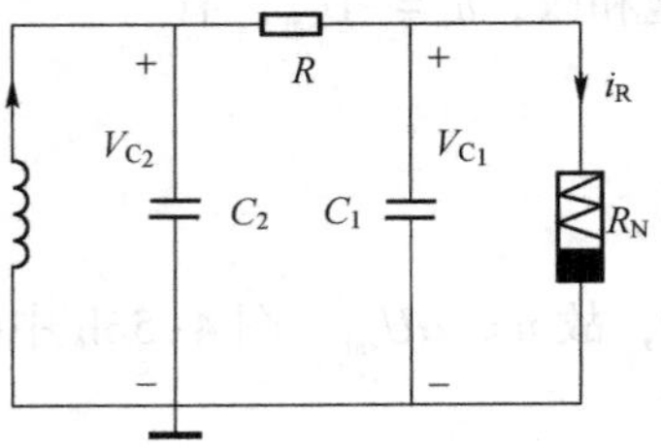

图 4-57　蔡氏混沌电路

由基尔霍夫定律，可得电路的状态方程为

$$\begin{cases}\dfrac{\mathrm{d}u_{C_1}}{\mathrm{d}t}=\dfrac{1}{RC_1}(u_{C_2}-u_{C_1})-\dfrac{1}{C_1}f(u_{C_1})\\ \dfrac{\mathrm{d}u_{C_2}}{\mathrm{d}t}=\dfrac{1}{RC_2}(u_{C_1}-u_{C_2})+\dfrac{1}{C_2}i_L\\ \dfrac{\mathrm{d}i_l}{\mathrm{d}t}=-\dfrac{1}{L}u_{C_2}\end{cases}$$

由于 N_R 的非线性负阻特性，使上述方程中的 $f(u_{C_1})$ 随工作状态而改变。求解此状态方程，发现其相空间轨迹具有双漩涡结构。改变电路中 R 的大小，电路会工作于周期 1、周期 2、极限环及单涡圈和双涡圈混沌等各种状态。

四、实验内容与步骤

1. 理论推导计算。

2. 设计一个非线性有源电阻 N_R，提供其中的电路参数的设计过程。

参考参数：选取参数 $C_1=10\ \mathrm{nF}$，$C_2=100\ \mathrm{nF}$，$L=18.68\ \mathrm{mH}$，R 作为系统的可调参量。运放为 LM324，工作电压为 ±15 V，$R_1=2.4\ \mathrm{k\Omega}$，$R_2=R_3=220\Omega$，$R_4=3.3\ \mathrm{k\Omega}$，$R_5=R_6=39\ \mathrm{k\Omega}$。

3. 功能电路的设计和实验方案论证。

（1）选取仿真软件 Multisim 或 PSpice，验证所设计的非线性有源电阻 N_R 的伏安特性，与理论推导进行比较。

（2）搭建蔡氏混沌电路，并通过仿真进行虚拟测试。

由大至小调节 R 的阻值，观测 $u_{C_1}-u_{C_2}$ 所构成的相图（李萨茹图），描绘相图周期短分岔和混沌现象，要求观测并记录稳定的焦点临界、周期 1、周期 2、单涡圈混沌、双涡圈混沌共五个相图和相应的 $u_{C_1}-u_{C_2}$ 的输出波形。

五、实验报告要求

1. 为整个系统的每个部分设计电路，给出设计依据和背景；选取参数，并给出参数选取的计算过程。

2. 按照要求记录每一部分产生的波形。

3. 构建有源模拟电感代替实物电感，保证参数精确匹配。设计其电路与参数，并解释构造模拟电感的必要性。

4. 撰写实验心得：总结本次实验过程中的体会、收获、成功与失败，以及对实验内容、方式、要求等各方面的建议。

第5章　常用电工仪表及仪器简介

5.1　常用电工测量指示仪表的一般常识

1. 电工测量指示仪表的分类

(1) 按工作原理分为：磁电式、电磁式、电动式、整流式、感应式、静电式、电子式等。

(2) 按用途分为：电流表、电压表、功率表、欧姆表、电能表、相位表、频率表以及多用途表（如万用表）等。

(3) 按使用电流种类分为：直流仪表、交流仪表、交直流两用仪表。

(4) 按准确等级分为：0.1、0.2、0.5、1.0、1.5、2.5、5.0七级。

其中准确度为0.1~0.2级的表用作标准表及精密测量；0.5~1.5级表用于实验室一般测量；1.0~5.0级表用于工业一般测量。

2. 电工测量指示仪表的外观标记

在每个测量指示仪表的刻度盘和板面上都有许多标志符号，它们表征了仪表的主要技术特征，只有在已识别的基础上才能正确选择和使用。电工测量仪表外观标记见表5-1。

表5-1　电工测量仪表外观标记

符　号	名　称	用　途
	磁电式仪表	直流电压、电流、非电学量
	整流式仪表	工频及高频的交流电压、电流
	电磁式仪表	直流及工频电压、电流
	电动式仪表	直流及交流电压、电流、功率、功率因数
	电动式比率表	功率因数、频率

符　号	意　义	符　号	意　义
一（或DC）	直流表	−	负端钮
～（或AC）	交流表	+	正端钮
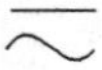	交直流表	*	电源端钮（功率表、相位表） 公共端钮（多量限仪表和复用仪表）
	三相交流表	⊥	接地用的端钮（螺钉或螺杆）
A	电流表	一(或⊓)	水平放置使用
V	电压表	↑(或⊥)	垂直放置使用
W	功率表	1.5或(1.5)	1.5级
cosϕ	功率因数表	 2kV或 	绝缘强度试验电压2kV
kW·h	电能表		防御外磁场能力为Ⅱ级

5.2 功率表

5.2.1 原理

用于测量功率的电动式仪表，称为电动式功率表。功率表接入电路的情况如图 5-1 所示。

功率表测量机构由两组线圈组成：电流线圈（固定线圈）和电压线圈（可动线圈）。电流线圈与被测对象串联，此时 $I_1=I$；电压线圈串接一个很大的电阻 R 后与被测对象并联，电流 $I_2=\dfrac{U}{R}$，即 I_2 与 U 成正比，且相位相同，所以 I_1 和 I_2 之间的相位差角 φ_{12} 等于电流 I 和电压 U 之间的相位差角 φ。

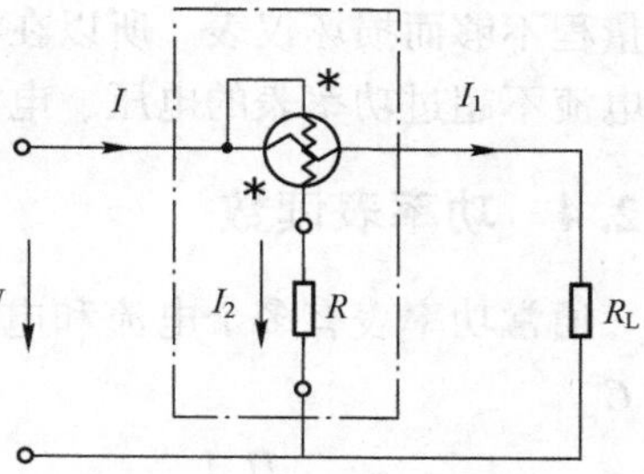

图 5-1　功率表接入电路

即　　　　　$I_2\propto U$，$\varphi_{12}=\varphi$

仪表指针的偏转角

$$\alpha\propto I_1 I_2 \varphi_{12}=IU\cos\varphi=P$$

5.2.2 接线规则

电动式仪表的转矩方向与两线圈中电流方向有关。因此功率表的接线要遵守“电源端”。

“电源端”（也称为“同名端”“对应端”）在仪表外部的接线柱旁边，用符号“ * ”“±”表示。接线时，要使电流线圈的“ * ”端和电压线圈的“ * ”端接到电源的同一极性上，从而保证电流都从该端子流入。按此原则，功率表的正确接线有电压线圈前接和电压线圈后接两种方式，如图 5-2 所示。

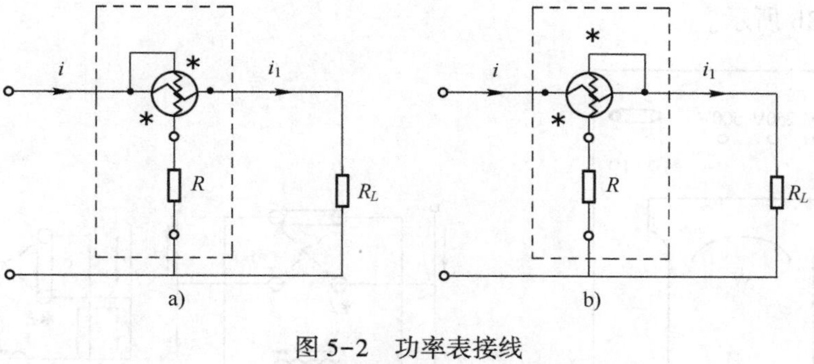

图 5-2　功率表接线

a）电压线圈前接　b）电压线圈后接

5.2.3 量程选择

功率量程等于电压量程和电流量程的乘积。

即 $$P_m = U_m I_m$$

P_m为仪表满刻度偏转时的功率值。

因此功率表量程包括电流、电压和功率三个量程。选择功率表量程也就是要正确选择功率表中的电流线圈量程和电压线圈量程。

使用功率表时，必须使功率表的电压线圈量程大于或等于被测电路中的电压值，电流线圈量程大于或等于通过电流线圈的电流值，这样所测的功率$P \leqslant P_m$。反之，如果只注意测量功率的量程是否合适，而忽视了电压量程和电流量程选择是否正确，则有可能由于电流或电压量程不够而损坏仪表。所以在测量功率时，通常同时接入电压表和电流表，监视负载电压和电流不超过功率表的电压、电流量程。

5.2.4 功率表读数

通常功率表有多个电流和电压量程，因而在不同量程下使用时需计算出相应的仪表常数 C。

$$C = \frac{U_m I_m}{\alpha_m} \ (\mathrm{W/div}) \quad (此公式只适用 \cos\varphi = 1 的普通功率表)$$

式中 U_m、I_m分别为所选的电压量程和电流量程额定值；α_m为功率表标度尺满刻度格数。

则被测功率 $$P = Ca \ (\mathrm{W})$$

式中，a 为指针偏转格数。

例：若选用功率表电压量程为 250 V，电流量程 1 A，其标度尺满刻度格数为 125 格。

则： $$C = \frac{U_m I_m}{\alpha_m} = \frac{250 \times 1}{125} = 2 (\mathrm{W/div})$$

测量时若指针指在 60 div，则被测功率为 $P = 2 \times 60 = 120 (\mathrm{W})$。

5.2.5 功率表外观图

常见的功率表外观有两种，见图 5-3a、图 5-4。其中 D26-W 型单相功率表电流量程选择装置如图 5-3b 所示。

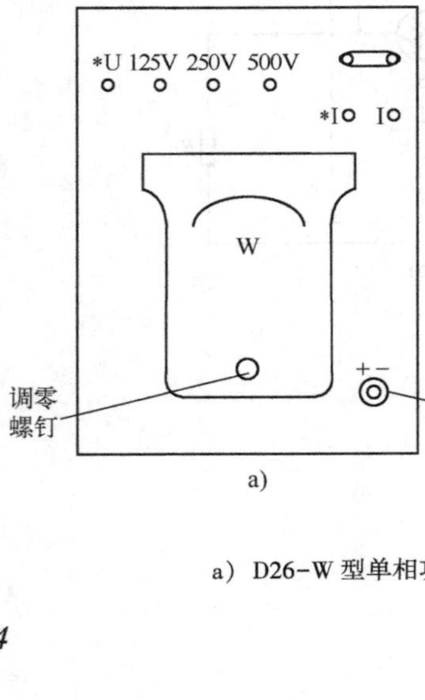

a)

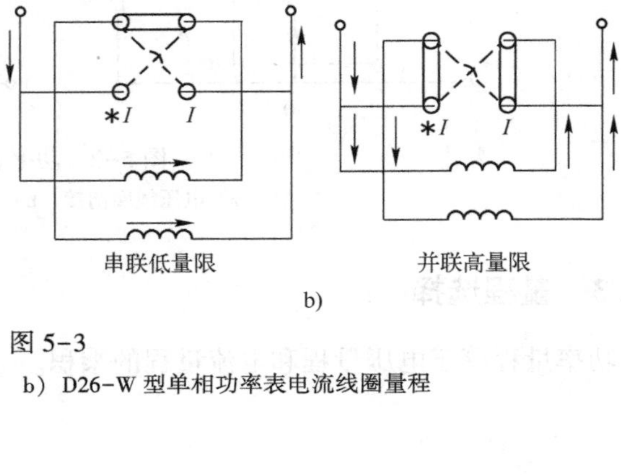

b)

图 5-3

a）D26-W 型单相功率表外观图 b）D26-W 型单相功率表电流线圈量程

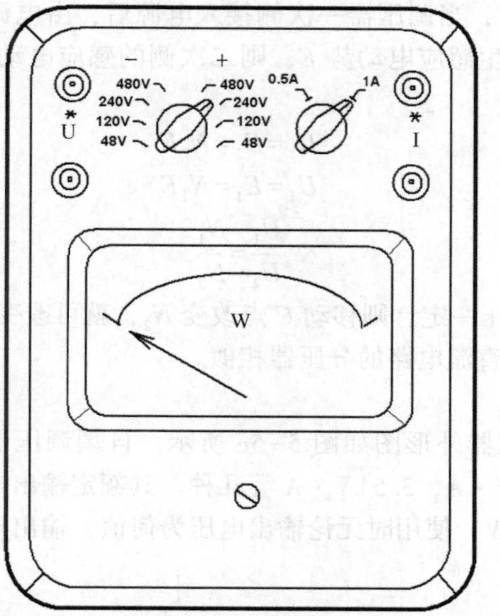

图 5-4　D51 型单相功率表外观图

5.3　元件标称值及单相自耦调压器

5.3.1　元件标称值

在电路实验中，除测试使用的各种仪表和电子仪器外，还常用到滑线电阻、电感、电阻箱和调压器，由于使用目的和使用条件不同，在使用这件元器件前应看清其标称值或铭牌后方可使用。

元器件上的标称值内容一般为该元件的物理量，如额定电压值、额定电流值以及型号等，电解电容还另标有“正”“负”极性。在使用时无论元器件如何连接，都不要使通过它们的电流和加在它们两端的电压超过额定值。如一滑线变阻器铭牌上标有 200 Ω/2 A，表示阻值在 0~200 Ω 内可调，电阻值允许通过的电流为 2 A。

5.3.2　单相自耦调压器

调压器也称调压变压器或自耦变压器，有单相与三相之分。电路实验中常用的多为单相调压变压器。它用于在单相交流电路中输出 0~250 V 连续可调的电压，供给需要改变电源电压的负载使用。

1. 结构

单相自耦式调压变压器是在环形铁心上均匀绕制的一组线圈，在其上部端面上，把漆包线的漆刮去一部分使铜线露出，用电刷 C 与之接触。如图 5-5a 所示，电刷通过组成件与转柄相连，旋转转柄即可改变输出电压。

2. 原理

自耦调压器的原理如图 5-5b 所示。A、X 为一次侧，匝数为 N_1，a、x 为二次侧，匝数

为 N_2。根据电磁感应定律，当调压器一次侧接入电源后，由电源产生磁通 ϕ。当磁通 ϕ 随时间交变时，每匝线圈产生感应电动势 E，则二次侧的感应电动势为 N_2E，结果在 a、x 端产生电压 U_2，其值为

$$U_2=E_2=N_2E$$

同理有

$$U_1=E_1=N_1E$$

由此可见：

$$\frac{U_1}{U_2}=\frac{N_1}{N_2}$$

若 A、X 所接电源电压一定，则移动 C 点改变 N_2，就可改变 a、x 端的输出电压。

调压器的工作方式与直流电路的分压器相似。

3. 外形图

实验中所使用的调压器外形图如图 5-5c 所示。自耦调压器的额定容量有 200 V · A，500 V · A，1 kV · A，2 kV · A，3.5 kV · A 等几种。其额定输出电流 I_N 为额定容量 S_N 与额定电压之比，即 $I_N=S_N/220\,\mathrm{V}$，使用时无论输出电压为何值，输出电流都不能超过额定值。

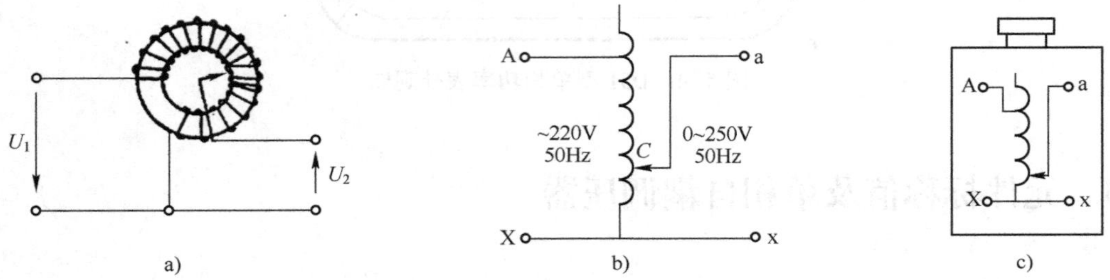

图 5-5　单相自耦调压器

a）调压器结构图　b）调压器原理图　c）调压器外形图

4. 使用注意事项

1）一次侧接电源，二次侧接负载，不得接反，否则会烧毁调压器。

2）二次侧输出电流，不得大于调压器的额定值。

3）为使用安全，调压器接线时要求把一、二次侧的公共端，即图 5-5b 中的 X、x 端接电源零线。

4）调压器接电源前，须将手柄转回零位，使输出电压为零。

5.4 数字万用表

5.4.1 DM3058 数字万用表

1. 概述

DM3058 是一款 5½位双显数字万用表，集基本测量功能（直流电压、直流电流、交流电压、交流电流、电阻、电容、频率等）、多种数学运算功能及任意传感器测量等功能于一身。拥有高清晰的 256×64 点阵单色液晶显示屏，易于操作的键盘布局和清晰的按键背光和操作提示，同时支持 RS-232、USB、LAN 和 GPIB 接口。

2. 面板图

DM3058 前面板图如图 5-6 所示，后面板图如图 5-7 所示。

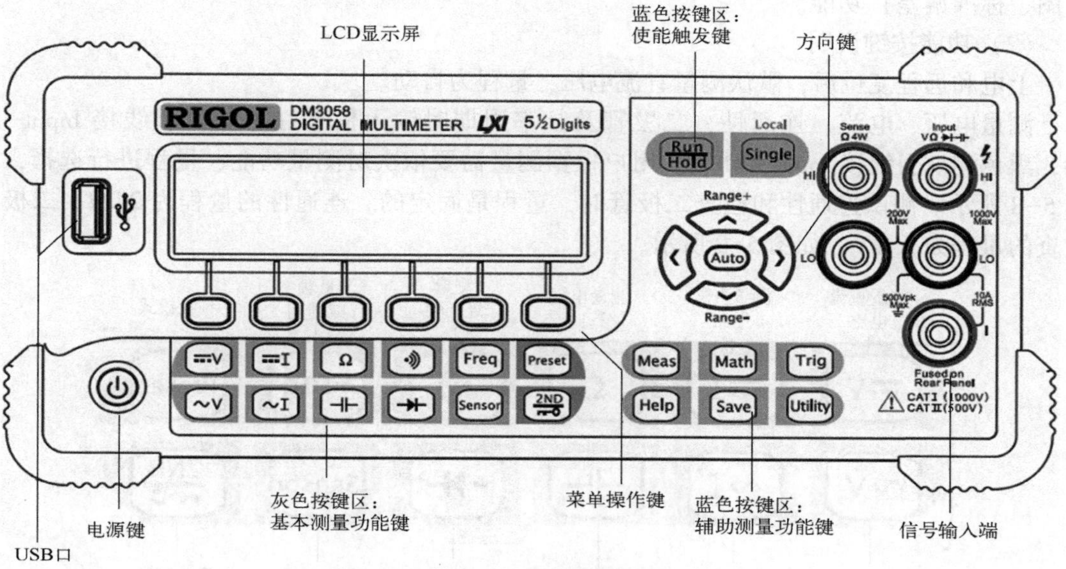

图 5-6 DM3058 前面板图

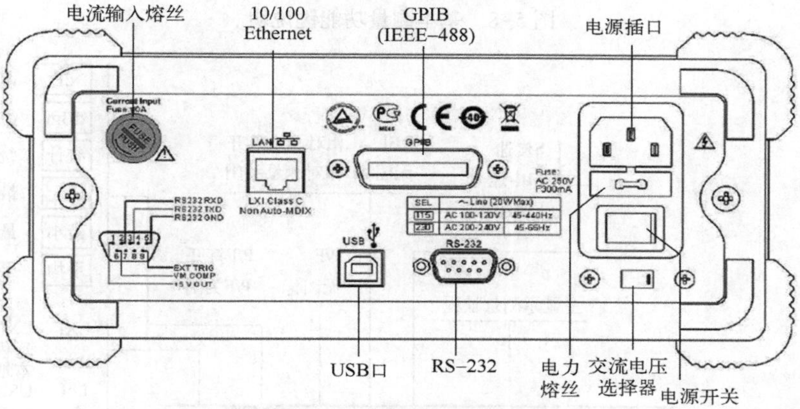

图 5-7 DM3058 后面板图

3. 功能说明

(1) 主要功能

1）三种测量速度：2. 5 reading/s、20 reading/s 和 123 reading/s；

2）测量功能及测量范围见表 5-2。

表 5-2 测量功能及测量范围

测量功能	量 程	测量功能	量 程
直流电压	200 mV ~ 1000 V	2、4 线电阻	200 Ω ~ 100 MΩ
直流电流	200 μA ~ 10 A	电容	2 nF ~ 10000 μF
交流电压（True-RMS）	200 mV ~ 750 V	频率	20 Hz ~ 1 MHz
交流电流（True-RMS）	20 mA ~ 10 A		

DM3058还具有连通性和二极管测试及任意传感器测试功能（内置热电偶冷端补偿），并具备丰富的数学运算（最大值、最小值、平均值、通过/失败、dBm、dB、相对测量、直方图、标准偏差）功能。

（2）功能按键说明

上电和远程复位后，默认测量直流电压，量程为自动。

测量电压、电流、连通性、二极管及频率周期时输入信号红色测试引线接 Input-HI 端，黑色测试引线接 Input-LO 端。用户根据测量需要依次对测量功能、量程进行选择，如图 5-8 所示。测试连通性和检查二极管时，量程是固定的。连通性的量程为 2 kΩ，二极管检查的量程为 2.4 V，如图 5-9 所示。

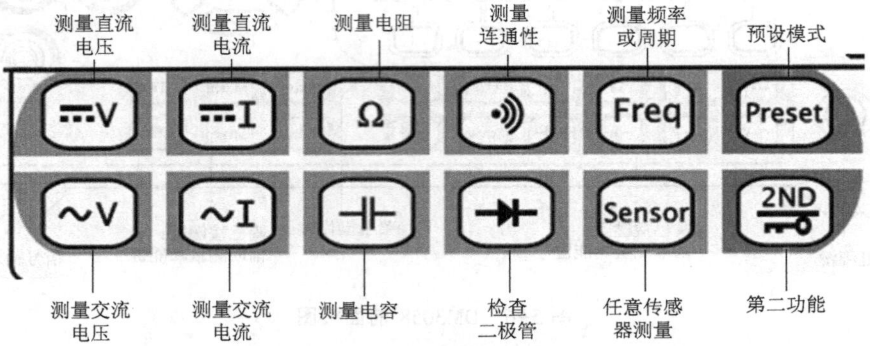

图 5-8　基本测量功能键说明

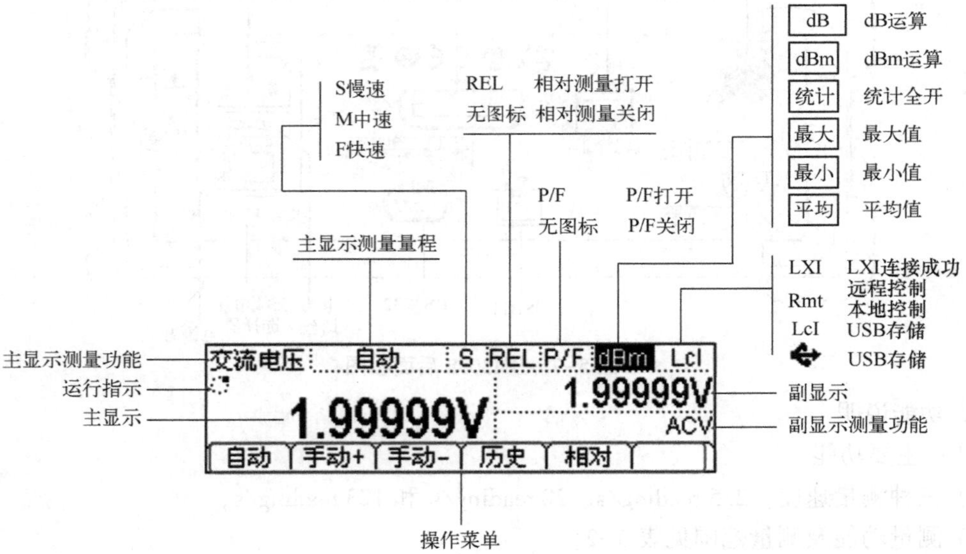

图 5-9　双显界面

DCV、ACV、DCI、ACI 和 OHM 功能三种读数速率可选。量程及测量速率选择键如图 5-10 所示。2.5 reading/s 时对应 5.5 位读数分辨率；20 reading/s 和 123 reading/s 时对应 4.5 位读数分辨率；二极管和连通性功能固定为 4.5 位读数分辨率；Freq 功能固定为 5.5 位读数分辨率。

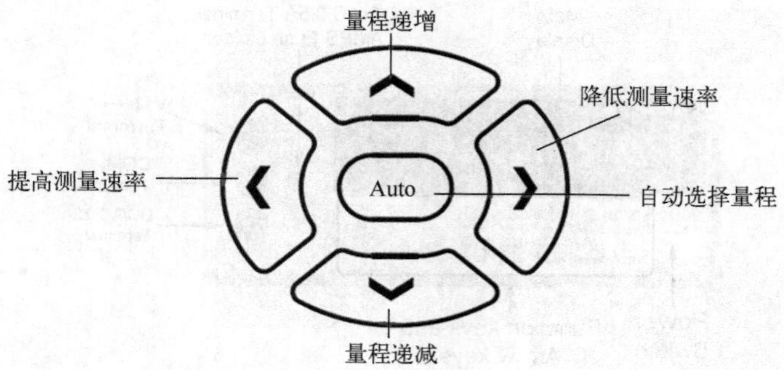

图 5-10　量程及测量速率选择键

4. 使用举例

直流电压测量举例

1）按下前面板的[⎓V]键。

2）将红色测试引线接 Input-HI 端，黑色测试引线接 Input-LO 端。

3）根据测量电路的电压范围，选择合适的电压量程。

4）读取测量值。读取测量结果时，可使用左右方向键选择测量（读数）速率。

5.4.2　GDM8341 数字万用表

1. 概述

GDM8341 是一款 5 位便携式的双显数字万用表，具备测量直流电压、测量交流电压、测量直流电流、测量交流电流、测量二线或四线电阻、测量电容、测试连通性、测试二极管、测量频率或周期、测量温度等功能。

2. 功能参数

50,000 计数显示，VFD 显示屏

- 双测量/双显示功能。
- 测量速度可选择，最高可达 40 读值/s。
- 直流电压（DCV）基本精确度：0.02%。
- 可选择自动/手动换档。
- 真有效值测量（AC，AC+DC）。
- 10/11 种基本测量功能。
- 高级测量功能：最大值/最小值、REL/REL#、Math、Compare、Hold、dB、dBm。
- 标配 USB 接口，可与计算机连线控制。

3. 功能介绍及使用

GDM8341 的前面板图如图 5-11 所示。

（1）主显（Main Display）

主显用来显示测量结果和参数，如图 5-12 所示。

（2）如何使用仪器

1）测试端口

各测量端口及说明如图 5-13 所示。

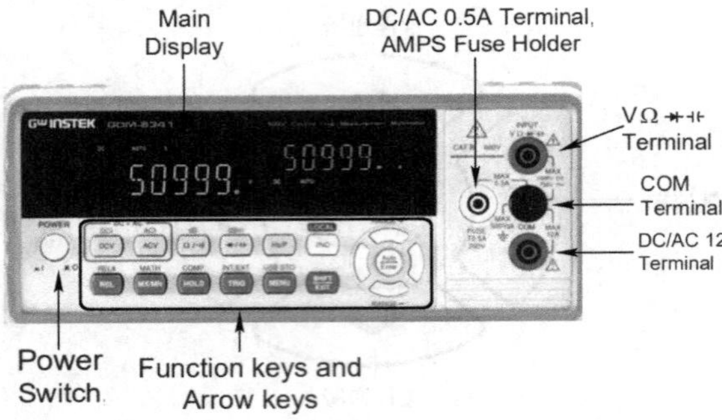

图 5-11　GDM8341 前面板图

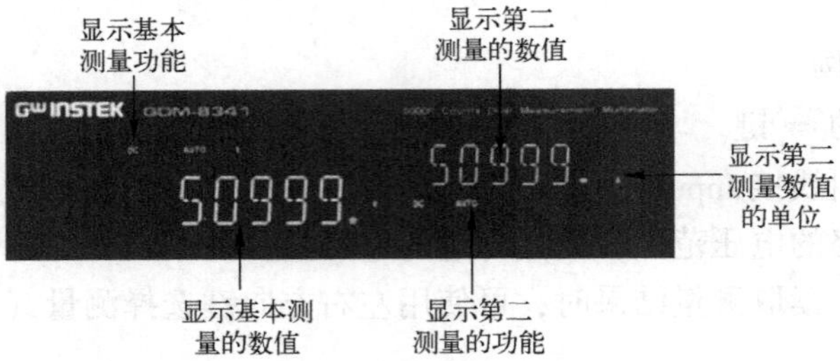

图 5-12　显示屏图

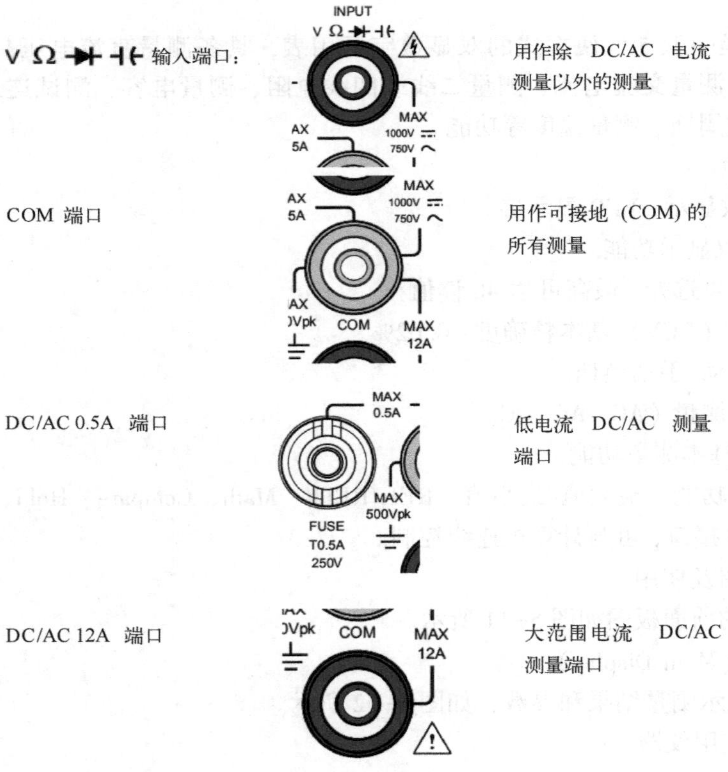

图 5-13　测量端口

2）显示及测量操作键（Function Status Icons）

图 5-14 为显示及测量操作按键区，最上面的测量键是用作万用表测量，例如电压、电流、电阻、电容、频率等。最下面的测量功能用于更为精确的测量。每个按键都有第一功能和第二功能。第二功能的使用需要同时按下 SHIFT 按键。

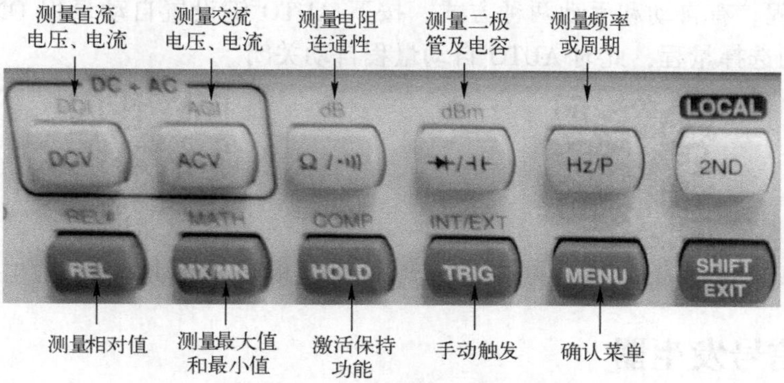

图 5-14　显示及测量操作按键区

3）操控菜单

操控菜单如图 5-15 所示。

菜单系统包括上、下、左、右，以及自动/输入键和 SHIFT/EXIT 键，按下 MENU 键后可以通过左右键操控当前菜单界面，而按上下键会进入之前的菜单界面，按下或进入最后一个菜单的项目能够让你对特定的项目编辑设定和参数。如果设定和参数在闪烁时，这说明特定参数正在被编辑，按下左键或者右键允许选择一个数字和字符进行编辑，按下上键或下键允许对所选的字符进行编辑，按下 EXIT 键，将退出当前的设置并返回到上一级菜单。

4. 使用举例

（1）AC/DC 电压测量

GDM-8341 能够测量 0~750 V 交流电压或 0~1000 V 直流电压，如图 5-16 所示。

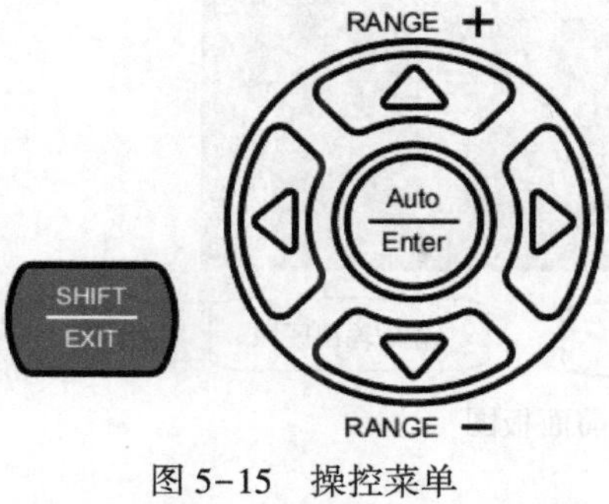

图 5-15　操控菜单

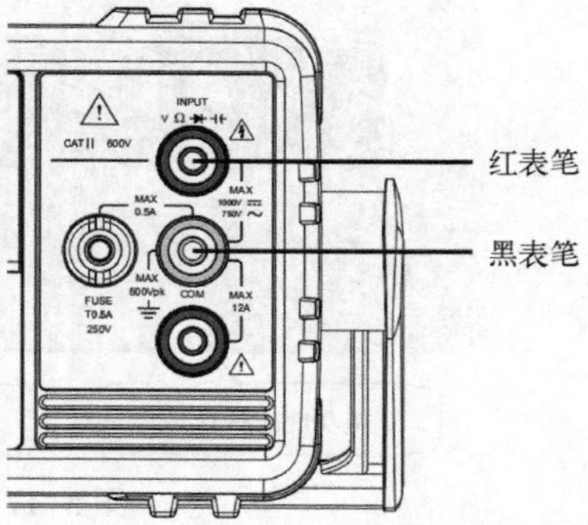

图 5-16　AC/DC 电压测量连线示意图

1）测试时连接 V 和 COM 端口的测试表笔，显示屏会自动更新读数。

2）根据测量信号按下 DCV 或 ACV 键来测量 DC 或 AC 电压。

3）选择量程。有自动和手动两种方式，按下 AUTO 键设置自动量程 ON/OFF，也可用上、下按键手动选择量程，此时 AUTO 自动量程关闭。

（2）电阻测量

1）测试时连接 Ω 和 COM 端口的测试表笔（与电压测量接线相同），显示屏会自动更新读数。

2）根据测量信号按下 Ω 键来测量电阻。

3）选择量程。有自动和手动两种方式，按下 AUTO 键设置自动量程 ON/OFF，也可用上、下按键手动选择量程，此时 AUTO 自动量程自动关闭。

视频 14：DM3058 数字万用表　　视频 15：GDM8341 数字万用表

5.5 函数信号发生器

5.5.1 EE1410 函数信号发生器

1. 概述

EE1410 合成函数信号发生器是采用 DDS（直接数字合成）技术的一种精密测试仪器，输出信号的频率稳定度等同于内部晶体振荡器，使测试更加准确；内部输出正弦波、方波、脉冲波、三角波、锯齿波、TTL/CMOS、AM 波及 FM 波、FSK、BPSK、BURST、扫频等 30 多种波形，内嵌 1.5 G 计数器。

2. 面板说明

EE1410 前面板图如图 5-17 所示。

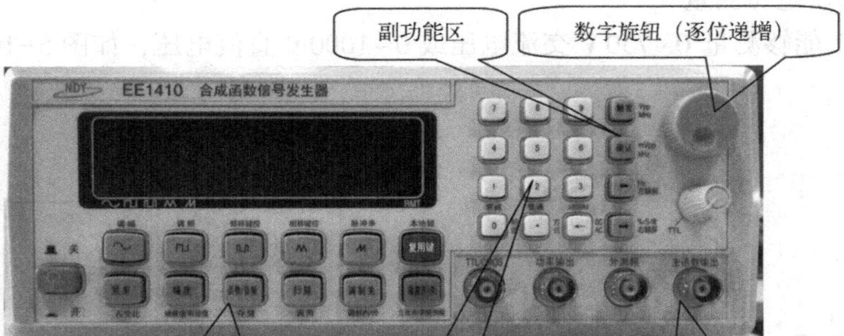

图 5-17　EE1410 前面板图

（1）输入/输出区域

输入/输出区域如图 5-18 所示。

TTL/CMOS 输出：当选择内部调制源时，该端口提供 1 kHz 的音频调制信号输出，当选择外调制时输出为主函数的同步信号（主信号为方波、脉冲波时），信号电平为标准 TTL 或 CMOS 电平。

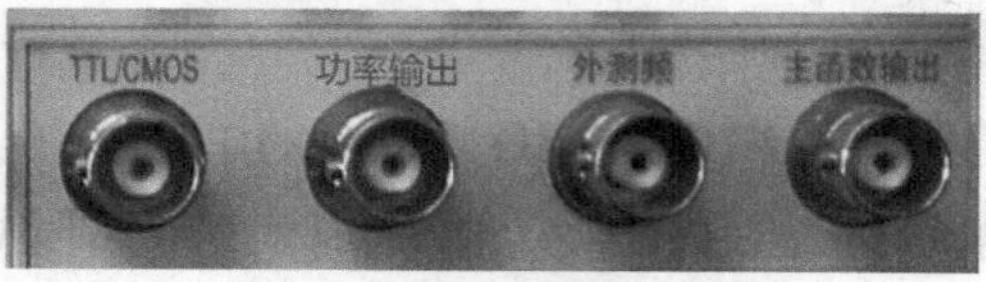

图 5-18　输入/输出区域

功率输出：功率输出端口，输出频率范围为 1 Hz~100 kHz 的正弦波。

外测频：外测量信号输入端口。

主函数输出：信号输出端口。

（2）主功能选择区域（第一功能）

主功能选择区域的按键如图 5-19 所示。

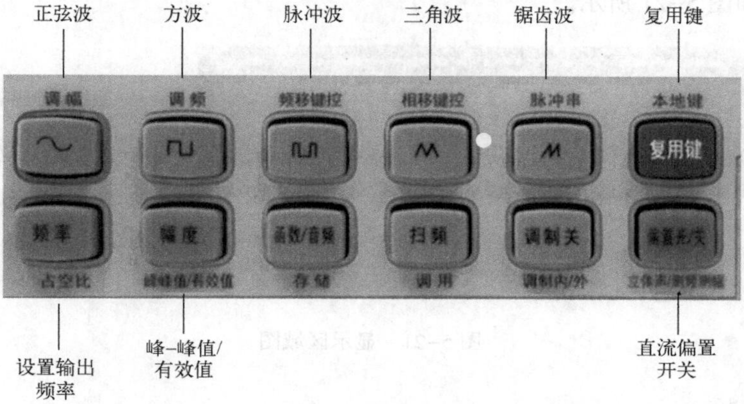

图 5-19　主功能选择按键

注意：在使用按键的第二功能时需要按住“复用键”不放，然后再按需要的功能键。

例如：设置幅度为有效值时，需按住“复用键”不放，然后再按“幅度”键，此时幅度显示区域显示为“rms”。

（3）副功能区和数字区

副功能区和数字区如图 5-20 所示。

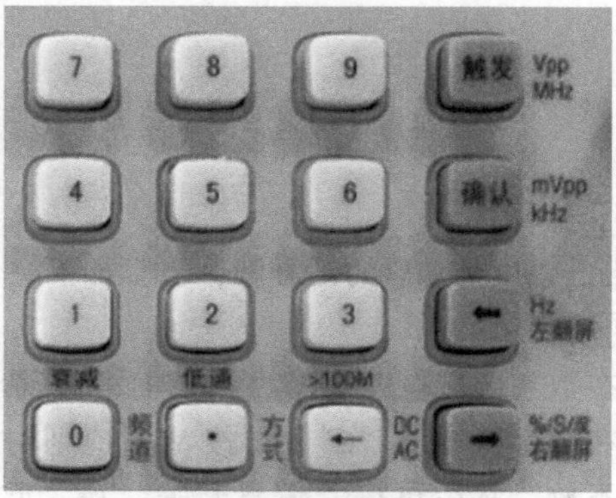

图 5-20　副功能区和数字区

[1]至[9]　数字输入键，用于输入数字 1~9。

[触发 Vpp MHz]　频率输入时的单位（MHz）、幅度输入时的单位（V）。

[确认 m Vpp kHz]　频率输入时的单位（kHz）、幅度输入时的单位（mV），辅助功能编码器状态确认键。

[⇦ Hz 左翻屏]　频率输入时的单位（Hz），辅助功能为左翻屏。

[⇨ %/S/度 右翻屏]　占空比，扫描时间，相位输入时的单位，辅助功能为右翻屏。

[← DC AC >100M]　在输入数字时进行退格操作，辅助功能为在进入外测频时选择信号频率是否大于100 MHz，外测幅时进行交直流选择。

3. 显示区域

显示区域如图 5-21 所示。

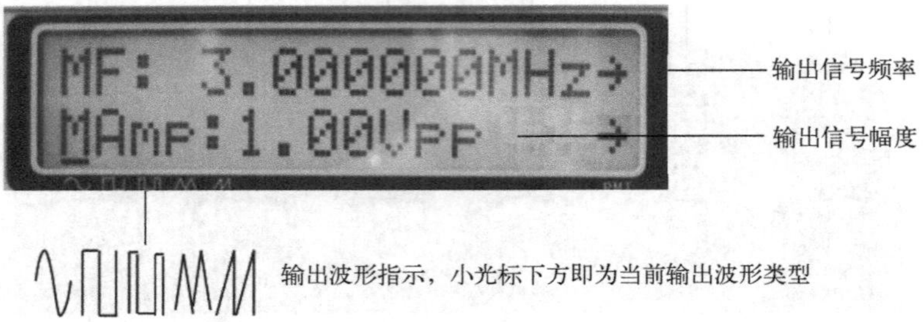

图 5-21　显示区域图

4. 使用举例

(1) 输出频率为 1 kHz，峰-峰值为 2 V 的正弦波，步骤如下。

1) 选择输出正弦波，按[∿]。

2) 按“频率”键，先在数字区域按“1”，再按 Hz 对应副功能区按键[确认]。

3) 按“幅度”键，此时输出电压显示为“数字+Vpp”。

4) 先在数字区域按“2”再按 V 对应副功能区按键[触发]。

(2) 输出频率为 1 kHz，有效值为 2 V 的正弦波，步骤如下。

1) 同（1）中的 1)。

2) 同（1）中的 2)。

3) 先按住“复用键”不放，然后再按“幅度”键，此时输出电压显示为“数字+Vrms”。

4) 同（1）中的 4)。

(3) 输出频率为 400 Hz，幅度为 2 V 的正方波，步骤如下。

1) 选择输出方波，按[⊓⊔]。

2) 按“频率”键，先在数字区域按“400”，再按 Hz 对应副功能区按键[⇦]。

3) 按“幅度”键，先在数字区域按“2”，再按 V 对应副功能区按键[触发]。

4) 先按住“复用键”不放，然后再按“偏置开关”键，此时显示栏显示“Offset ADJ ON”。

5）调节“数字旋钮”改变偏置电压值（此步骤需配合示波器完成），使得示波器零电位线与方波的最低电平重合。

5. 性能指标

各类性能指标及其说明见表 5-3。

表 5-3 性能指标说明

序号	主要性能指标
1	输出波形：正弦波、方波、脉冲波、三角波、锯齿波、TTL/CMOS、50 Hz AM 波及 FM 波、FSK、BPSK、BURST、扫频等 30 多种波形
2	正弦波输出频率：0.01 Hz~30 MHz
3	方波、脉冲波、TTL 波输出频率：0.01 Hz~10 MHz
4	三角波、锯齿波输出频率：0.01 Hz~100 kHz
5	正弦波 10 W 功率输出，频率范围：1 Hz~100 kHz
6	TTL/CMOS 电平可调输出
7	独立的 50 Hz 输出
8	输出幅度：1 mVpp~10 Vpp（50 Ω 负载），2 mVpp~20 Vpp（1 MΩ 负载）
9	幅度可切换显示峰-峰值和有效值
10	频率稳定度：1 PPm
11	正弦波失真度：≤0.1%
12	占空比：10%~90%
13	方波沿：≤30 ns
14	直流偏置调节：±10 Vpp
15	输出方式：点频、扫频、调幅、TTL/CMOS、内/外调频、内/外调幅、内/外 BURST、FSK、BPS
16	频率计测频范围：1 Hz~100 MHz
17	LCD 频率、幅度同时显示
18	存储调用功能
19	短路和过载输出保护功能

5.5.2 SDG2102X 函数信号发生器

1. 概述

SDG2102X 系列双通道函数/任意波形发生器，最大带宽 100 MHz，采样系统具备 1.2 GSa/s 采样率和 16-bit 垂直分辨率的优异指标，可以产生调制、扫频、Burst、谐波发生、通道合并等多种复杂的波形。

2. 面板说明

SDG2102X 面板图如图 5-22 所示。

3. 触屏显示区

信号发生器只能显示一个通道的参数和波形。图 5-23 所示为 CH1 选择正弦波的 AM 调制时的界面。基于当前功能的不同，界面显示的内容会有所不同。

1）波形显示区：显示各通道当前选择的波形。

2）通道输出配置状态栏：指示当前通道的选择状态和输出配置。

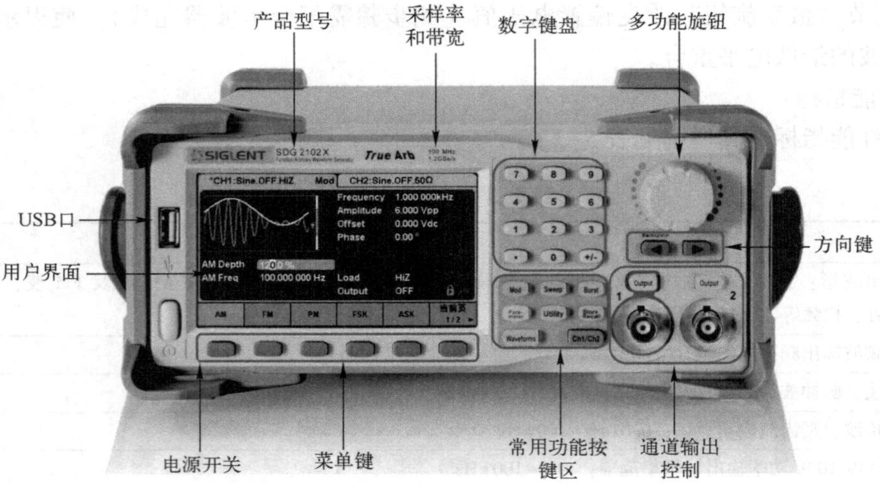

图 5-22　SDG2102X 面板图

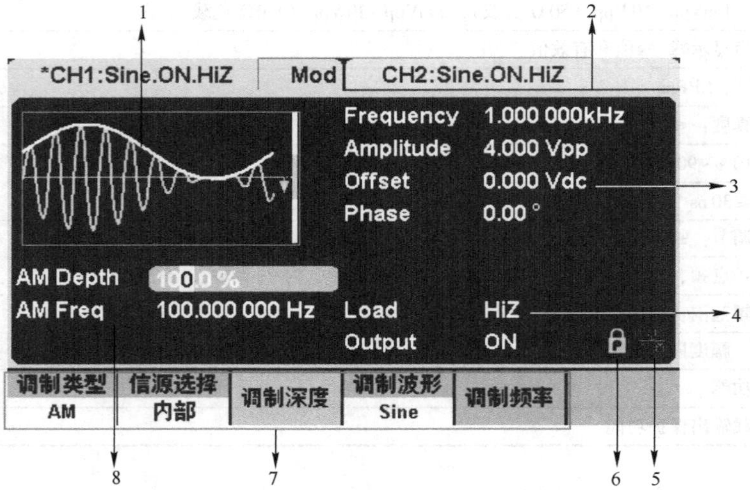

图 5-23　CH1 选择正弦波的 AM 调制时的界面

3）基本波形参数区：显示各通道当前波形的参数设置。

4）通道参数区：显示当前选择通道的负载设置和输出状态。

5）网络状态提示符：给出当前网络的连接状态提示。

6）模式提示符：给出当前模式（相位锁定、独立通道）的提示。

7）菜单：显示当前已选中功能对应的操作菜单。

8）调制参数区：显示当前通道调制功能的参数。

4. 系统功能设置简介

（1）波形选择设置

点击触屏显示区的波形显示区屏幕，Waveforms 按键灯变亮，在 Waveforms 操作界面下的波形选择按键设置需要的波形。再设置频率/周期、幅值/高电平、偏移量/低电平、相位，可以得到不同参数的正弦波。如图 5-24 为频率 1 kHz，峰-峰值 4 V 的正弦波的界面。

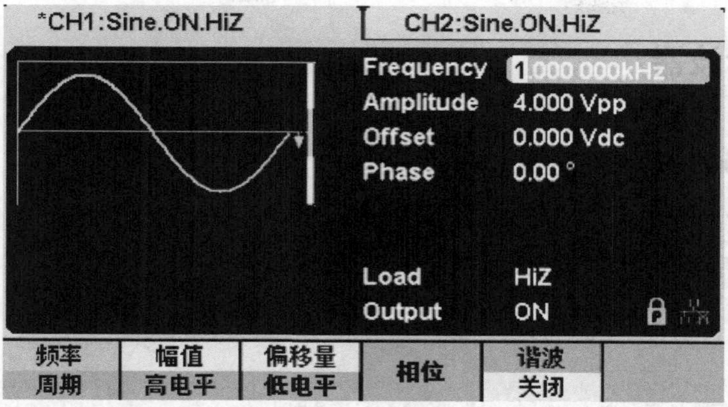

图 5-24　正弦波界面

（2）通道输出控制

使用“Output”按键，将开启/关闭 前面板的输出接口的信号输出。选择相应的通道，按下“Output”按键，该按键灯被点亮，同时打开输出开关，输出信号；再次按“Output”按键，将关闭输出。长按“Output”按键可在“50 Ω ”和“HiZ”之间快速切换负载设置。

（3）常用功能按键

Waveforms：用于选择基本波形。

Utility：用于对辅助系统功能进行设置。

Parameter：用于设置基本波形参数，方便用户直接进行参数设置。

Ch1/Ch2：用于切换 CH1 或 CH2 为当前选中通道。开机时，仪器默认选中 CH1。

5. 使用举例

（1）输出端 1：输出频率为 1 kHz，峰-峰值为 2 V 的正弦波，步骤如下。

1）按“Waveform”键，选择输出正弦波（Sine）。

2）按“频率”键，再在数字区域按“1”，然后按 kHz。

3）按“幅度”键，在数字区域按“2”，然后按 Vpp。

4）按输出端口 1 处“output”键，使其点亮。

（2）输出端 2：输出频率为 400 Hz，幅度为 2 V 的正方波，步骤如下。

1）按“Waveform”键，选择输出“方波（Square）”。

2）按“Parameter”键，选择“频率”，在数字区域按“400”，再按 Hz。

3）按“幅度”键，在数字区域按“2”，再按 Vpp。

4）按“偏移量”键，在数字区域按“1”，再按 Vdc。

5）按输出端口 2 处的“output”键，使其点亮。

视频 16：EE1410 函数信号发生器　　　　视频 17：SDG2042X 任意波形发生器

5.6 数字示波器

5.6.1 TDS1002 数字示波器

1. 面板说明

TDS1002 数字实时示波器的面板图如图 5-25 所示。

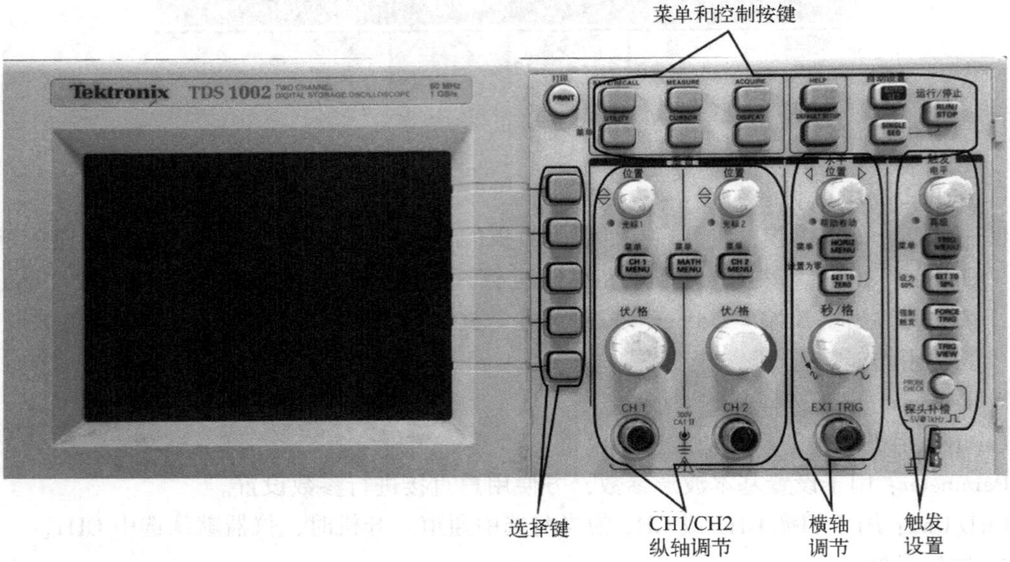

图 5-25 TDS1002 面板图

(1) 主要控制钮的名称和作用

- CH1 和 CH2：通道 1 和通道 2 的垂直输入端，EXT TRIG 为外触发输入端。
- 伏/格（VOLTS/DIV）：垂直轴电压灵敏度调节开关。用于改变 CH1（或 CH2）输入信号 Y 轴幅度。
- MATH 菜单（数学值功能）：显示波形数学操作菜单，还可用来打开或关闭数学波形。
- CH1（或 CH2）菜单（MENU）：用来显示两通道波形的输入耦合方式、带宽及衰减系数等，并控制波形的接通和关闭。

其中两通道波形输入耦合方式分为：交流、直流、接地。

交流：输入信号的直流分量被抑制，只显示交流分量。

直流：输入信号的直流分量和交流分量同时显示。

接地：输入信号端被接地。

- HORIZONTAL（水平功能表）：用来改变时基和水平位置，并在水平方向放大波形。视窗区域由两个光标界定，通过水平控制旋钮调节。视窗用来放大一段波形，但视窗时基不能慢于主时基。当波形稳定后，可用秒/格旋钮来扩展或压缩波形，使波形显示清晰。

- LEVEL HOLDOFF（触发电平和释抑）：触发电平和释抑时间双重控制旋钮。作为触发电平控制时，它设定触发信号应满足的振幅和波形范围，以便使波形稳定地显示。作为释抑控制时，它设定下一个触发事件之前的时间值，稳定显示非周期性波形。
- TRIGGER MENU（触发功能菜单）：显示触发功能菜单。触发方式分边沿触发和视频触发两种。

1）触发状态分自动、正常、单次 3 种。当“秒/格”置“100 ms/格”或更慢，并且触发方式为自动时，仪器进入扫描获取状态。这时波形自左向右显示最新平均值。在扫描状态下，没有波形水平位置和触发电平控制。

触发信号耦合方式分交流、直流、噪声抑制、高频抑制和低频抑制 5 种。高频抑制时衰减 80 kHz 以上的信号，低频抑制时阻挡直流并衰减 300 kHz 以下的信号。

2）视频触发是在视频行或场同步脉冲的负边沿上触发，若出现正向脉冲，则选择反向奇偶位。

- ACQUIRE（获取）：显示获取功能菜单。按 ACQUIRE（获取）钮来设定获取方式。分取样、峰值检测、平均值检测 3 种。“取样”为预设置方式，它提供最快获取。“峰值检测”能捕捉快速变化的毛刺信号，并将其显示在屏幕上；“平均值”检测用来减少显示信号中的杂音，提高测量分辨力和准确度。平均次数可根据需要在 4、16、64 和 128 之间选择。
- AUTO SET（自动设置）：自动设定仪器各项控制值，以产生适宜观察的输入信号。
- SAVE/RECALL（存储/调出）：用来存储/调出仪器当前控制钮的设定值或波形，设置区有 1~5 个内存位置的存储/调出。存储的两个参考波形分别用 RefA 和 RefB 表示。调出的参考波形不能调整。
- MEASURE（测量）：显示自动测量功能菜单。可实现 5 种自动测量功能。按下顶部菜单框按钮以显示信源或类型菜单，从信源菜单中可选择待测量的信道；从类型菜单中可选择测量类型（频率、周期、平均值、峰-峰值、均方根值及无）。

对于参考波形和数值波形，在使用 XY 方式或扫描方式时，都不能进行自动测量。

- DISPLAY（显示）：显示功能菜单。用来选择波形的显示方式和改变显示屏的对比度。YT 方式显示垂直电压与水平时间的相对关系；XY 方式在水平轴上显示 CH1，在垂直轴上显示 CH2。
- CURSOR（光标）：显示光标功能菜单。用来显示测量光标和光标功能菜单。光标位置由垂直位移旋钮来调节，只有光标功能菜单显示时，才能移动光标，增量显示两光标的差值。光标位置的时间以触发水平位置为基准，电压以接地点为基准。
- UTILITY（辅助功能）：显示辅助功能菜单。通过按此钮可选择各系统所处的状态，如水平、波形、触发等状态。可进行自校准和选择操作语言。
- HARDCOPY（硬拷贝）：启动打印操作。可打印出显示图像，若要硬拷贝的功能生效，需要安装带有 Centronics、RS-232 或 GPIB 端口的扩展模块，并与打印机相连。
- RUN/STOP（启动/停止）：启动或停止波形的获取。
- 斜面钮：位于显示屏旁边的一排按钮，它与屏幕内出现的一组功能表对应，用来选择功能表项目。

• SET LEVEL TO 50%（设为 50%）：触发电平设定在触发信号幅值的垂直中点。
• FORCE TRIGGER（强行触发）：无论是否有足够的触发信号，都会自动启动获取。当采样停止时，此按钮无效。
• TRIGGER VIEW（触发观察）：按住触发源观察钮后，屏幕显示触发源波形，取代通道原显示波形。该按钮可用来查看触发设置（如触发耦合等）对触发信号的影响。

（2）显示区域信息（见图 5-26）

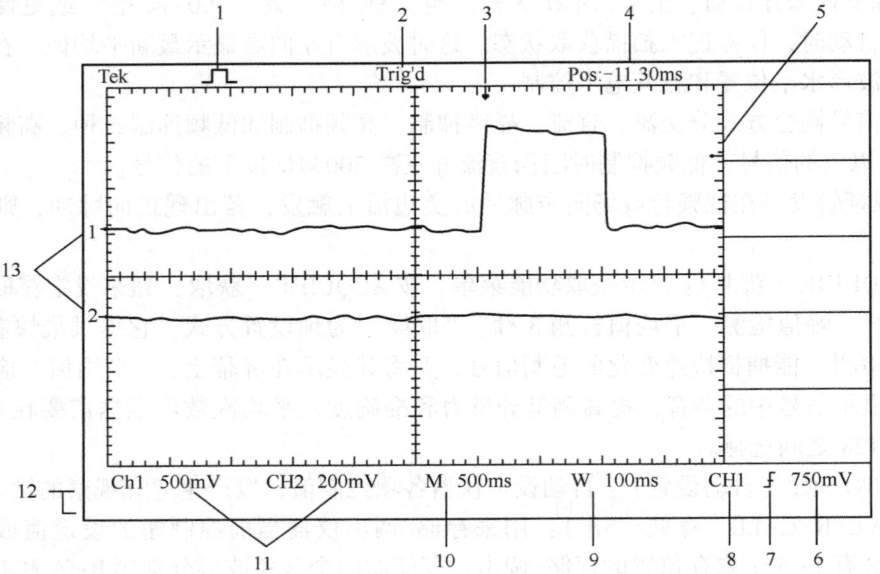

图 5-26 示波器显示屏

1）⎍ 表示获取状态，不同的图形表示不同的获取方式。

2）“Trig'd” 表示是否具有触发信号源或获取是否停止。

3）指针表示触发水平位置。

4）读数显示触发水平位置与屏幕中心线的时间偏差，屏幕中心处等于 0。

5）指针表示触发电平。

6）读数表示触发电平的数值。

7）图标表示边沿触发分辨率。

8）表示触发信源。

9）“W” 读数表示视窗时基设定值。

10）“M” 读数表示主时基设定值。

11）读数显示了 CH1 和 CH2 的垂直灵敏度“V/格”。

12）显示区短暂显示地线信息。

13）指针表示波形的接地基准点。如果没有表明通道的指针，就说明该通道没有被显示。

2. 应用举例

（1）用示波器观察正弦波

CH1 或 CH2 输入正弦波信号（以 CH1 为例）。

1）按 CH1 菜单中的“CH1 MENU”键。

2）按显示区域右侧“耦合”对应位置选择键，选择“交流”。

3）按下自动设置“AUTO”键。

4）调节 CH1“伏/格”和水平位置“秒/格”显示适合的图形，再进行后续的测量。

（2）测量正弦波频率及峰-峰值（在完成 1 的基础上）

1）光标法测量

● 测量频率

a）按下菜单区域有光标“CURSOR”键。

b）按显示区域右侧“类型”对应位置选择键，选择“时间”。

c）旋转光标 1、2（CH1/2 位置）旋钮，移动 2 条光标线至波形的周期起点和终点。在光标菜单中将显示时间增量和频率增量，即正弦波一个周期的时间和频率。

● 测量波形峰-峰值

a）按下菜单区域光标“CURSOR”键。

b）按显示区域右侧“类型”对应位置选择键，选择“电压”。

c）旋转光标 1、2（CH1/2 位置）旋钮，移动 2 条光标线至波形的最高点和最低点。在光标菜单中将显示两光标的幅度差值即为正弦波峰-峰值。

2）直接测量法

● 测量周期（频率）

a）读取波形周期的起点和终点水平间隔格数 H。

b）读取 X 轴灵敏度（主时基）M。

波形周期即为 $T=HM$。

● 测量波形峰-峰值

a）读取波形的最高点和最低点垂直间隔格数 K。

b）读取 CH1 的 Y 轴灵敏度 N。

波形峰峰值即为 $V_{PP}=KN$。

（3）XY 工作方式测量信号

1）CH1、CH2 输入正弦波。

2）按 CH1 菜单“CH1 MENU”键，按显示区域右侧“耦合”对应位置选择键，选择“交流”。

3）按 CH2 菜单“CH2 MENU”键，按显示区域右侧“耦合”对应位置选择键，选择“交流”。

4）按下自动设置“AUTO”键。

5）按菜单区域显示“DISPLAY”键。

6）按显示区域右侧“格式”对应位置选择键，选择“XY”。

（4）用示波器观察正方波

要求：方波信号输出频率为 500 Hz，幅度为 2 V。

正方波就是单极性的方波，其波形见图 5-27c，它可由一双极性方波（见图 5-27a），叠加一直流电压（见图 5-27b）得到。

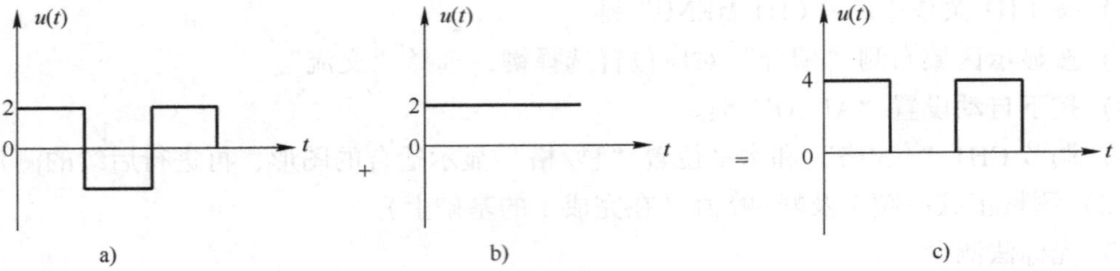

图 5-27

1）信号源选择波形——方波。

2）信号源设置频率 500 Hz。

3）信号源设置幅度 2 V。

4）示波器按 CH1 菜单“CH1 MENU”键，显示区域右侧“耦合”对应位置选择键，选择“直流”。

5）示波器按自动设置“AUTO”键。

6）示波器 设置 CH1 基准线位置（显示屏左边 1→位置）。

7）信号源偏置开关打开（ADJ ON）。

8）调节信号源数字旋钮，同时观测示波器图形直至输出正方波。

3. 主要技术指标

（1）垂直系统

1）频带宽度：DC 耦合 0 Hz～60 MHz；AC 耦合 10 Hz～60 MHz。

2）垂直灵敏度（V/格）：2 mV/格～5 mV/格，直流增益误差为±3%。

3）输入阻抗：电阻 1 MΩ，电容 2 pF。

4）上升时间：小于 5. 8 ns。

5）最大允许输入电压：300 V。

（2）水平系统

1）取样速率（次/秒，即 Sample/Second）：50 S/s～1 G/s。

2）记录长度：每个通道获取 2500 个取样点。

3）扫描时间：5 ns/格～5 s/格。

（3）标准信号输出

$$f=1\,\text{kHz},\ V_{pp}=5\,\text{V}\ 方波$$

视频 18：UT2102 数字示波器　　视频 19：正方波调节（基于 UT2102 数字示波器）

5. 6. 2　SDS1202X 数字示波器

1. 面板说明

SDS1202X 数字实时示波器的前面板如图 5-28 所示，其面板说明见表 5-4。

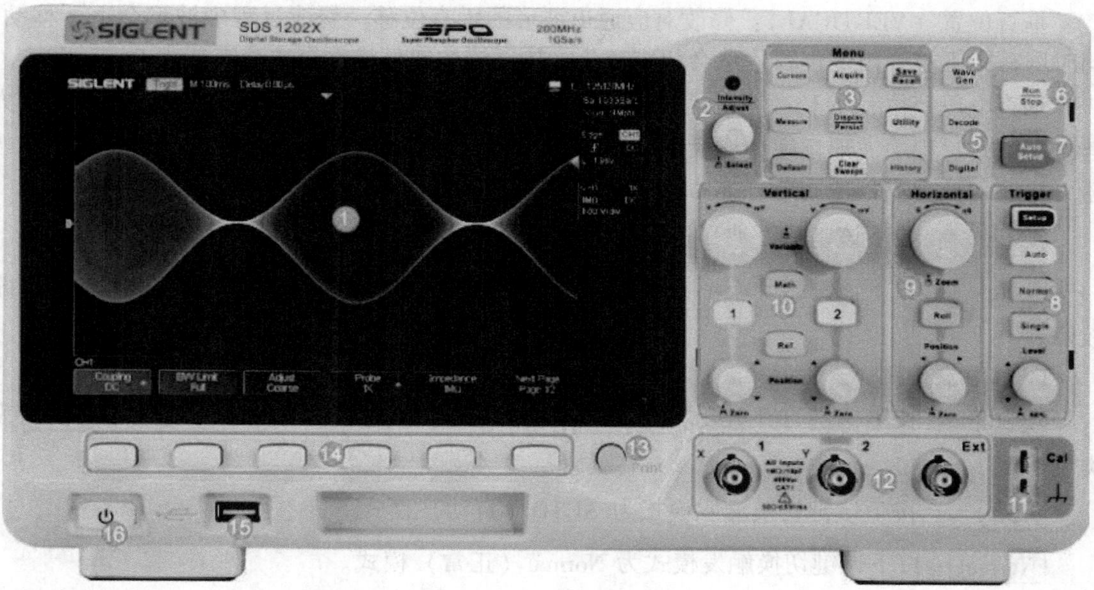

图 5-28　SDS1202X 面板图

表 5-4　SDS1202X 面板说明

编号	说　明	编号	说　明
1	屏幕显示区	9	水平控制系统
2	多功能旋钮	10	垂直通道控制区
3	自动设置常用功能区	11	补偿信号输出端/接地端
4	内置信号源	12	模拟通道输入端
5	解码功能选件	13	打印键
6	停止/运行	14	菜单软键
7	自动设置	15	USB 端口
8	触发控制系统	16	电源软开关

（1）水平控制

水平档位：修改水平时基档位。顺时针旋转减小时基，逆时针旋转增大时基。修改过程中，所有通道的波形被扩展或压缩，同时屏幕上方的时基信息相应变化。按下该按钮快速开启 Zoom 功能。

Roll：按下该键快速进入滚动模式。滚动模式的时基范围为 50 ms/div ~ 50 s/div。

水平位置（HORIZONTAL）：修改触发位移。旋转旋钮时触发点相对于屏幕中心左右移动。修改过程中，所有通道的波形同时左右移动，屏幕上方的触发位移信息也会相应变化。按下该按钮可将触发位移恢复为 0。

（2）垂直控制

1 2：两个模拟输入通道。通道标签用不同颜色标识，且屏幕中波形颜色和输入通道连接器的颜色相对应。按下通道按键可打开相应通道及其菜单，连续按下两次则关闭该通道。

垂直位置（VERTICAL）：修改对应通道波形的垂直位移。修改过程中波形会上下移动，同时屏幕中下方弹出的位移信息会相应变化。按下该按钮可将垂直位移恢复为 0。

垂直电压档位：修改当前通道的垂直档位。顺时针转动减小档位，逆时针转动增大档位。修改过程中波形幅度会增大或减小，同时屏幕右方的档位信息会相应变化。按下该按钮可快速切换垂直档位调节方式为“粗调”或“细调”。

Math：按下该键打开波形运算菜单。可进行加、减、乘、除、FFT、积分等运算。

Ref：按下该键打开波形参考功能。可将实测波形与参考波形相比较，以判断电路故障。

（3）触发控制

Setup：按下该键打开触发功能菜单。本示波器提供边沿、斜率、脉宽等丰富的触发类型。

Auto：按下该键切换触发模式为 AUTO（自动）模式。

Normal：按下该键切换触发模式为 Normal（正常）模式。

Single：按下该键切换触发模式为 Single（单次）模式。

触发电平 Level：设置触发电平。顺时针转动旋钮增大触发电平，逆时针转动减小触发电平。修改过程中，触发电平线上下移动，同时屏幕右上方的触发电平值相应变化。按下该按钮可快速将触发电平恢复至对应通道波形中心位置。

（4）运行控制

Auto Setup：按下该键开启波形自动显示功能。示波器将根据输入信号自动调整垂直档位、水平时基及触发方式，使波形以最佳方式显示。

Run Setup：按下该键可将示波器的运行状态设置为“运行”或“停止”。

“运行”状态下，该键黄灯被点亮。

“停止”状态下，该键红灯被点亮。

（5）功能菜单

Cursors：按下该键直接开启光标功能。示波器提供手动和追踪两种光标模式，另外还有电压和时间两种光标测量类型。

Display/Persist：按下该键快速开启余辉功能。可设置波形显示类型、色温、余辉、清除显示、网格类型、波形亮度、网格亮度、透明度等。选择波形亮度/网格亮度/透明度后，通过多功能旋钮调节相应亮度。透明度指屏幕弹出信息框的透明程度。

Utility：按下该键进入系统辅助功能设置菜单，设置系统相关功能和参数。

Measure：按下该键快速进入测量系统，可设置测量参数、统计功能、全部测量、Gate 测量等。测量可选择并同时显示最多任意五种测量参数，统计功能则统计当前显示的所有选择参数的当前值、平均值、最小值、最大值、标准差和统计次数。

Acquire：按下该键进入采样设置菜单。可设置示波器的获取方式（普通/峰值检测/平均值/增强分辨率）、内插方式、分段采集和存储深度（14K/140K/1.4M/14M/）。

Default：按下该键快速恢复至默认状态。系统默认设置下的电压档位为 1 V/div，时基档位为 1 μs/div。

Save recall：按下该键进入文件存储/调用界面。可存储/调出的文件类型包括设置文件、二进制数据、参考波形文件、图像文件、CSV 文件和 MATLAB 文件。

Clear Sweeps：按下该键进入快速清除余辉或测量统计，然后重新采集或计数。

History：按下该键快速进入历史波形菜单。

（6）多功能旋钮

1）调节波形亮度/网格亮度/透明度

Display/Persist→波形亮度，旋转该旋钮可调节波形亮度，亮度可调范围为 0%~100%。顺时针旋转增大波形亮度，逆时针旋转减小波形亮度。要调节网格亮度（可调范围 0%~100%）/透明度（20%~80%），需先按 Display/Persist→网格亮度/透明度，然后旋转多功能旋钮进行调节。

2）其他功能

进行菜单操作时，按下某个菜单软件后，若旋钮上方指示灯被点亮，此时转动该旋钮可选择该菜单下的子菜单，按下该旋钮可选中当前选择的子菜单，指示灯也会熄灭。另外，该旋钮还可用于修改 MATH、REF 波形档位和位移、参数值、输入文件名等。

2. 使用举例

（1）用示波器观察正弦波

CH1 或 CH2 输入正弦波信号（以 CH1 为例）。

① 按垂直通道控制区的 CH1 键。

② 按显示区域左下方“耦合”对应位置选择键，选择“交流”。

③ 按下自动设置“AUTO”键。

④ 调节 CH1 垂直电压档位旋钮和水平档位，显示适合的图形再进行后续的测量。

（2）测量正弦波频率及峰-峰值（在完成 1 的基础上）

1）光标法测量

• 测量频率

① 按下菜单区域光标“CURSOR”键，进入光标手动模式。

② 按显示区域下面光标手动模式右侧对应位置选择键，选择“X1”。

③ 旋转多功能旋钮将光标线 1 对准选择位置，按下多功能旋钮确定位置。

④ 旋转多功能旋钮将光标线 2 对准选择位置，按下多功能旋钮确定位置。

在显示屏下方将显示两光标的时间差值，显示屏右下方显示区中将显示时间增量和频率。

• 测量波形峰-峰值

① 按下菜单区域光标“CURSOR”键，进入光标手动模式。

② 按显示区域下面光标手动模式右侧对应位置选择键，选择“Y1”。

③ 旋转多功能旋钮将光标线1对准选择位置，按下多功能旋钮确定位置。

④ 旋转多功能旋钮将光标线2对准选择位置，按下多功能旋钮确定位置。

在显示屏下方将显示两光标的幅值差值，显示屏右下方显示区中将显示被测电压增量。

2）直接测量法

● 测量周期（频率）

① 读取波形周期的起点和终点水平间隔格数 H。

② 读取 X 轴灵敏度（主时基）M。波形周期即为 $T=HM$。

● 测量波形峰-峰值

① 读取波形的最高点和最低点垂直间隔格数 K。

② 读取 CH1 的 Y 轴灵敏度 N。波形峰-峰值即为 $V_{PP}=KN$。

（3）XY 工作方式测量信号

① CH1、CH2 输入正弦波。

② 按垂直通道控制区的 CH1 键，按显示区域右侧“耦合”对应位置选择键，按显示区域左下方“耦合”对应位置选择键，选择“交流”。

③ 按垂直通道控制区的 CH2 键，按显示区域右侧“耦合”对应位置选择键，按显示区域左下方“耦合”对应位置选择键，选择“交流”。

④ 按下自动设置“AUTO”键。

⑤ 按自动设置常用功能区“Acquire”键。

⑥ 按显示区域下方“XY 关闭”对应位置选择键，选择“XY 开启”。

（4）用示波器观察正方波

要求：方波信号输出频率为 500 Hz，幅度为 2 V。

正方波就是单极性的方波，其波形见图 5-29c，它可由一双极性方波（见图 5-29a），叠加一直流电压（见图 5-29b）得到。

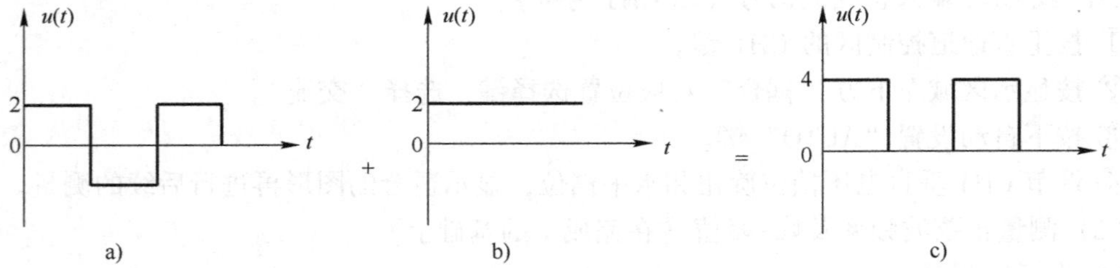

图 5-29

① 信号源选择波形——方波。

② 设置信号源频率 500 Hz。

③ 设置信号源幅度 $2V_{pp}$。

④ 设置信号源偏移量 1Vdc。

⑤ 按垂直通道控制区的 CH1 键，按显示区域右侧“耦合”对应位置选择键，按显示区域左下方“耦合”对应位置选择键，选择“直流”。

⑥ 示波器按自动设置“AUTO”键。

视频 20：SDS1102 数字示波器　　　　视频 21：正方波调节（基于 SDS1102 数字示波器）

5.7 电路教学实验台

5.7.1 概述

电路教学实验台主要适用于电路分析、电路原理、电工基础、电工学等各类高等院校电类基础实验教学课程。该实验台设计合理、可视性好、配置灵活、性能可靠。

5.7.2 产品结构

电路教学实验台由实验台（桌）、实验支架、移动矮柜、仪器平台、交直流电源及测量仪表、实验模块、九孔板、实验器材组合而成。实验挂板统一采用 A4 纸尺寸为标准，可自由移动位置、组合，使实验连线清晰，检查故障方便。

电路教学实验台整体结构如图 5-30 所示。

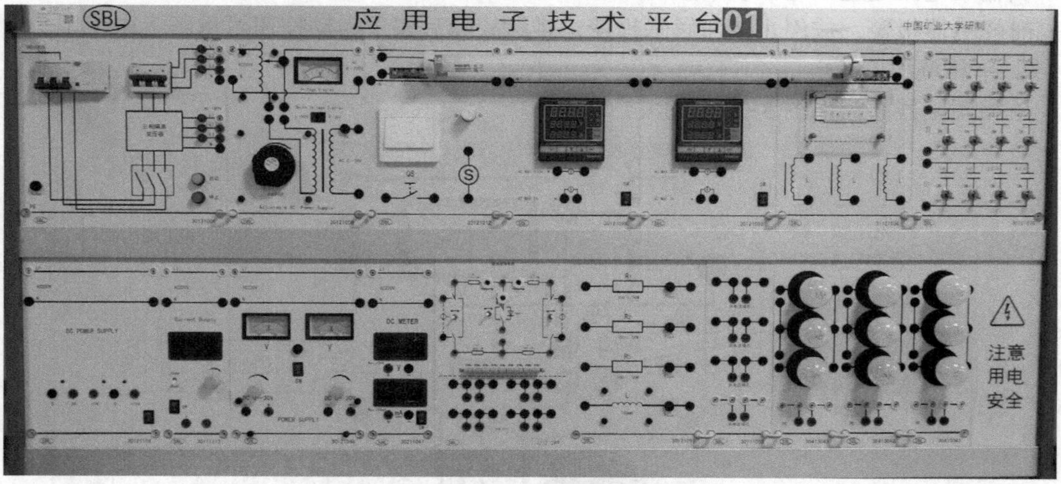

图 5-30　电路教学实验台整体结构图

5.7.3 各部分功能及其使用方法

1. 三相交流电源

三相交流电源面板如图 5-31 所示。

三相交流电源有两路输出，一路线电压 380 V，一路线电压 180 V。三相交流电源由接触器控制，有过流、过载、短路保护及声光报警功能。

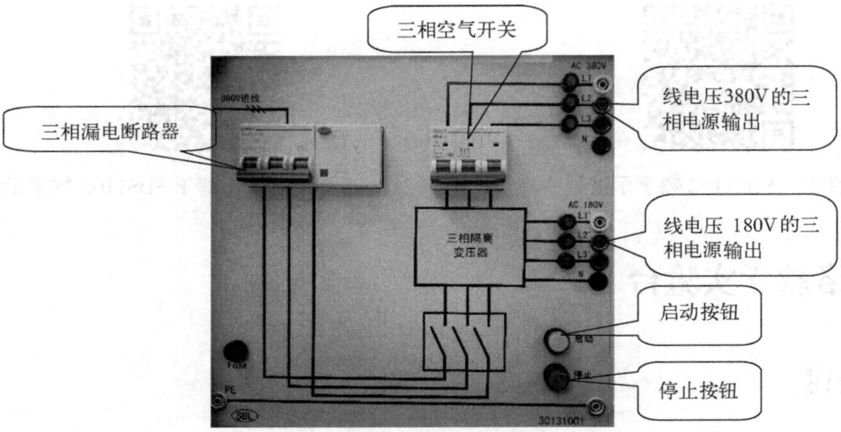

图 5-31　三相交流电源面板

合上实验台左侧的三相漏电断路器（空气开关），实验台便处于待机状态，停止按钮上的红色指示灯亮。按下启动按钮，主接触器吸合，电源停止按钮上红色指示灯灭，电源启动按钮上绿色指示灯亮，此时线电压 180 V 的三相电源输出通电，其电源的指示灯会亮。再合上实验台右侧的三相空气开关，线电压 380 V 的三相电源输出通电，其电源的指示灯会亮。

三相过流保护器内部由高灵敏度的电流互感器作为检测元件，当输出电流超过 2 A 或发生短路时，将快速切断主回路并告警，按停止按钮即可解除告警，排除故障后可重新使用。

当输出电流超过额定值或发生短路时，将快速切断主回路并告警，电源停止按钮灯会闪烁同时蜂鸣器报警，按停止按钮解除报警，排除故障后按下启动按钮可重新上电使用。

2. 单相调压器

单相调压器面板如图 5-32 所示。

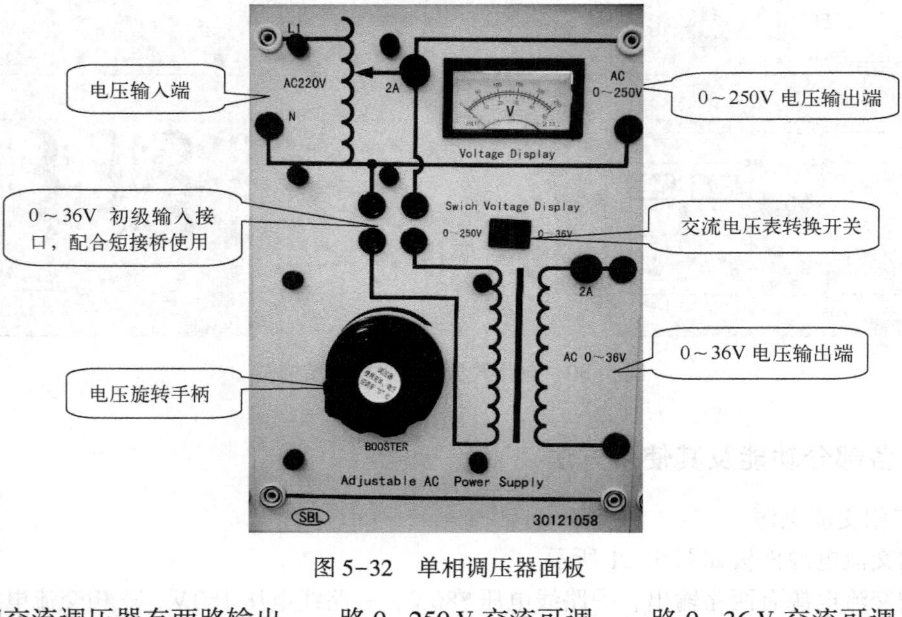

图 5-32　单相调压器面板

单相交流调压器有两路输出，一路 0~250 V 交流可调，一路 0~36 V 交流可调。使用调压器时，操作者要遵守实验安全操作规程：接线前应将调压器的旋钮逆时针旋到底，接好线路经检查确认无误后方可按下电源启动按钮；用电压表监测交流电源输出电压，顺时针缓慢调节调压器旋钮，使之达到所需电压值。实验完毕先将调压器旋钮逆时针旋到底，关闭电源后再拆除连线。

3. 双路直流可调电源

双路直流可调电源面板如图 5-33 所示。

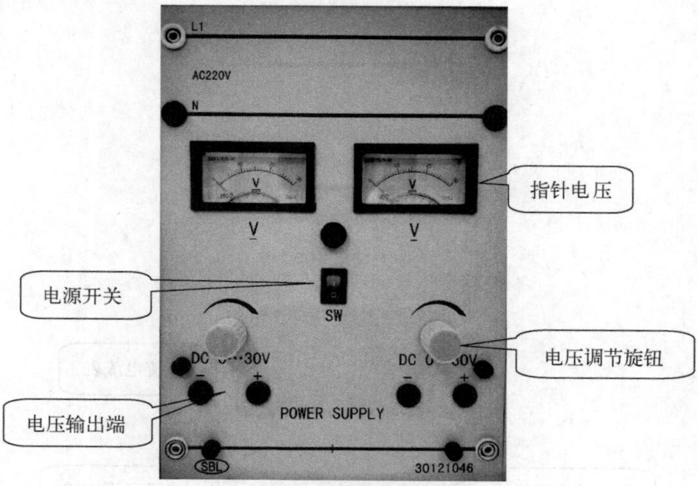

图 5-33　双路直流可调电源面板

双路直流可调电源有两路 0~30 V 连续可调的恒压输出。使用电压源应注意两点：输出端不允许短路；接入电路前输出电压应调到零。为避免实验误操作损坏电源，0~30 V 连续可调的直流恒压源带过流和短路保护功能，若输出端短路，则输出电压降为零，实验台会告警。

4. 直流稳压电源

直流稳压电源面板如图 5-34 所示。

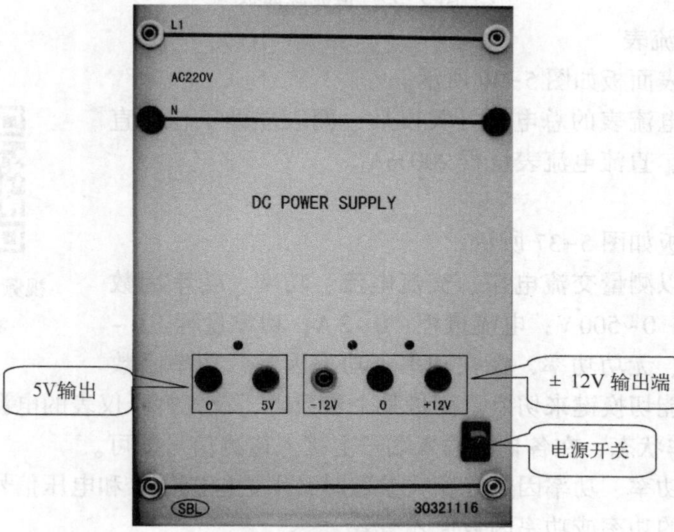

图 5-34　直流稳压电源面板

直流稳压电源包括±12 V，+5 V两路稳压输出，带过流和短路保护功能。

5. 恒流源

恒流源面板如图 5-35 所示。恒流源有两档输出，一档 0~20 mA 输出可调，一档 0~200 mA输出可调。打开电源开关以后电源开始工作，恒流源带有输出指示，输出信号的大小首先由量程选择决定，在各自量程内再由“调节旋钮”进行调节。

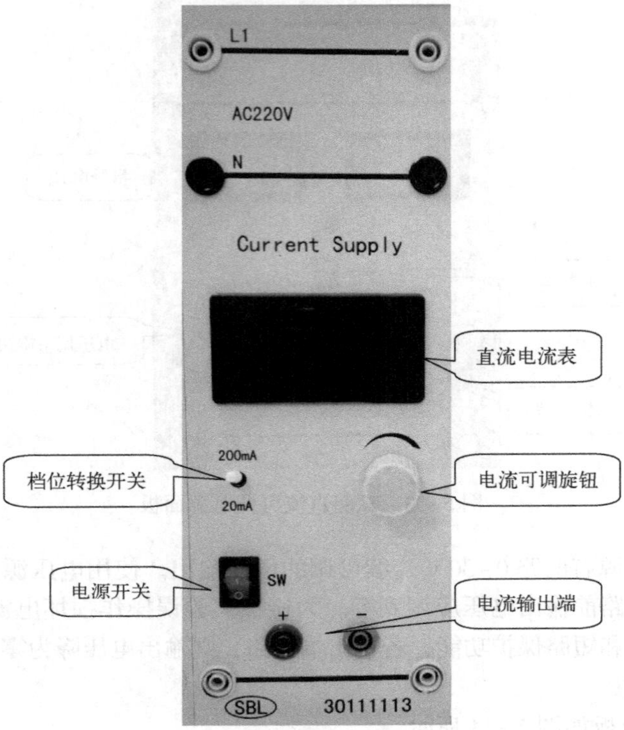

图 5-35　恒流源面板

6. 直流电压电流表

直流电压电流表面板如图 5-36 所示。

打开直流电压电流表的总电源开关以后，两表立即工作。直流电压表量程 20 V，直流电流表量程 200 mA。

视频 22：电路教学实验台使用

7. 单相电量仪

单相电量仪面板如图 5-37 所示。

单相电量仪可以测量交流电压、交流电流、功率、功率因数等参数。电压量程：0~500 V；电流量程：0~2 A；功率量程：0~1500 W。有功功率、无功功率、视在功率、功率因数、功率因数角等参数，通过功能切换键来切换。测量某个参数时，首先打开仪表的电源开关，各表显示“00”时就处于工作状态，在各自的输入端子上接入待测信号即可。

注意：在测量功率、功率因数等相关参数时必须把电流信号和电压信号同时接入某一电路，此时仪表显示的功率或功率因数值才有效。

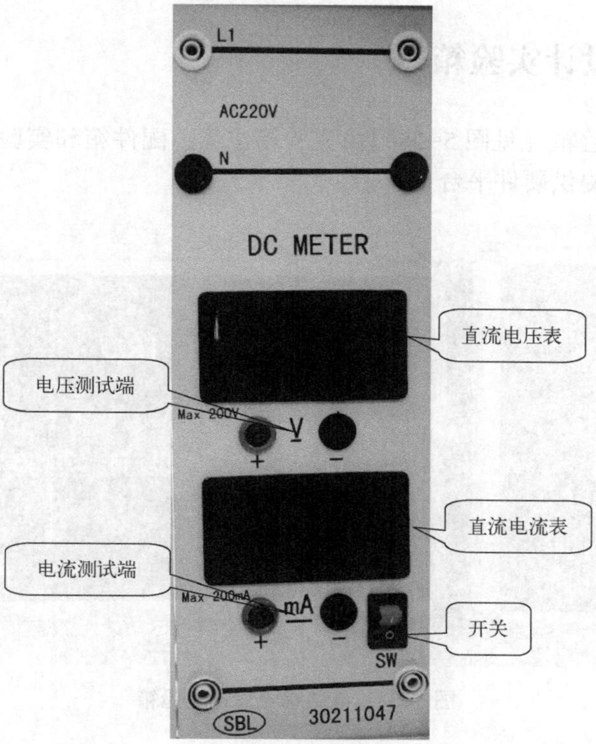

图 5-36　直流电压电流表面板

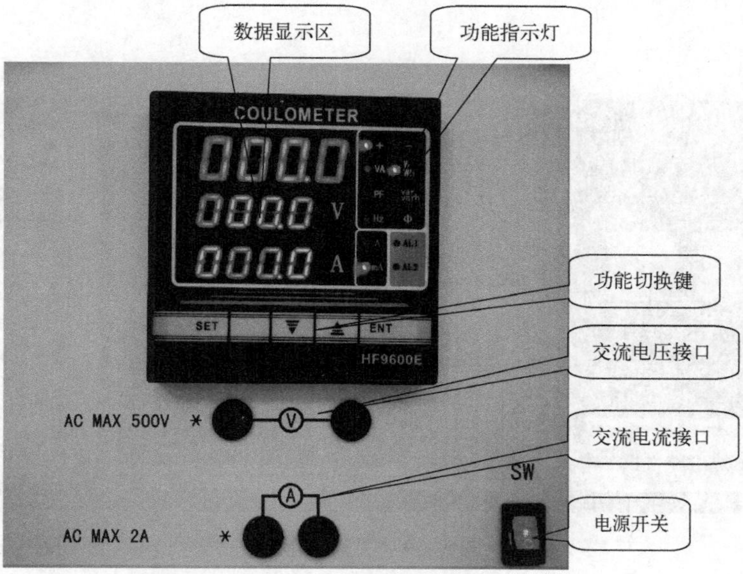

图 5-37　单相电量仪面板

5.8 电路综合设计实验箱

电路综合设计实验箱（见图 5-38）由实验箱主体、配件箱和实验子模块组成，可为学生开放创新设计实验提供硬件平台。

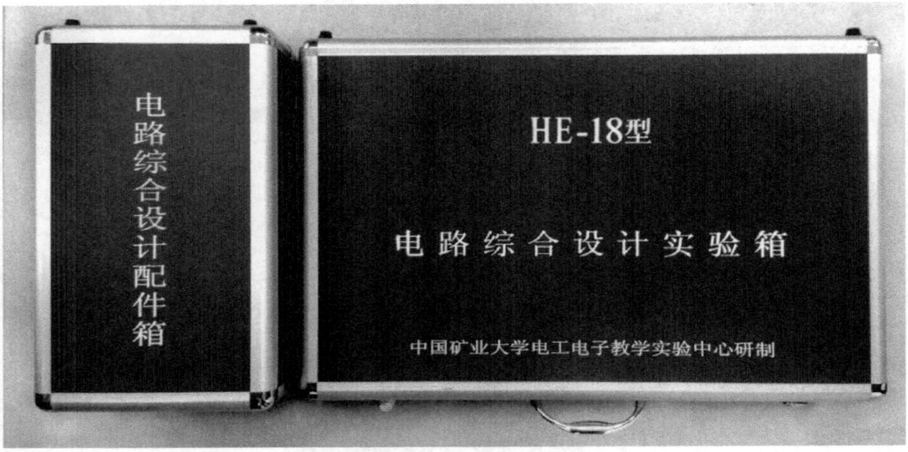

图 5-38　电路综合设计实验箱

主体实验箱设置有实验操作区（见图 5-39）和常用电源及指示功能区；实验操作区可同时放置 4 块子模块；电源及指示功能区包括直流电压源(±12 V,±5 V)、开关、指示灯及蜂鸣器等常用器件。

图 5-39　实验操作区

如图 5-40 所示，实验箱配套有 13 个子模块，包含电源模块、控制模块、声光显示模块、基本元器件等，涵盖了常用的电阻、电感、电容、控制器件、显示器件等；配件箱可放置多个备选实验模块。

图 5-40　实验箱子模块

器件包含：多种常用电阻、电容、电位器、二极管、稳压二极管、三极管、场效应管；变压器（5 V、6 V、10 V、12 V、15 V）；稳压块（7805、7809、7812、LM317）；整流电桥；多种声光显示器件（音乐芯片、蜂鸣器、压电陶瓷片、扬声器、发光二极管）；控制器件（继电器、晶闸管、双向稳压管、热敏电阻、光敏电阻；光电开关、触摸开关、光电三极管）及集成运算放大器等。

第 6 章　常用仿真软件

6.1　Multisim 14.0 简介

美国国家仪器有限公司（National Instruments，简称 NI）发布的 Multisim 软件，是一款适合教师、学生和工程师使用的电路仿真软件，可用于原理图输入、交互式仿真、电路板设计和集成测试。该软件以图形界面为主，采用菜单、工具栏和热键相结合的方式，具有一般 Windows 应用软件的界面风格。直观的图形界面使用户可以在计算机屏幕上模拟实验室的工作台，用屏幕抓取的方式选用元器件，创建电路，连接测量仪器。软件所提供的虚拟仪器的控制面板外形和操作方式都与实物相似，可以实时显示测量结果并交互控制电路的运行和测量过程。利用虚拟仪器可以用比实验室中更灵活的方式进行电路实验、仿真电路的实际运行状况、熟悉常用电子仪器的测量方法。

作为 Multisim 仿真软件的新版本，Multisim 14.0 进一步完善了以前版本的基本功能。本节以 Multisim 14.0 为演示软件，结合电路实验教学的实际需要，简要地介绍该软件的基本操作方法。

6.1.1　Multisim 14.0 的主工作界面

1. Multisim 14.0 的主界面

启动 Multisim 14.0 后，将出现如图 6-1 所示的界面。

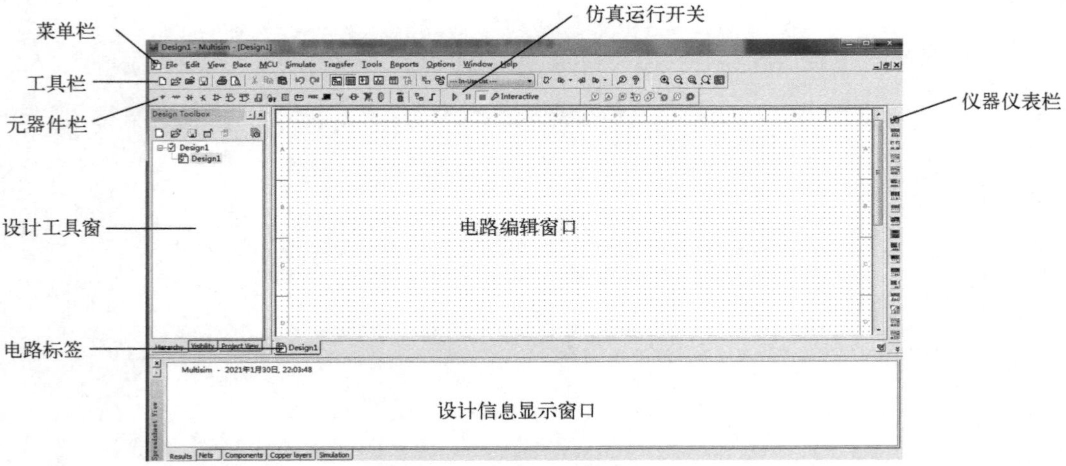

图 6-1　Multisim 主工作界面

界面由多个区域构成：菜单栏、工具栏、电路编辑窗口、元器件栏、仪器仪表栏等。通过对各部分的操作可以实现电路图的输入和编辑，并根据需要对电路进行相应的观测和分析。用户可以通过菜单或工具栏改变主界面的视图内容。

2. Multisim 14.0 的菜单栏

菜单栏位于主界面的上方，如图 6-2 所示，通过菜单可以对 Multisim 的所有功能进行操作。

图 6-2　菜单栏

(1) File（文件）

File 菜单中包含了对文件和项目的基本操作以及打印等命令，用法与 Windows 类似。

(2) Edit（编辑）

Edit 命令提供了类似于图形编辑软件的基本编辑功能，用于对电路图进行编辑，用法与 Windows 类似。

(3) View（视图）

通过 View 菜单可以决定使用软件时的视图，对一些工具栏和窗口进行控制。

(4) Place（放置）

通过 Place 命令输入电路图。

命令功能如下。

- Place Component：放置元器件。
- Place Junction：放置连接点。
- Place Bus：放置总线。
- Place Input/Output：放置输入/输出接口。
- Place Hierarchical Block：放置层次模块。
- Place Text：放置文字。
- Place Text Description Box：打开电路图描述窗口，编辑电路图描述文字。
- Replace Component：重新选择元器件替代当前选中的元器件。
- Place as Subcircuit：放置子电路。
- Replace by Subcircuit：重新选择子电路替代当前选中的子电路。

(5) MCU（微控制器）

MCU 提供了带有微控制器的嵌入式电路仿真功能。

(6) Simulate（仿真）

通过 Simulate 菜单执行仿真分析命令。

命令功能如下。

- Run：执行仿真。
- Pause：暂停仿真。
- Default Instrument Settings：设置仪表的预置值。
- Digital Simulation Settings：设定数字仿真参数。
- Instruments：选用仪表（也可通过工具栏选择）。
- Analyses：选用各项分析功能。

- Postprocess：启用后处理。
- VHDL Simulation：进行 VHDL 仿真。
- Auto Fault Option：自动设置故障选项。
- Global Component Tolerances：设置所有元器件的误差。

（7）Transfer（文件传输）菜单

Transfer 菜单提供的命令可以完成 Multisim 对其他 EDA 软件需要的文件格式的输出。

命令功能如下。

- Transfer to Ultiboard：将所设计的电路图转换为 Ultiboard（Multisim 中的电路板设计软件）的文件格式。
- Transfer to other PCB Layout：将所设计的电路图转换成其他电路板设计软件所支持的文件格式。
- Backannotate from Ultiboard：将在 Ultiboard 中所做的修改标记到正在编辑的电路中。
- Export Simulation Results to MathCAD：将仿真结果输出到 MathCAD。
- Export Simulation Results to Excel：将仿真结果输出到 Excel。
- Export Netlist：输出电路网表文件。

（8）Tools（工具）

Tools 菜单主要针对元器件的编辑与管理的命令。

命令功能如下。

- Create Components：新建元器件。
- Edit Components：编辑元器件。
- Copy Components：复制元器件。
- Delete Component：删除元器件。
- Database Management：启动元器件数据库管理器，进行数据库的编辑管理工作。
- Update Component：更新元器件。

（9）Reports（报表）

此菜单用于产生指定元器件存储在数据库中的所有信息和当前电路窗口中所有元器件的详细参数报告。

（10）Options（选项）

通过 Options 菜单可以对软件的运行环境进行定制和设置。

命令功能如下。

- Preference：设置操作环境。
- Modify Title Block：编辑标题栏。
- Simplified Version：设置简化版本。
- Global Restrictions：设定软件整体环境参数。
- Circuit Restrictions：设定编辑电路的环境参数。

（11）Window（窗口）

Window 提供对一个电路的各个多页子电路以及不同的多个仿真电路同时浏览的功能。

（12）Help（帮助）

Help 菜单提供了对 Multisim 的在线帮助和辅助说明。

3. Multisim 14.0 的常用工具栏

Multisim 14.0 提供了多种工具栏，并以层次化的模式加以管理，用户可以通过 View 菜单中的选项方便地将顶层的工具栏打开或关闭，再通过顶层工具栏中的按钮来管理和控制下层的工具栏。通过工具栏，用户可以方便、直接地使用软件的各项功能。

顶层的工具栏有：Standard 工具栏、Design 工具栏、Zoom 工具栏、Simulation 工具栏。

1）Standard 工具栏包含了常见的文件操作和编辑操作。

2）Design 工具栏作为设计工具栏是 Multisim 的核心工具栏。

通过对该工具栏按钮的操作可以完成对电路从设计到分析的全部工作，其中的按钮可以直接控制下层的工具栏：Component 中的 Multisim Master 工具栏、Instrument 工具栏。

① 作为元器件（Component）工具栏中的一项，可以在 Design 工具栏中通过按钮来控制 Multisim Master 工具栏。该工具栏有 14 个按钮，每个按钮都对应一类元器件，其分类方式和 Multisim 元器件数据库中的分类相对应，通过按钮上的图标就可大致清楚该类元器件的类型，具体的内容可以从 Multisim 的在线文档中获取。

这个工具栏作为元器件的顶层工具栏，每一个按钮又可以控制下层的工具栏，下层工具栏是对该类元器件更细致的分类工具栏。以第一个按钮为例，通过这个按钮可以控制电源和信号源类的 Sources。

② Instrument 工具栏集中了 Multisim 为用户提供的所有虚拟仪器仪表，用户可以通过选择自己需要的仪器仪表对电路进行观测。

3）用户可以通过 Zoom 工具栏方便地调整所编辑电路的视图大小。

4）Simulation 工具栏可以控制电路仿真的开始、结束和暂停。

6.1.2 Multisim 14.0 的元件库和基本操作

1. Multisim 14.0 的元件库

Multisim 14.0 提供了很多元件库，如图 6-3 所示，单击各个图标，用户可以方便、直接地使用软件的各项功能。

图 6-3　Multisim 14.0 的元件库

（1）电源（Source）库

电源库包含接地、直流电压源、正弦交流电压源、方波等多种电源与信号源，如图 6-4 所示。

（2）基本（Basic）元器件库

基本元器件库包含电阻、电容等多种元件。基本元器件库中的虚拟元件的参数可以任意设置，非虚拟元器件的参数是固定的，但可选择。基本元器件库如图 6-5 所示。

（3）二极管（Diode）库

二极管库包含二极管、晶闸管等多种器件。二极管库中的虚拟器件的参数可以任意设置。非虚拟元器件的参数是固定的，但可选择。二极管库如图 6-6 所示。

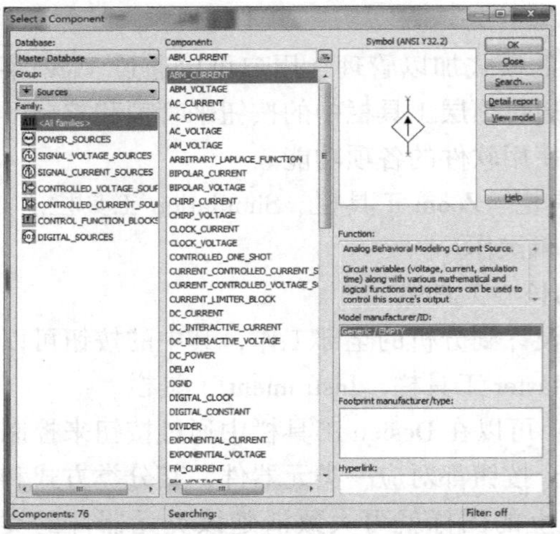

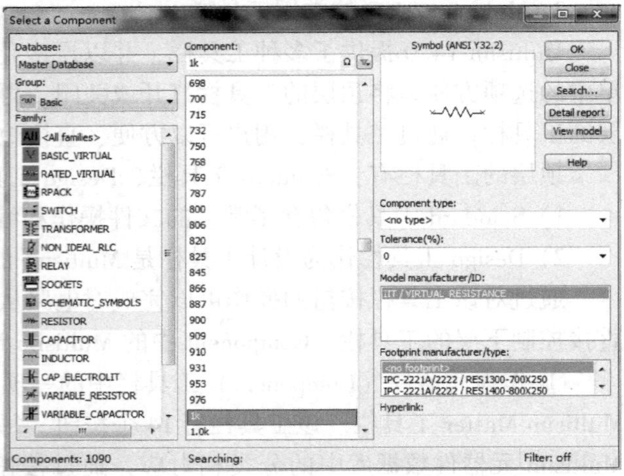

图 6-4　电源库　　　　图 6-5　基本元器件库

(4) 晶体管 (Transistors) 库

晶体管库包含多种晶体管、FET 等器件，如图 6-7 所示。

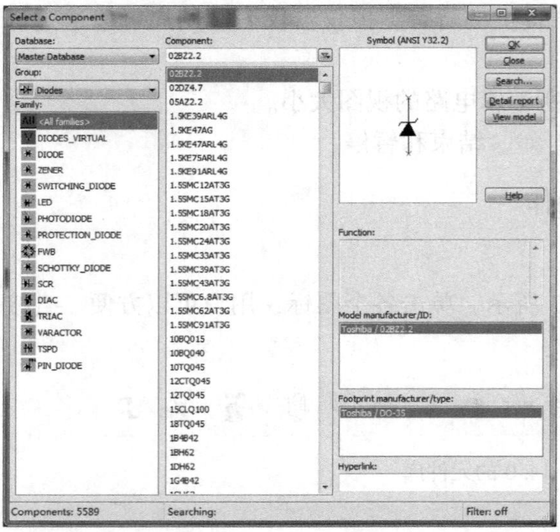

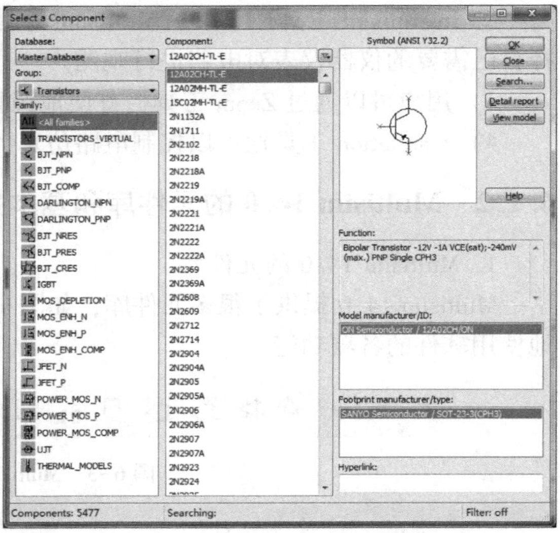

图 6-6　二极管库　　　　图 6-7　晶体管库

(5) 模拟元器件 (Analog Components) 库

模拟元器件库包含多种运算放大器。模拟元器件库中的虚拟器件参数可以任意设置，如图 6-8 所示。

(6) TTL 数字集成电路库

TTL 数字集成电路库包含 74XX 系列和 74LSXX 系列等 74 系列数字电路器件。TTL 数字集成电路库如图 6-9 所示。

(7) CMOS 数字集成电路库

CMOS 数字集成电路库包含 40XX 系列和 74HCXX 系列多种 CMOS 数字集成电路系列器

件。CMOS 数字集成电路库如图 6-10 所示。

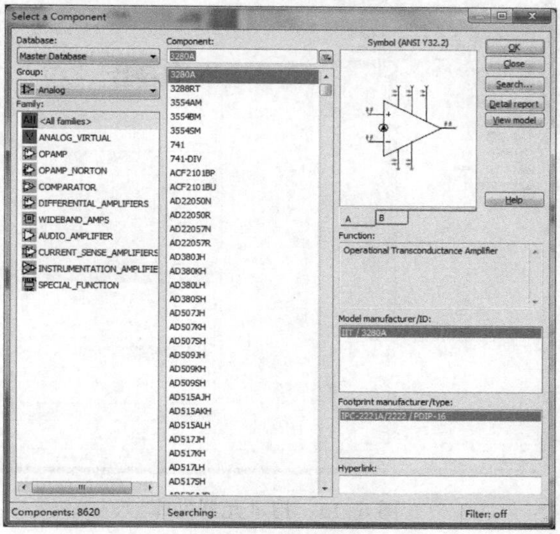

图 6-8　模拟元器件库

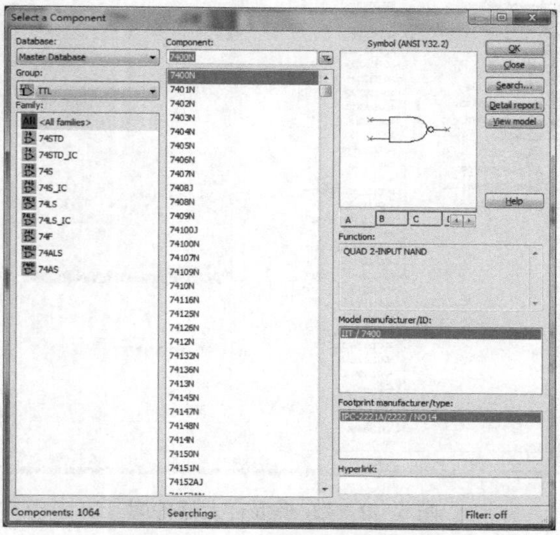

图 6-9　TTL 数字集成电路库

（8）集成数字器件（Misc Digital Components）库

集成数字器件库包含 DSP、FPGA、CPLD、VHDL 等多种器件，如图 6-11 所示。

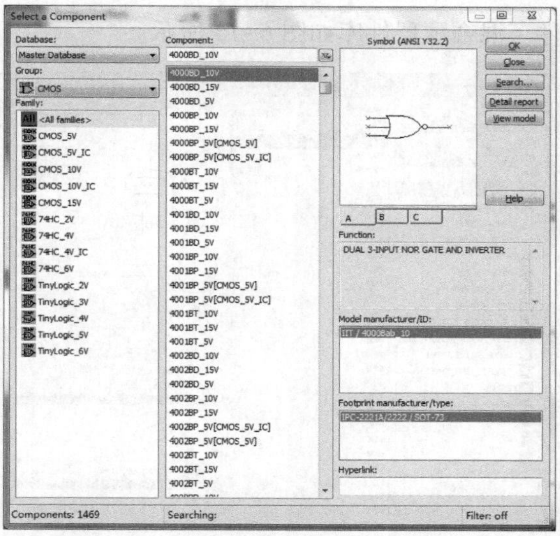

图 6-10　CMOS 数字集成电路库

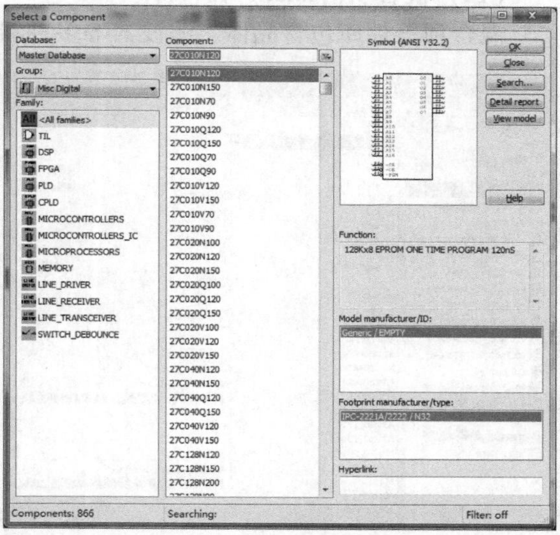

图 6-11　集成数字器件库

（9）数/模混合元器件（Mixed Components）库

数/模混合元器件库包括 ADS/DAC、555 定时器等多种数/模混合集成电路。数/模混合元器件库如图 6-12 所示。

（10）指示元器件（Indicators Components）库

指示元器件库包含电压表、电流表、七段数码管等多种器件，如图 6-13 所示。

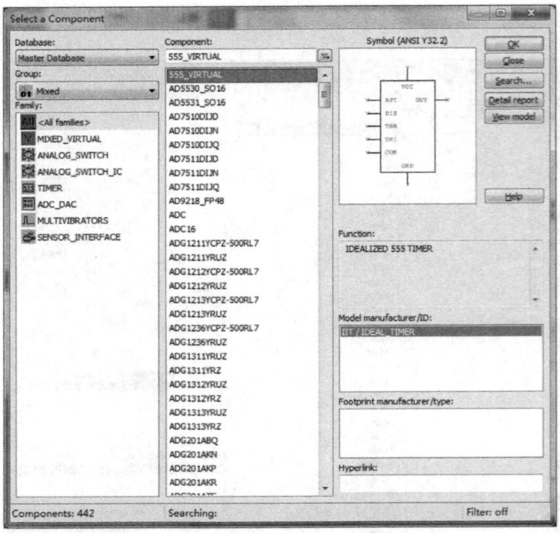

图 6-12　数/模混合元器件库

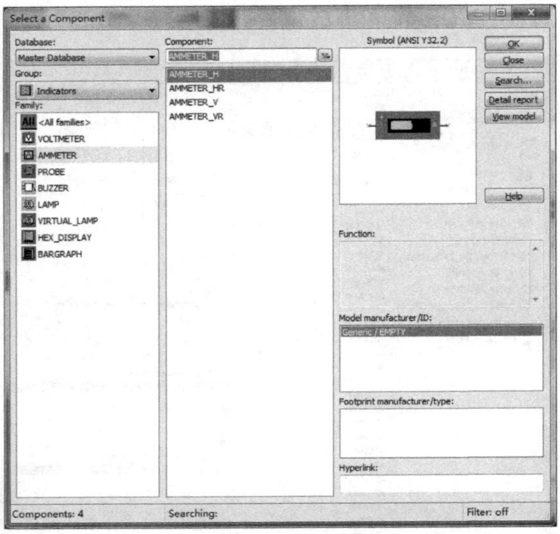

图 6-13　指示元器件库

(11) 电源 (Power) 器件库

电源器件库包含三端稳压器、PWM 控制器等多种电源器件。电源器件库如图 6-14 所示。

(12) 混合项 (Misc) 器件库

混合项器件库包含晶体、滤波器等多种器件。混合项器件库如图 6-15 所示。

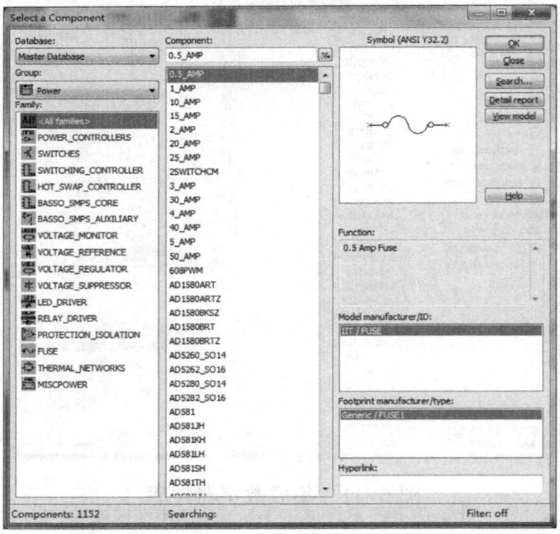

图 6-14　电源器件库

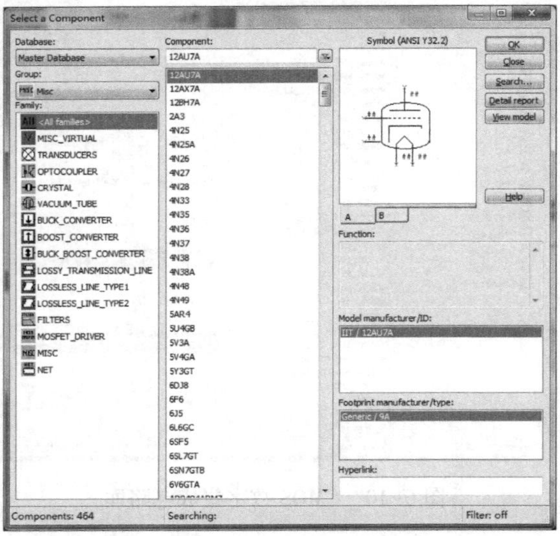

图 6-15　混合项器件库

(13) 高级外设元器件 (Advanced_peripherals) 库

高级外设元器件库包含键盘、LCD 等多种器件。高级外设元器件库如图 6-16 所示。

(14) 射频元器件 (RF Components) 库

射频元器库提供了一些适合高频电路的元器件，包含射频晶体管、射频 FET、微带线等多种射频器件。射频元器件库如图 6-17 所示。

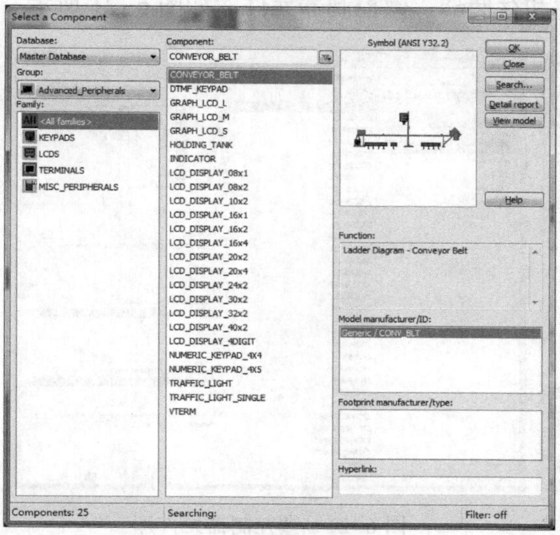

图 6-16　高级外设元器件库

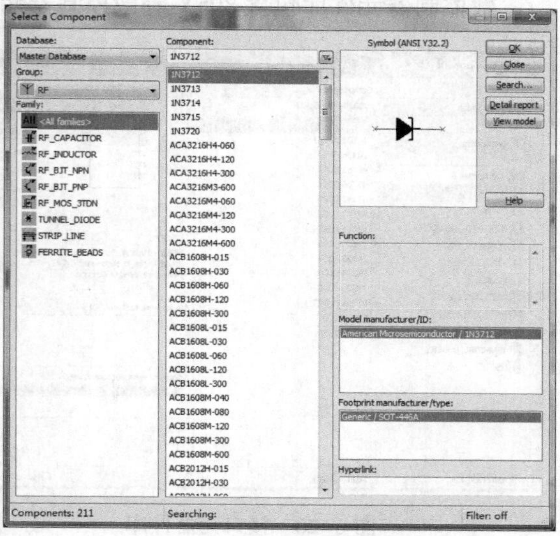

图 6-17　射频元器件库

（15）机电类元器件（Electro-mechanical Components）库

机电类元器件库包含开关、继电器等多种机电类器件。机电类元器件库如图 6-18 所示。

（16）NI 元器件（NI Components）库

NI 元器件库存放了由 NI 公司自己开发的器件，既有虚拟器件，也有与之对应的实际器件。NI 元器件库如图 6-19 所示。

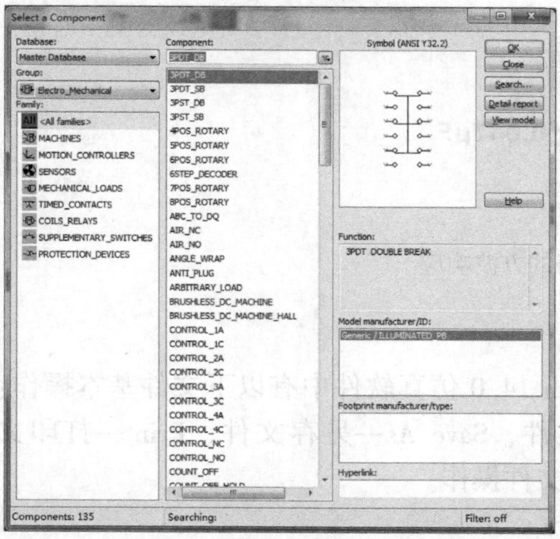

图 6-18　机电类元器件库

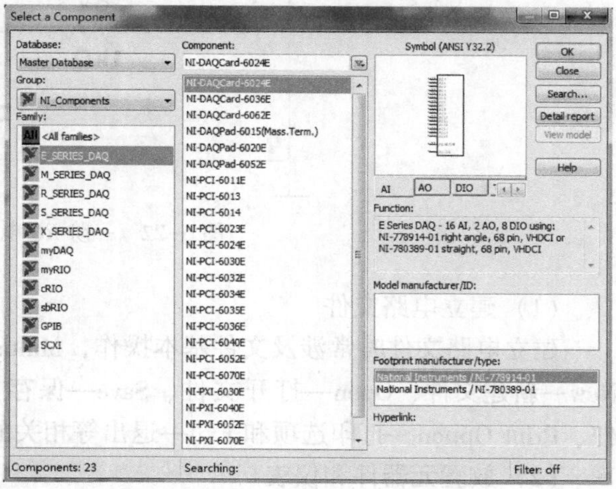

图 6-19　NI 元器件库

（17）接口元器件（Connector Components）库

接口元器件库包含各种各样的接口电路，如图 6-20 所示。

(18) 微控制器元件（MCU）库

微控制器元件库包含 805X 等微控制器元件和存储器。微控制器元件库如图 6-21 所示。

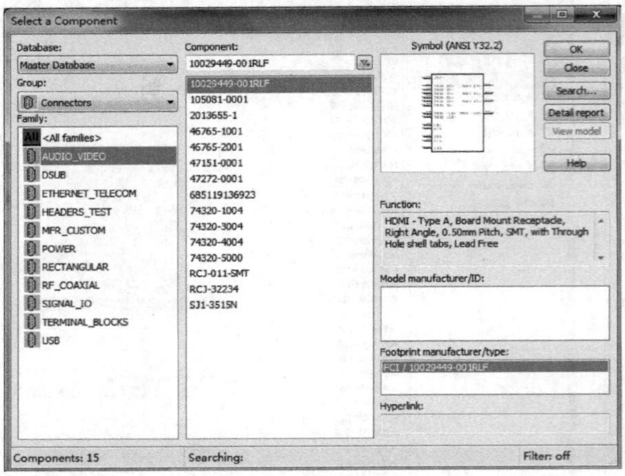

图 6-20　接口元器件库

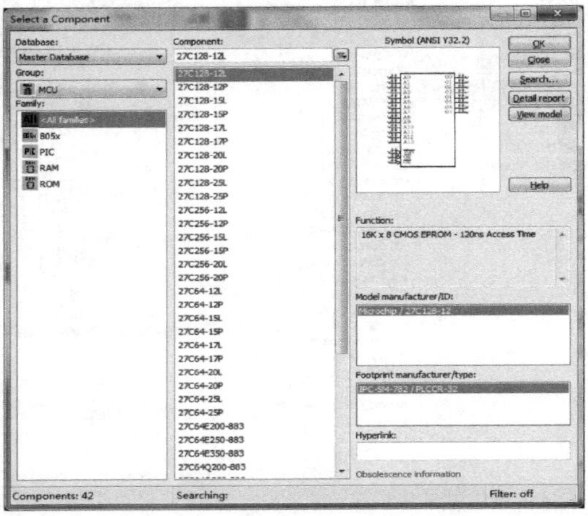

图 6-21　微控制器元件库

2. Multisim 14.0 的基本操作

本节将以图 6-22 所示电路为例，介绍利用 Multisim 14.0 建立仿真电路的基本操作。

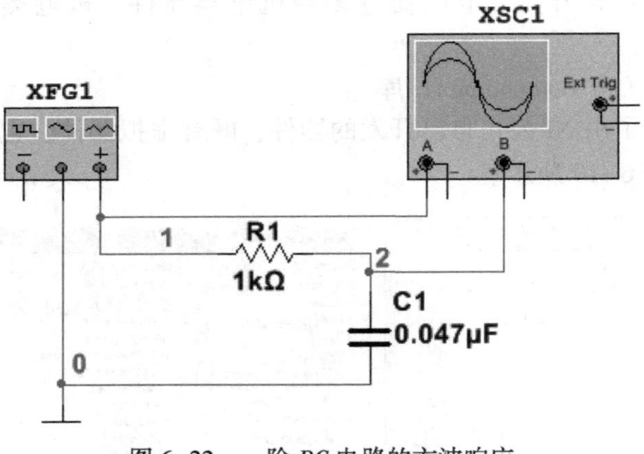

图 6-22　一阶 *RC* 电路的方波响应

(1) 建立电路文件

建立电路文件时常涉及文件基本操作，Multisim 14.0 仿真软件中有以下文件基本操作：New—新建文件、Open—打开文件、Save—保存文件、Save As—另存文件、Print—打印文件、Print Option—打印选项和 Exit—退出等相关的文件操作。

(2) 放置元器件和仪表

Multisim 14.0 的元件数据库有：主元件库（Master Database）、用户元件库（User Database）、合作元件库（Corporate Database），后两个库由用户或合作人创建，新安装的 Multisim 14.0 中这两个数据库是空的。

放置元器件的方法有：菜单 Place Component 元件工具栏（Place/Component）；右击绘

图区，利用弹出菜单放置；快捷键〈Ctrl+W〉。放置仪表可以单击虚拟仪器工具栏相应按钮，或者使用菜单方式。

对于结构简单、元器件数量较少的电路，可先在电路输入窗口一次性放置好所需要元器件后再连线。在图 6-1 所示的 Multisim 14.0 主界面中的元器件工具栏分别找到虚拟电阻、虚拟电容元件和接地端，单击放置到绘图区的适当位置；在仪器仪表工具栏分别找到函数信号发生器和示波器并放置到绘图区，此时电路如图 6-23 所示。

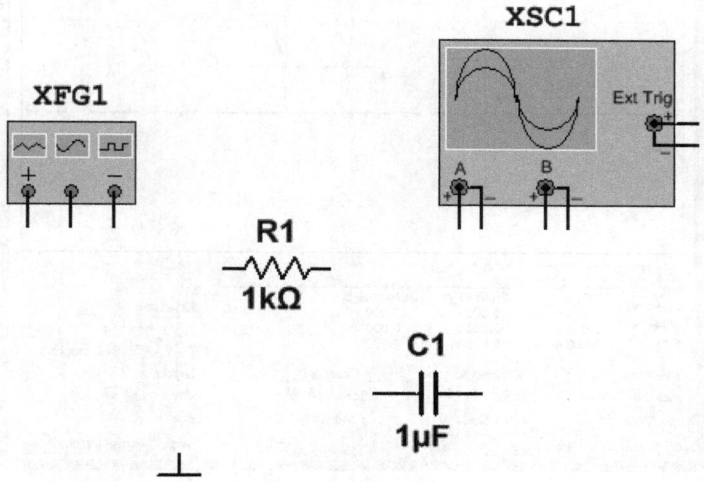

图 6-23　放置元器件及仪表

(3) 元器件编辑

1) 元器件参数设置。双击元器件，弹出相关对话框，选项卡包括以下内容。

Label：标签。Refdes 编号，由系统自动分配，可以修改，但须保证编号唯一性。Display：显示。Value：数值。Fault：故障设置。Leakage：漏电。Short：短路。Open：开路。None：无故障（默认）。Pins：引脚，各引脚编号、类型、电气状态。

2) 元器件向导（Component Wizard）。对特殊要求，可以用元器件向导编辑自己的元器件，一般是在已有元器件的基础上进行编辑和修改。方法是：打开菜单 Tools/Component Wizard，按照规定步骤编辑，将元器件向导编辑生成的元器件放置在 User Database（用户数据库）中。

(4) 连线和进一步调整

1) 自动连线：单击起始引脚，鼠标指针变为“十”字形，移动鼠标至目标引脚或导线，单击，则连线完成，当导线连接后呈现丁字交叉时，系统自动在交叉点添加节点（Junction）。

2) 手动连线：单击起始引脚，鼠标指针变为“十”字形后，在需要拐弯处单击，可以固定连线的拐弯点，从而设定连线路径。

3) 关于交叉点，Multisim 默认丁字交叉为导通，十字交叉为不导通，对于十字交叉而希望导通的情况，可以分段连线，即先连接起点到交叉点，然后连接交叉点到终点；也可以在已有连线上增加一个节点（Junction），从该节点引出新的连线，添加节点可以使用菜单 Place/Junction，或者使用快捷键〈Ctrl+J〉。

调整好的仿真电路如图 6-22 所示。

（5）电路仿真

按下仿真开关，电路开始工作，Multisim 界面的状态栏右端出现仿真状态指示；双击虚拟仪器，进行仪器设置，获得仿真结果，如图 6-24 所示。

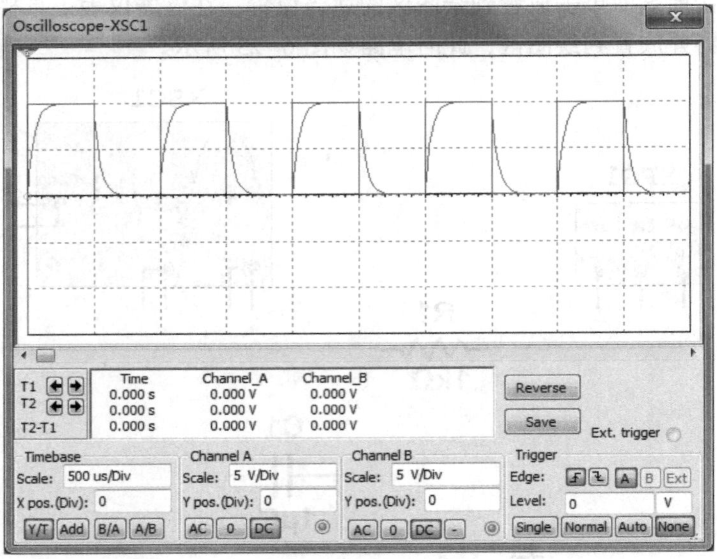

图 6-24　电路仿真结果

6.1.3　Multisim 14.0 的虚拟仪器

对电路进行仿真运行，通过对运行结果的分析，判断设计是否合理，是 EDA 软件的一项主要任务。为此，Multisim 14.0 为用户提供了类型丰富的虚拟仪器，可以从 Design 工具栏或 Instrument 工具栏，或用菜单命令（Simulation/Instrument）选用这些虚拟仪器，如图 6-25 所示。选用后，各种虚拟仪器均以面板的方式显示在电路中。

图 6-25　虚拟仪器栏

上述虚拟仪器的名称及其在电路中的符号见表 6-1。

表 6-1　Multisim 14.0 虚拟仪器名称

菜单上的表示方法	工具栏上的对应按钮	仪器名称
Multimeter		数字万用表
Function Generator		函数信号发生器

（续）

菜单上的表示方法	工具栏上的对应按钮	仪器名称
Wattmeter		功率表
Oscilloscope		示波器
Four-channel Oscilloscope		四通道示波器
Bode Plotter		伯德图仪
Frequency Counter		频率计
Word Generator		字信号发生器
Logic Converter		逻辑转换仪
Logic Analyzer		逻辑分析仪
IV Analyzer		伏安特性测试仪
Distortion Analyzer		失真分析仪
Spectrum Analyzer		频谱分析仪
Network Analyzer		网络分析仪
Agilent Function Generator		安捷伦函数发生器
Agilent Multimeter		安捷伦万用表
Agilent Oscilloscope		安捷伦示波器
Tektronix Oscilloscope		泰克示波器

（续）

菜单上的表示方法	工具栏上的对应按钮	仪器名称
LabView instruments		LabView 仪器
NI ELVISmx instruments		NI ELVISmx 仪器
Current probe		电流探针

下面对电路实验中一些常用的虚拟仪器：数字万用表、函数信号发生器、功率表、示波器、伯德图仪、电压表和电流表等的使用加以简单说明。

1. 数字万用表

数字万用表（Multimeter）可以用来测量交流电压（电流）、直流电压（电流）、电阻以及电路中两个节点间的分贝损耗，其量程可以自动调整。

单击工具栏中的“Multimeter”图标，可完成数字万用表的放置，如图 6-26a 所示；双击该图标，可得图 6-26b 所示的数字万用表的面板。该面板各个按钮的功能描述如下。

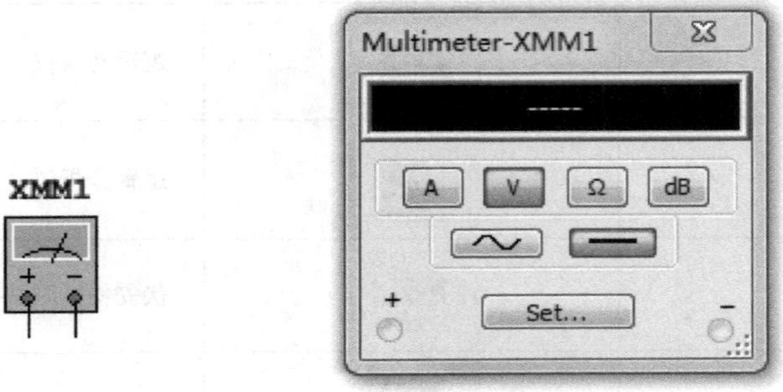

a)　　b)

图 6-26　数字万用表的图标与面板

a）数字万用表的图标　b）数字万用表的面板

上面的黑色条形框用于测量数值的显示，下面为测量类型选取栏。

A：测量对象为电流。

V：测量对象为电压。

Ω：测量对象为电阻。

dB：将万用表切换到分贝显示。

~：测量对象为交流参数。

—：测量对象为直流参数。

+：对应万用表的正极。

-：对应万用表的负极。

Set：单击该按钮弹出如图 6-27 所示对话框，可对数字万用表的表内阻和量程进行设置。

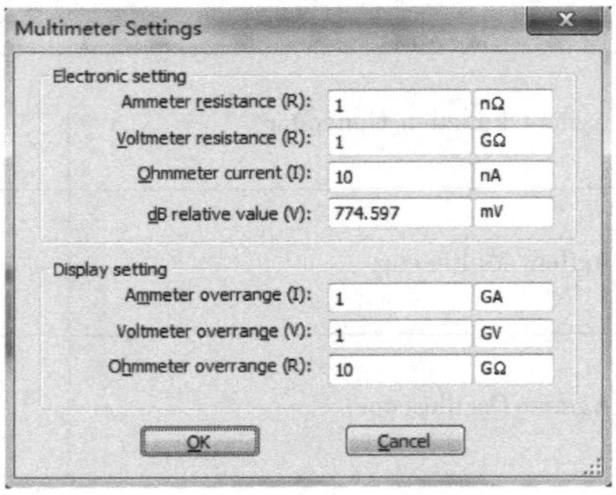

图 6-27　数字万用表参数设置对话框

Ammeter resistance：设置电流表的表头内阻，其大小影响电流测量的准确度。

Voltmeter resistance：设置电压表的表头内阻，其大小影响电压测量的准确度。

Ohmmeter current：设置欧姆表的表头内阻，其大小影响电阻测量的精度。

dB relative value（V）：相应的 dB 电压值。

Display setting：数字万用表的显示设置，主要用来设定电流表的测量量程。

理想电表的内部电阻对测量结果无影响。而在实际测量中，测量结果一定程度上受到电表内阻的影响。

2. 函数信号发生器

函数信号发生器（Function Generator）可用来提供正弦波、三角波和方波信号的电压源。单击工具栏上的“Function Generator”图标，可完成函数信号发生器的放置，如图 6-28a 所示，双击该图标，可得到图 6-28b 所示的函数信号发生器的面板，该面板各个按钮的功能描述如下。

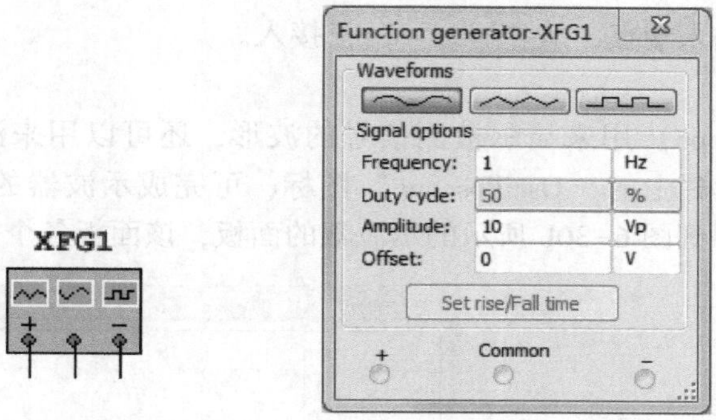

a)　　　　b)

图 6-28　函数信号发生器的图标与面板

a）函数信号发生器的图标　b）函数信号发生器的面板

上方的 3 个按钮用于选择输出波形，分别为正弦波、三角波和方波。

Frequency：设置输出信号的频率。

Duty cycle：设置输出的方波和三角波电压信号的占空比。

Amplitude：设置输出信号幅度的峰值。

Offset：设置输出信号的偏置电压，即设置输出信号中直流成分的大小。

Set rise/Fall time：设置上升沿与下降沿的时间，仅对方波有效。

+：表示波形电压信号的正极性输出端。

-：表示波形电压信号的负极性输出端。

Common：表示公共接地端。

3. 功率表

功率表（Wattmeter）用于测量电路的功率，它可以测量电路的交流或直流功率。单击工具栏上的“Wattmeter”图标，可完成功率表的放置，如图 6-29a 所示；双击该图标，可得到图 6-29b 所示的功率表的面板，该面板各个按钮的功能描述如下。

上方的黑色条形框用于显示所测量的功率，即电路的平均功率。

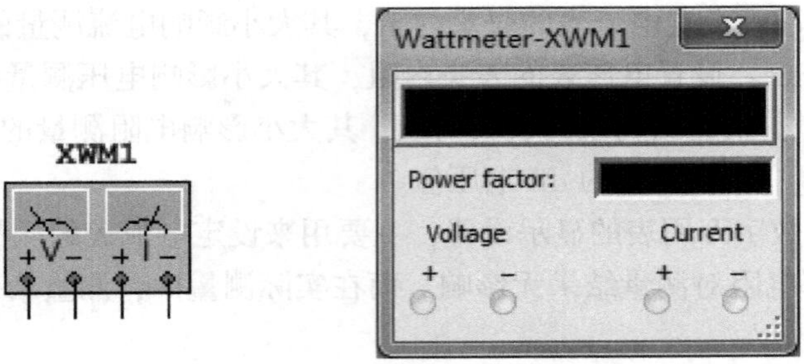

a) b)

图 6-29 功率表的图标与面板

a）功率表的图标 b）功率表的面板

Power factor：功率因数显示栏。

Voltage：电压的输入端点，从“+”“-”极接入。

Current：电流的输入端点，从“+”“-”极接入。

4. 示波器

示波器（Oscilloscope）用来显示被测信号的波形，还可以用来测量被测信号的大小、频率等参数。单击工具栏上的“Oscilloscope”图标，可完成示波器的放置，如图 6-30a 所示；双击该图标，可得到图 6-30b 所示的示波器的面板，该面板各个按钮的功能描述如下。

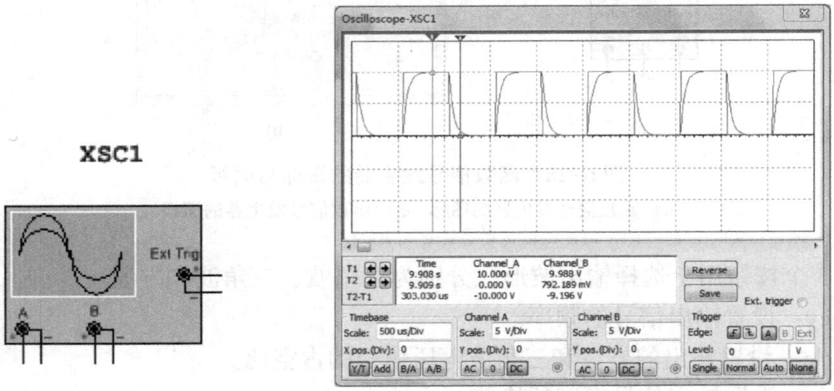

a) b)

图 6-30 示波器的图标与面板

a）示波器的图标 b）示波器的面板

示波器的面板控制设置和真实示波器的设置基本一致，可分为 4 个部分。

（1）时间基准（Timebase）控制部分的调整

X 轴刻度显示示波器的时间基准，其基准为 0. 1fs/Div～1000Ts/Div 可供选择。

（2）X 轴位置控制 X 轴的起始点

当 X 的位置调到 0 时，信号从显示器的左边缘开始。正值使起始点右移，负值使起始点左移。X 位置的调节范围为-5. 00～+5. 00。

（3）显示方式选择

可从“幅度/时间（Y/T）”切换到“A 通道/B 通道（A/B）”“B 通道/A 通道（B/A）”

或“Add”方式。

Y/T 方式：X 轴显示时间，Y 轴显示电压值。

A/B，B/A 方式：X 轴与 Y 轴都显示电压值。

Add 方式：X 轴显示时间，Y 轴显示 A 通道、B 通道的输入电压之和。

（4）示波器输入通道（Channel A/B）的设置

Y 轴刻度范围为 1fV/Div~1000TV/Div，可根据输入信号大小来选择刻度值的大小，使信号波形在示波器显示屏上显示出合适的幅度。

Y 轴位置控制 Y 轴的起始点。当 Y 轴的位置调到 0 时，Y 轴的起始点与 X 轴重合，如果将 Y 轴位置增加到 1.00，Y 轴原点位置从 X 轴向上移一格；若将 Y 轴位置减小到-1.00，Y 轴原点位置从 X 轴向下移一格。

Y 轴输入方式即信号输入的耦合方式。当用 AC 耦合时，示波器显示信号的交流分量；当用 DC 耦合时，示波器显示的是信号的直流和交流分量之和；当用 0 耦合时，在 Y 轴设置的原点位置显示为一条水平直线。

（5）触发方式（Trigger）调整

触发信号一般选择自动触发（Auto）；“A”或“B”，则用相应通道的输入信号作为同步 X 轴时基扫描的触发信号；选择“EXT”，则由外触发输入信号触发；选择“Sing”为单脉冲触发；“Nor”常态扫描方式按钮，这种扫描方式是没有触发信号就没有扫描线；触发沿（Edge）可选择上升沿或下降沿触发；触发电平（Level）选择触发电平的电压大小（阈值电压）。

（6）示波器显示波形读数

要显示波形读数的精确值时，可用鼠标将垂直光标拖到需要读取数据的位置。显示屏下方的方框内，显示光标与波形垂直相交处的时间和电压值，以及两光标位置之间的时间、电压的差值。单击“Reverse”按钮，可改变屏幕的背景颜色。单击“Save”按钮，可按 ASCII 码格式存储波形读数。

5. 伯德图仪

伯德图仪（Bode Plotter）又称为频率特性仪，主要用来测量滤波电路的频率特性，包括测量电路的幅频特性和相频特性。单击工具栏上的“Bode Plotter”图标，可完成伯德图仪的放置，如图 6-31a 所示；双击该图标，可得到图 6-31b 所示伯德图仪的面板，该面板各个按钮的功能描述如下。

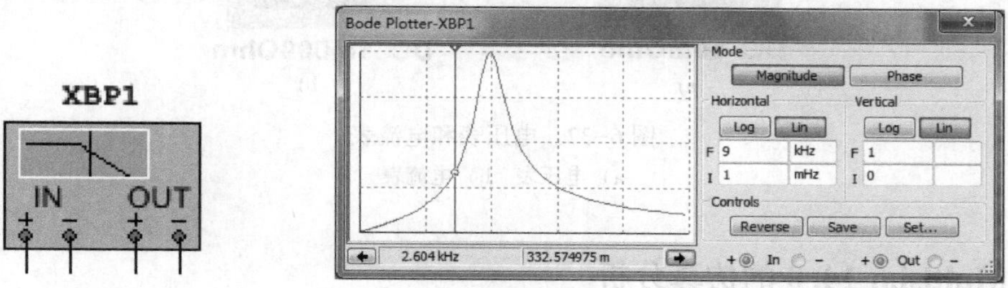

a)　　　　　　　　　　　　b)

图 6-31　伯德图仪的图标与面板

a）伯德图仪的图标　b）伯德图仪的面板

伯德图仪可以用来测量和显示电路的幅频特性和相频特性，类似于扫描仪。双击伯德图仪图标，在参数设置控制面板中可选择幅频特性（Magnitude）或者相频特性（Phase）。

伯德图仪有 In 和 Out 两对端口，其中 In 端口的“+”和“-”分别接电路输入端的正端和负端；Out 端口的“+”和“-”分别接电路输出端的正端和负端。使用伯德图仪时，必须在电路的输入端接入 AC 交流信号源。

（1）坐标设置

在垂直坐标或水平坐标控制面板图框内，按下“Log”按钮，则坐标以对数（底数为 10）的形式显示；按下“Lin”按钮，则坐标以线性的结果显示。

水平坐标标度（1 mHz~1000 THz）：水平坐标轴显示频率值，它的标度由水平轴的初始值（I：Initial）或终值（F：Final）决定。

在信号频率范围很宽的电路中，分析电路频率响应时，通常选用对数坐标（以对数为坐标所描绘的频率特性曲线称为伯德图）。

垂直（Vertical）坐标：当测量电压增益时，垂直轴显示输出电压与输入电压之比，若选用对数基准，则单位是分贝；如果选用线性基准，显示的是比值。当测量相位时，垂直轴总是以度为单位显示相位角。

（2）坐标数值的读取

要得到特性曲线上任意点的频率、增益或相位差，可用鼠标拖动读数指针（位于伯德图仪中的垂直光标），或者用读数指针移动按钮来移动读数指针（垂直光标）到需要测量的点，读数指针与曲线交点处的频率和增益或相位角的数值显示在读数框中。

（3）分辨率设置

Set 用来设置扫描的分辨率，单击“Set…”按钮，出现分辨率设置对话框，数值越大，分辨率越高。

6. 电压表和电流表

Multisim 14.0 还提供了虚拟电压表和电流表，但是把它们放在了指示元件库中。电压表和电流表的图标分别如图 6-32a 和 b 所示，它们在使用时数量没有限制。电压表用来测量电路中两点间的电压，测量时，将电压表与被测电路的两点并联；电流表用来测量电路回路中的电流，测量时，将它串联在被测电路回路中。

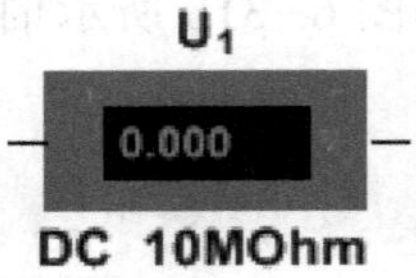

a)

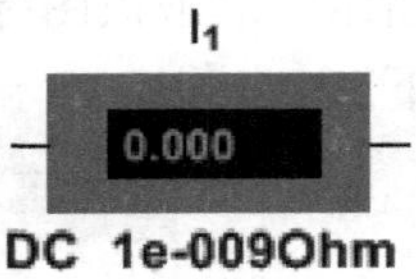

b)

图 6-32 电压表和电流表

a）电压表 b）电流表

6.1.4 Multisim 14.0 的仿真分析

电路设计完成后需要对电路进行分析，通过分析了解电路的工作状态，从而判断电路是否达到设计要求。Multisim 14.0 提供了丰富的电路分析模块，从而使电路分析和设计变得快捷而准确。与仿真分析有关的命令在 Multisim 14.0 主界面菜单栏的 Simulate 菜单下，一般情况下可采用 Multisim 默认的仿真器设置。

仿真分析的主要步骤为：

1）电路原理图的图形输入。

2）放置和连接测量仪器，设置测量仪器的参数。

3）选择分析变量。

① 选择菜单命令“Options→Preferences→Show Nodes”，将电路的节点标号显示在原理图上。

② 在主界面执行菜单命令 Simulate→Analysis，可得出图 6-33 所示的仿真分析选择菜单。

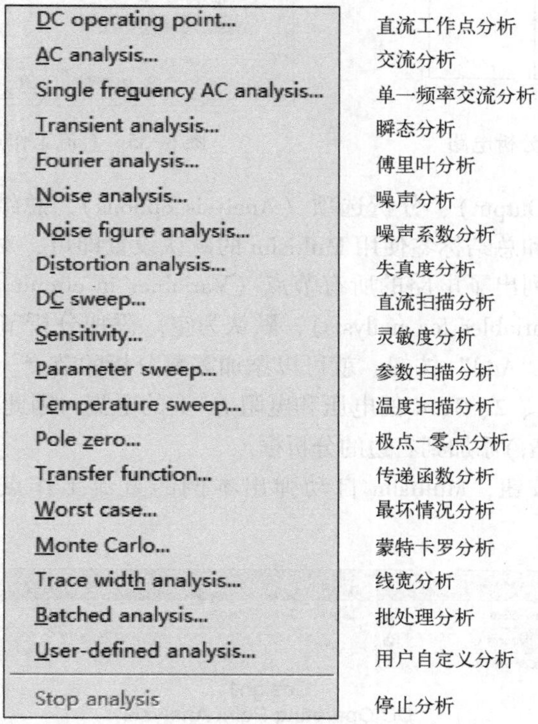

图 6-33　仿真分析选择菜单

4）启动仿真开关，在虚拟仪器上即可观察到仿真结果。

每一种分析功能都针对各自不同的电路情况，有着自己独特的参数和设置，在进行仿真分析前应进行适当的设置。这里仅对与电路基本分析和设计相关的分析功能进行说明。

1. 直流工作点分析

直流工作点分析（DC operating point analysis）用于分析电路的直流工作点，分析时，将电路中的电容视为开路，电感视为短路，交流信号电压源视为短路，交流电流源视为开路，计算在直流电源激励下各支路的电压和电流。

搭建如图 6-34 所示仿真分析电路，选择“Simulate→Analysis→DC Operating Point Analysis”菜单命令，弹出对话框如图 6-35 所示，进入直流工作点分析状态。

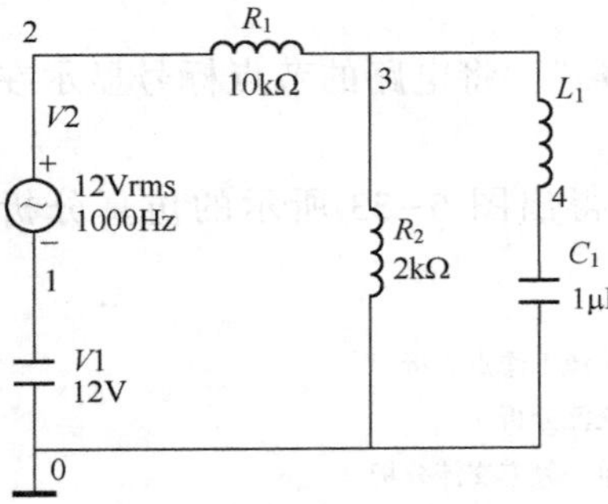

图 6-34　仿真分析电路

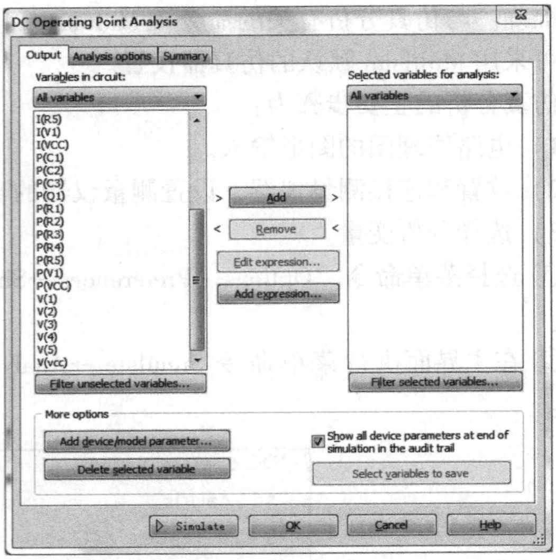

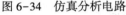

图 6-35　直流工作点分析对话框

该对话框由输出（Output）、分析选项（Analysis options）、总结（Summary）三个标签页组成，分析选项标签和总结标签使用 Multisim 的默认设置即可，对话框输出（Output）标签分为两个部分，左边列出了电路的所有节点（Variables in circuit），右边是用户需要分析的电路节点（Selected variables for analysis），默认为空。添加分析节点方法：首先单击左边的电路节点，然后单击“Add”按钮，就可以添加需要分析的节点。

本例需要分析节点 1、2、3、4 的电压和电阻 R_1 上的电流，因此将 $V(1)$、$V(2)$、$V(3)$、$V(4)$ 四个节点及电流 $I(R_1)$ 添加到右边的分析框。

单击“Simulate”按钮，Multisim 自动弹出本例的直流工作点分析结果，如图 6-36 所示。

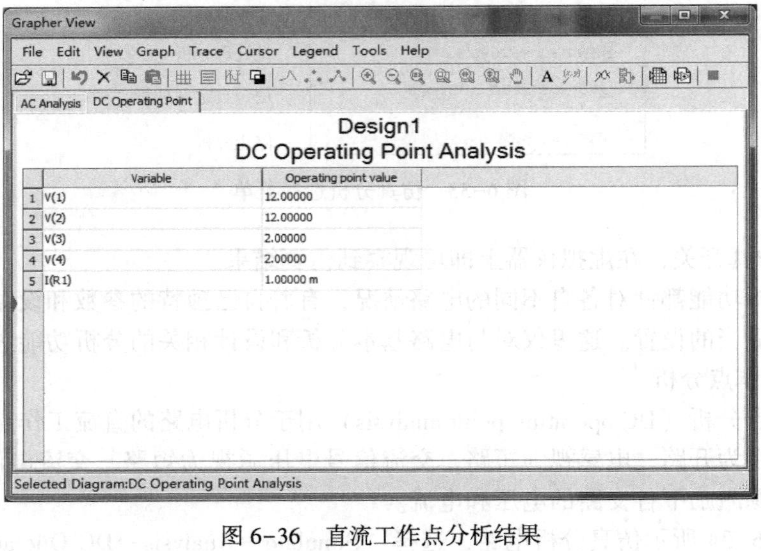

图 6-36　直流工作点分析结果

2. 交流分析

交流分析（AC analysis）就是分析电路的频率响应，包括幅频特性和相频特性。在交流分析时，电路中所有的直流电源视为零。

同样以图 6-34 为例介绍交流分析方法。

选择“Simulate→Analysis→AC Analysis”菜单命令，弹出对话框如图 6-37 所示。

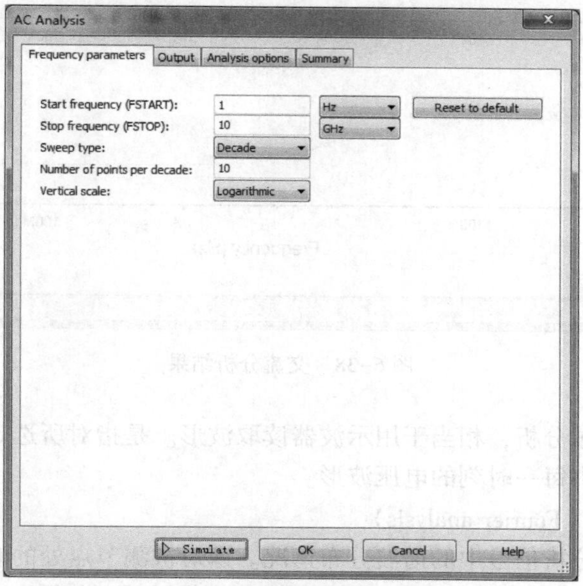

图 6-37　交流分析对话框

在频率参数（Frequency parameters）标签下对分析的频率段和显示的刻度进行设置，包括以下几个方面。

1）Start frequency（FSTART）：起始频率，设置频率分析的起始频率点。

2）Stop frequency（FSTOP）：终止频率，设置频率分析的终止频率点。

3）Sweep type：扫描方式，设置扫描类型，有 10 倍频程扫描（Decade）、8 倍频程扫描（Octave）和线性扫描（Linear）3 种。

4）Number of points per decade：10 倍频程点数，设置每 10 倍频程的采样点数。

5）Vertical scale：垂直刻度，设置纵轴的刻度，有线性（Linear）、对数（Logarithmic）、分贝（Decibel）和 8 倍（Octave）四种方式。

本例均选用默认设置，在 Output 标签下选择输出点（节点 3）作为分析点，添加方法同直流工作点分析。单击“Simulate”按钮，Multisim 14.0 自动弹出其交流分析结果，如图 6-38 所示，交流分析给出了幅频响应（Magnitude）和相频响应（Phase）曲线图。

3. 其他分析

（1）单一频率交流分析

单一频率交流分析（Single frequency AC analysis）是测试电路对某个特定频率的交流频率响应。

（2）瞬态分析（Transient analysis）

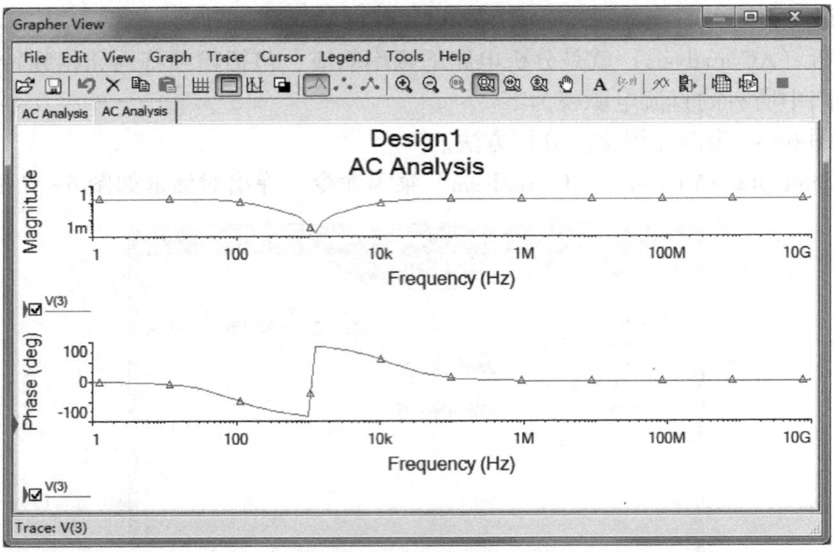

图 6-38　交流分析结果

瞬态分析用于时域分析，相当于用示波器读取波形。是指对所选定的电路节点，观察该节点在整个显示周期中每一时刻的电压波形。

(3) 傅里叶分析 (Fourier analysis)

傅里叶分析用于分析信号中的谐波分布情况。即对被测节点处的时域变化信号进行离散傅里叶变换，求出它的频域变化规律。在进行傅里叶分析时，必须先选择被分析的节点，一般将电路中的交流激励源的频率设定为基波频率；若在电路中有几个交流源时，可以将基波频率设定为这些频率的最小公倍数。

(4) 噪声分析 (Noise analysis)

噪声可以影响数字、模拟等所有传输系统。噪声分析就是分析噪声对电路性能的影响以及噪声的大小。在分析时，先假定电路中各噪声源互不相关，分开计算各自噪声。在计算时，先将元件所产生的噪声信号全部折算到输入噪声参考点（即电路的信号源或电源输入点，等效于在参考点分别加入噪声），然后计算该等效信号在指定测量节点的输出值。总噪声是各噪声在该节点的输出值均方根的和。

(5) 噪声系数分析 (Noise figure analysis)

噪声系数分析用来衡量有多大的噪声加入信号中。信噪比是一个衡量电子线路中信号质量好坏的重要参数，在 Multisim 中，噪声系数分析是指输入信噪比/输出信噪比的变化。

(6) 失真度分析 (Distortion analysis)

失真分析用于分析电子电路中的谐波失真和内部调制失真（互调失真），通常非线性失真会导致谐波失真，而相位偏移会导致互调失真。

失真分析对于研究在瞬态分析中不易观察到的、比较小的失真比较有效。

(7) 直流扫描分析 (DC sweep analysis)

直流扫描分析是利用一个或两个直流电源分析电路中某一节点上的直流工作点的数值变化情况。利用直流扫描分析，可快速根据直流电源的变动范围确定电路直流工作点。

(8) 灵敏度分析（Sensitivity analysis）

灵敏度分析是指当电路中某个元件的参数发生变化时，分析它的变化对电路输出的节点电压和支路电流的影响，包括直流灵敏度分析和交流灵敏度分析。直流灵敏度分析的仿真结果以数值的形式显示，交流灵敏度分析仿真的结果以曲线的形式显示。

利用该分析结果，可以为电路中关键部位的元件指定误差值，并可以使用最佳的元件进行替换。

(9) 参数扫描分析（Parameter sweep analysis）

参数扫描分析就是不断变化仿真电路中某个元件的参数，观察其参数值在一定范围内的变化对电路的直流工作点、瞬态特性及交流频率特性的影响。参数扫描分析的效果相当于对某个元件的每一个固定的元件参数值进行一次仿真分析，然后改变该参数值后，继续分析的效果。

(10) 温度扫描分析（Temperature sweep analysis）

采用温度扫描分析，可以同时观察到在不同温度条件下的电路特性，相当于该元件每次取不同的温度值进行多次分析（包括直流工作点分析、交流分析和瞬态分析）。可以通过“温度扫描分析”对话框，选择被分析元件温度的起始值、终值和增量值。在进行其他分析时，电路的仿真温度默认值设定在27℃。

(11) 极点-零点分析（Pole zero analysis）

极点-零点分析方法可以用于分析交流小信号电路传递函数中的零点和极点，决定电子电路的稳定性。在分析时，通常先进行直流工作点分析，对非线性器件求得线性化的小信号模型，在此基础上再分析传输函数的零点、极点。

极点-零点分析主要用于模拟小信号电路的分析，数字器件将被视为高阻接地。

(12) 传递函数分析（Transfer function analysis）

传递函数分析可以分析一个信号源与两个节点的输出电压或一个信号源与一个电流输出变量之间的直流小信号传递函数，同时也计算出相应的输入和输出阻抗。需先对模拟电路或非线性器件进行直流工作点分析，求得线性化的模型，然后再进行小信号分析。输出变量可以是电路中的节点电压，输入必须是独立源。

(13) 最坏情况分析（Worst case analysis）

最坏情况分析是一种统计分析方法，适合于对模拟电路直流和小信号电路的分析。所谓最坏情况是指电路中的元件参数在其容差域边界点上取某种组合时所引起的电路性能的最大偏差，而最坏情况分析是在给定电路元件参数容差的情况下，估算出电路性能相对于标称值时的最大偏差。

(14) 蒙特卡罗分析（Monte carlo analysis）

蒙特卡罗分析是指在给定电路中元器件参数容差的统计分布规律的情况下，用一组伪随机数求得元器件参数的随机抽样序列，对这些随机抽样序列进行直流、交流和瞬态分析，并通过多次分析结果估算出电路性能的统计分布规律。利用这些分析结果，可以预测电路元件批量生产时的合格率和生产成本。

(15) 批处理分析（Batched analysis）

批处理分析就是将同一个仿真电路的不同分析组合在一起依序执行的分析方式。

(16) 线宽分析（Trace width analysis）

线宽分析主要用来确定在设计印制电路板时所能允许的最小导线宽度。

（17）用户自定义分析（User defined analysis）

用户自定义分析是指由用户通过 SPICE 命令来定义某些仿真分析的功能，以达到扩充仿真分析的目的，给用户带来比使用 Multisim 中的图形界面更多的自由空间，但用户需对 SPICE 知识有所了解。

6.2 PSpice 简介

PSpice 是由 SPICE（Simulation Program with Integrated Circuit Emphasis）发展而来的用于微机系列的通用电路分析程序。于 1972 年由美国加州大学伯克利分校的计算机辅助设计小组利用 FORTRAN 语言开发而成，主要用于大规模集成电路的计算机辅助设计。

PSpice 软件具有强大的电路图绘制功能、电路模拟仿真功能、图形后处理功能和元器件符号制作功能，以图形方式输入，自动进行电路检查，生成网表，模拟和计算电路。它的用途非常广泛，不仅可以用于电路分析和优化设计，还可用于电子线路、电路和信号与系统等课程的计算机辅助教学，与印制板设计软件配合使用，还可实现电子设计自动化。被公认为通用电路模拟程序中最优秀的软件，具有广阔的应用前景。这些特点使得 PSpice 受到广大电子设计工作者、科研人员和高校师生的热烈欢迎，国内许多高校已将其列入电子类本科生和硕士生的辅修课程。

PSpice 采用自由格式语言的 5.0 版本，自 20 世纪 80 年代以来在我国得到了广泛应用，并且从 6.0 版本开始引入图形界面。1998 年著名的 EDA 商业软件开发商 OrCAD 公司与 Microsim 公司正式合并，自此 Microsim 公司的 PSpice 产品正式并入 OrCAD 公司的商业 EDA 系统中。目前，PSpice 的版本已经发展到 16.6，包含在 OrCAD 16.6 release 当中。PSpice 仿真功能从严格意义上讲已经发展演变为两大模块，一个是基本分析模块，简称 PSpice AD，另一个是高级分析模块，简称 PSpice AA。对于电路理论实验来说，主要用到的是 PSpice AD 模块，本书主要是基于 OrCAD 16.5 来介绍。PSpice 仿真工作流程如图 6-39 所示。

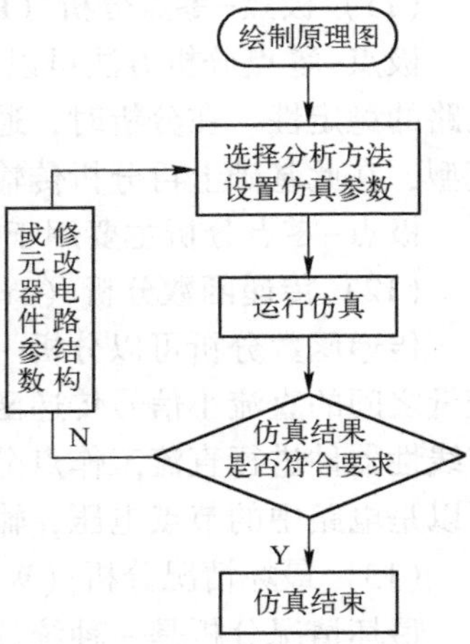

图 6-39　PSpice 仿真工作流程图

6.2.1 利用 Capture 绘制电路图

电路分析和设计的第一步是电路原理图的输入，这个过程是 OrCAD 统一由 Capture 窗口完成的。

1. Capture CIS 的启动

首先开启“Cadence→OrCAD Capture→ OrCAD Capture CIS”，打开如图 6-40 所示的界面。

2. 绘制电路原理图

在工作区内选择“Project→New”，或在菜单栏中选择“File→New→Project”，出现如图 6-41 所示界面，主要包括以下部分。

Analog or Mixed A/D：数/模混合仿真。

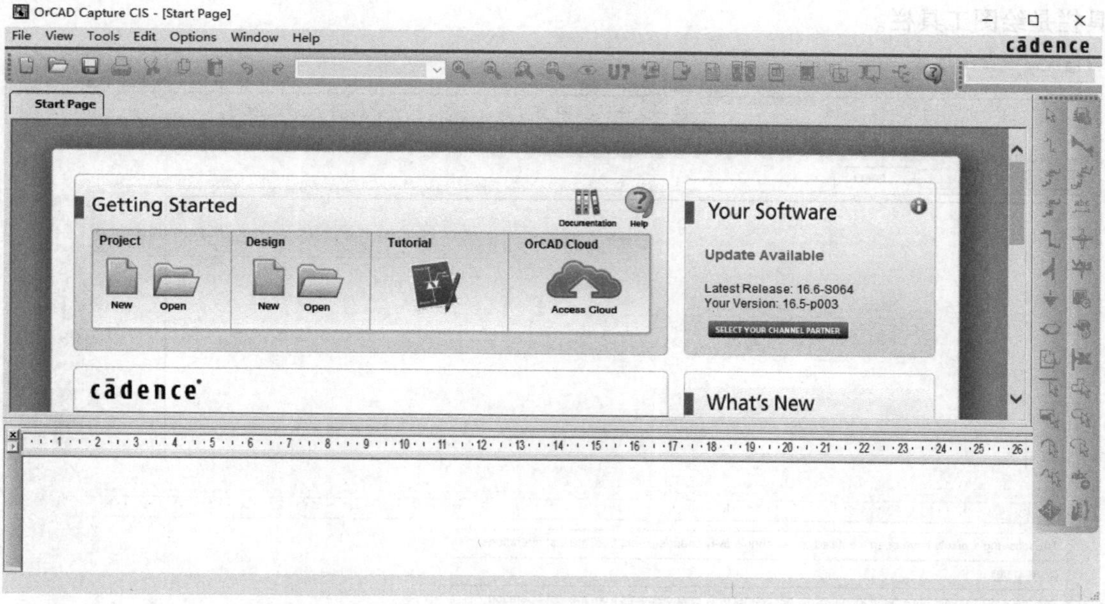

图 6-40　Capture 界面

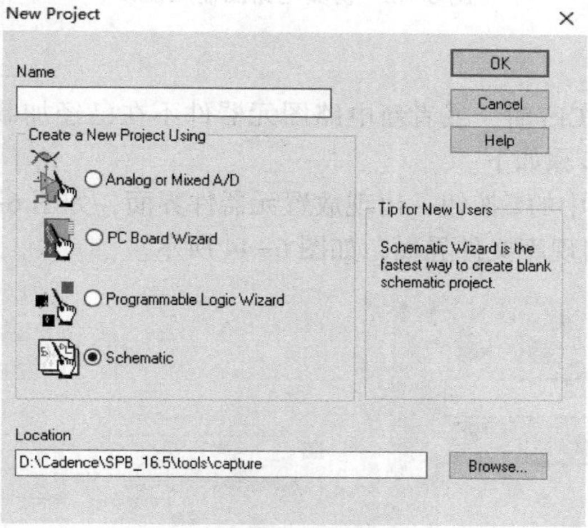

图 6-41　建立新电路图对话框

PC Board Wizard：系统级原理图设计。

Programmable Logic Wizard：CPLD 或 FPGA 设计。

Schematic：原理图设计。

Name：文件名。

Location：新建文件存放路径。

如果只需要进行原理图设计，可以在图 6-41 所示对话框中选择“Schematic”；如果原理图输入后还需要调用 PSpice 分析，则应选择“Analog or Mixed A/D”。

新电路图文件创建后，就可以在电路原理窗口画图了，如图 6-42 所示，窗口右边的工具栏是绘图工具栏。

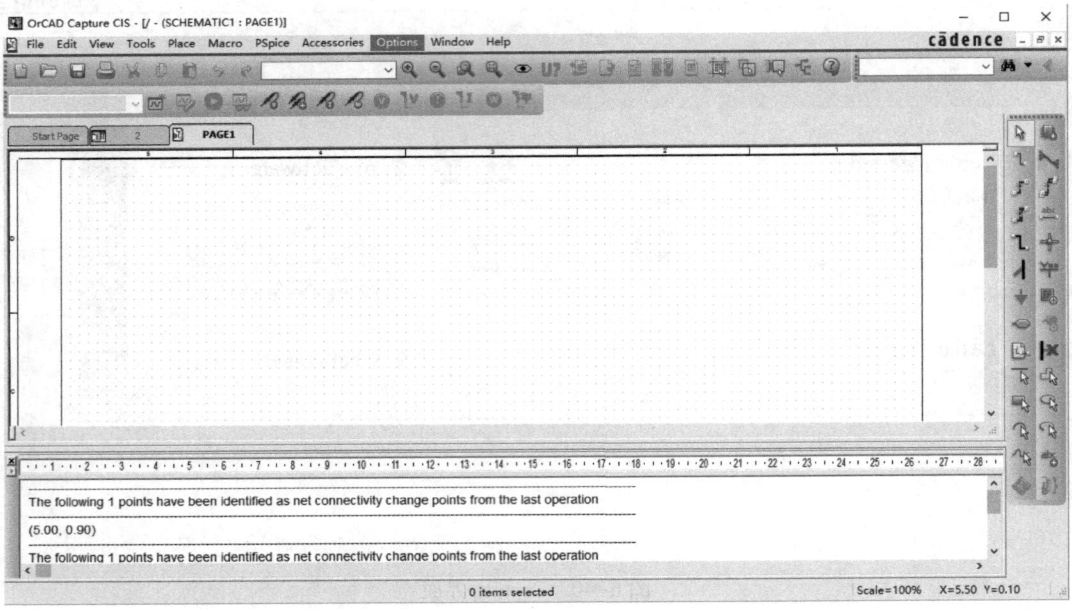

图 6-42　仿真电路图输入窗口

(1) 加载元器件库

第一次启用 Capture CIS 时，或者新电路图元器件不在已经加载的元器件库中时，需要做加载元器件库操作，步骤如下。

1) 单击绘图工具栏中的按钮，出现放置元器件界面，如图 6-43 所示。

2) 单击按钮，出现库文件界面，如图 6-44 所示。

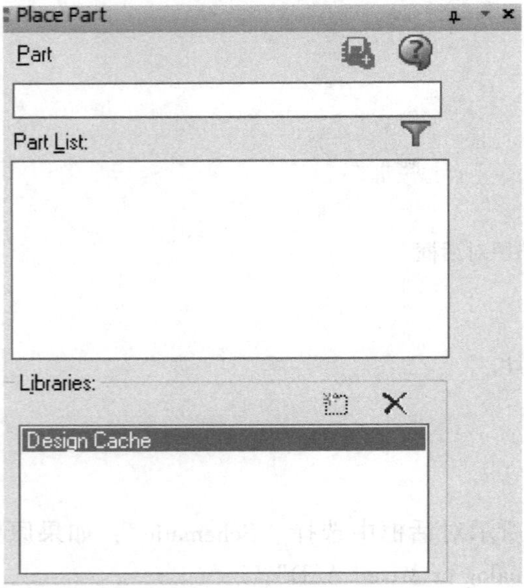

图 6-43　放置元器件界面

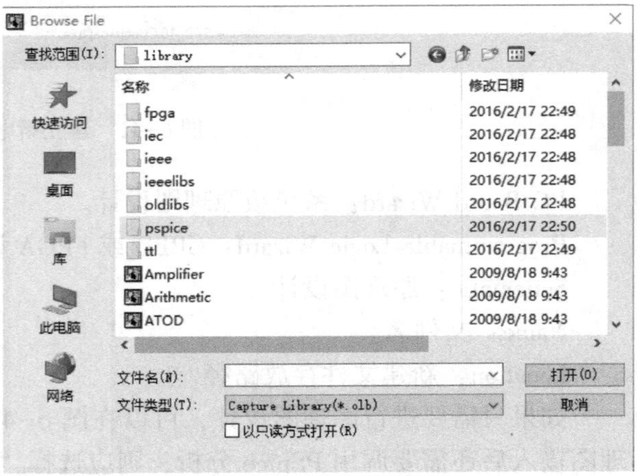

图 6-44　库文件界面

3）如果要对电路进行模拟分析，必须加载 Pspice 的库文件。单击文件夹名“Pspice”，出现如图 6-45 所示界面。

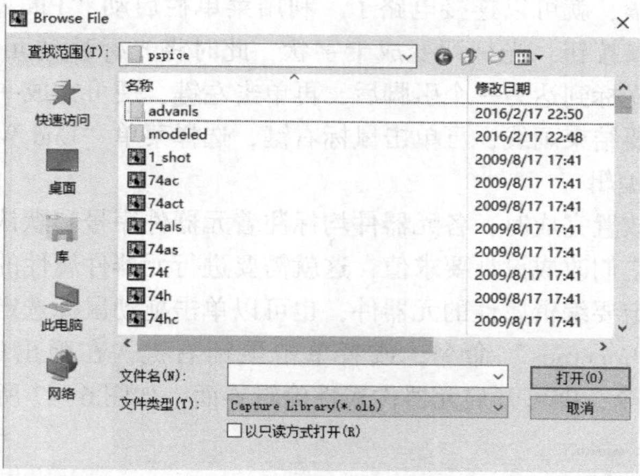

图 6-45　PSpice 元器件库

4）根据需要选择一个要加载的库文件，如 analog，单击打开，返回如图 6-46 所示界面，在库文件显示区中加入了 analog 库。如需要加入其他库文件，重复步骤 2）~步骤 4）。

5）若需要卸载某个库文件，可单击该文件，再单击×按钮，库文件名即从库文件显示区消失。

（2）放置元器件

放置元器件首先需要了解该元器件在哪个元器件库中，若不知道，就需要进行查找，一般有两种方法。

一种方法是在图 6-46 库文件显示区中，选定某个库，接下来在元器件选择区中一一单击元器件名称，则元器件图形出现在浏览区中，如图 6-46 所示，图中点选了“analog”库中的“C”电容元件，其原理图符号出现在浏览区中。

另一种方法是启动查找程序。在图 6-46 所示的对话框中，单击最底端的“Search for Part”按钮，出现元器件查找对话框，键入元器件名称，再查找即可。

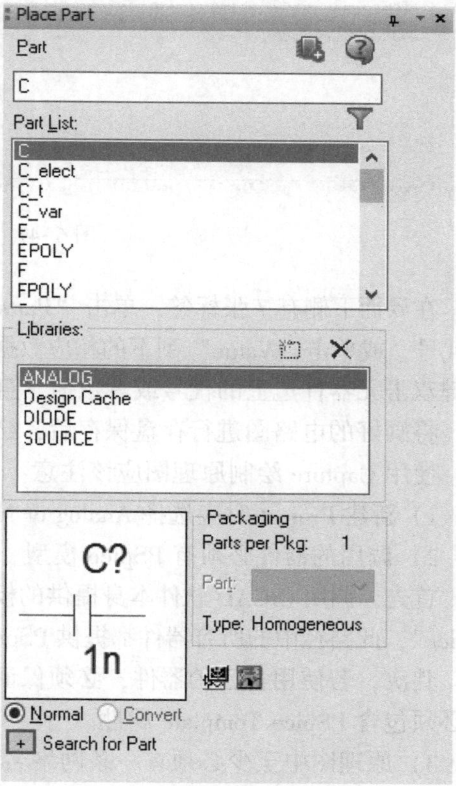

图 6-46　浏览元器件界面

双击图 6-46 中选定的元器件，该元器件就会出现在电路图绘制窗口，可以通过移动鼠标来移动元器件的位置，单击鼠标放置元器件，每单击一次放置一个相同的元器件。单击鼠标右键时弹出快捷菜单。

(3) 连接电路和放置节点

当元器件放置完毕，就可以连接电路了。利用菜单栏启动“Place→Wire”命令，或者单击绘图工具栏中的 ⌐ 按钮，光标即变成十字状，此时将光标移到元器件的引脚，单击左键，画线开始。移动光标到达另一个引脚后，再单击左键，便可完成一段走线。此时光标仍然处于画线状态，若要结束画线，可单击鼠标右键，选择菜单“End Wire”。

(4) 元器件属性编辑

当电路元器件刚放置完成时，各元器件均标注着元器件序号和默认的元器件值。根据实际电路需要，可以将它们改成设计要求值，这就需要进行元器件属性的编辑。

首先单击左键选定要编辑属性的元器件，也可以单击拖动鼠标选定若干元器件。再利用菜单栏启动“Edit→Properties”命令，或者单击鼠标右键，在弹出的快捷菜单中，选定“Edit→Properties”命令，即可开启元器件属性编辑界面，如图 6-47 所示。

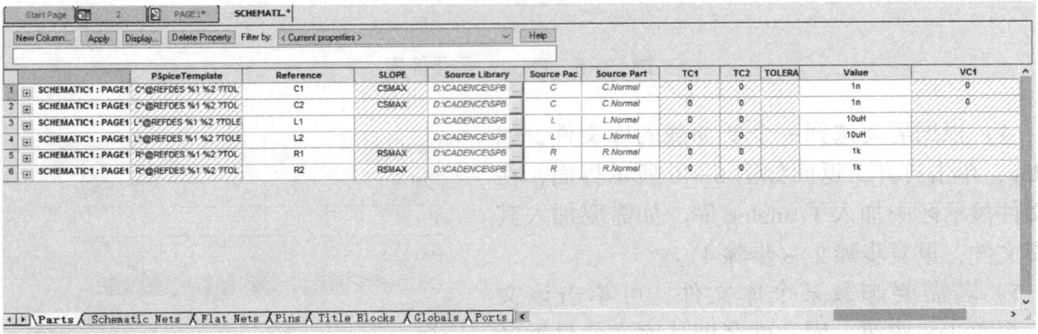

图 6-47　元器件属性编辑界面

在界面下侧有 7 张标签，单击“Parts”标签，此时可用鼠标单击“Reference”更改元器件代号，或单击“Value”列下的相应数据更改元器件数值，如图 6-47 所示。也可以用鼠标左键双击元器件边上的代号或者数值，直接进行修改。

将画好的电路图进行存盘保存后，绘制电路图的工作就完成了。

使用 Capture 绘制原理图应该注意：

1) 新建 Project 时应选择 Analog or Mixed-signal Circuit。

2) 调用的器件必须有 PSpice 模型。

首先，调用 OrCAD 软件本身提供的模型库，这些库文件存储的路径为“Capture\Library\pspice”，此路径中的所有器件都提供 PSpice 模型，可以直接调用。

其次，若使用自己的器件，必须保证 *. olb、 *. lib 两个文件同时存在，而且器件属性中必须包含 PSpice Template 属性。

3) 原理图中至少必须有一条网络名称为 0，即接地。

4) 必须有激励源。

原理图中的端口符号并不具有电源特性，所有的激励源都存储在 Source 和 SourceTM 库中。

5) 电源两端不允许短路，不允许仅由电源和电感组成回路，也不允许仅由电源和电容组成的割集。

解决方法：电容并联一个大电阻，电感串联一个小电阻。

6）最好不要使用负值电阻、电容和电感，因为它们容易引起不收敛。

6.2.2 利用 PSpice 分析电路

1. 创建新仿真文件

首先建立一个仿真文件，利用菜单栏启动“PSpice→New Simulation Profile”命令，或者单击常用工具栏的快捷按钮，打开仿真对话框，如图 6-48 所示。

设置仿真参数文件名后，单击 Create 按钮，弹出仿真参数设置对话框，如图 6-49 所示。在此对话栏中按照分析任务的不同，设置需要的参数，单击“确定”按钮，即返回电路图窗口。

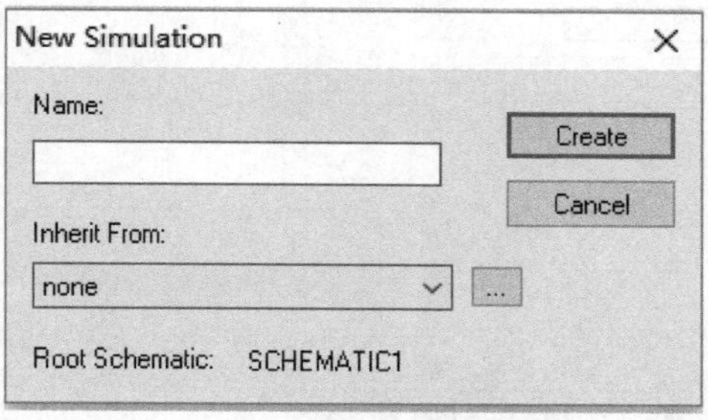

图 6-48 创建仿真文件对话框

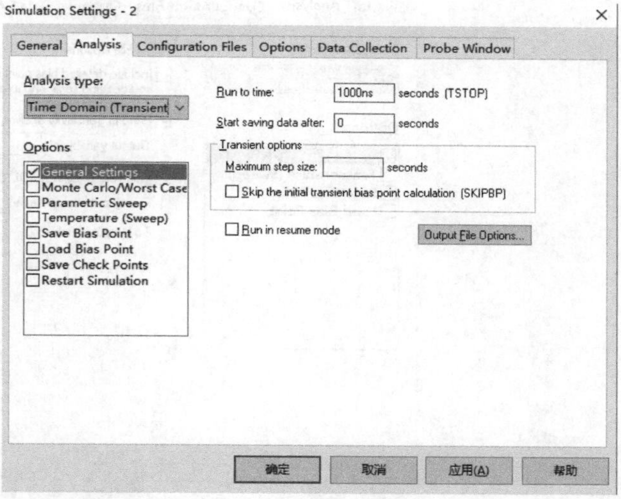

图 6-49 仿真参数设置对话框

2. 仿真参数设置

在 OrCAD PSpice 中，可以分析的类型有以下几种。

直流分析：当电路中某一参数（称为自变量）在一定范围内变化时，对自变量的每一个取值，计算电路的直流偏置特性（称为输出变量）。

交流/噪声分析：计算电路的交流小信号频率响应特性。

基本工作点分析：计算电路的直流偏置状态。

时域（瞬态）分析：在给定输入激励信号作用下，计算电路输出端的瞬态响应。

噪声分析：计算电路中各个器件对选定的输出点产生的噪声等效到选定的输入源（独立的电压或电流源）上。即计算输入源上的等效输入噪声，然后进行分析。

蒙特卡罗统计分析/最坏情况分析：为了模拟实际生产中因元器件值具有一定分散性所引起的电路特性的分散性，PSpice 提供了蒙特卡罗分析功能。进行蒙特卡罗分析时，首先根据实际情况确定元器件值分布规律，然后多次“重复”进行指定的电路特性分析，每次分析时采用的元器件值是从元器件值分布中随机抽样，这样每次分析时采用的元器件值不完全相同，可以代表实际变化情况。完成了多次电路特性分析后，对各次分析结果进行综合统计分析，就可以得到电路特性的分散变化规律。蒙特卡罗统计分析中产生的极限情况即为最坏情况。

参数扫描分析：在指定参数值的变化情况下，分析相对应的电路特性。

温度分析：分析在特定温度下电路的特性。

在图 6-49 所示的参数设定界面中，在“Options”选项中可以选择在每种基本分析类型上要附加进行的分析，其中“General Settings”是最基本的必选项（系统默认已选）。

（1）直流工作点分析（Bias Point）

在图 6-50 所示电路特性分析参数设置界面的“Analysis type”下拉列表框中选择“Bias Point”，设置框显示内容。

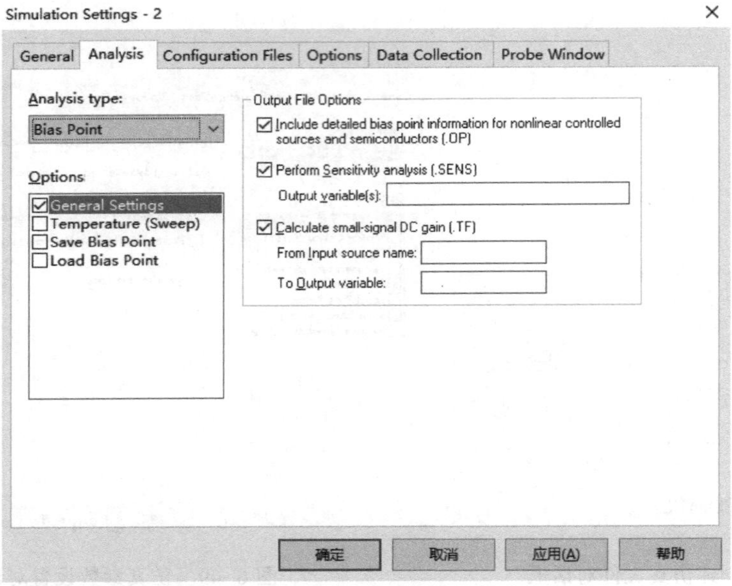

图 6-50　直流工作点分析设置

在图 6-50 中“Output File Options”一栏选中“Include detailed bias point information for nonlinear controlled sources and semiconductors”，即完成直流工作点分析设置。然后运行 PSpice，即可完成直流工作点分析。在分析过程中，PSpice 将电路中的电容开路，电感短路，对各个信号源取其直流电平值，然后用迭代的方法计算电路的直流偏置状态。

完成直流工作点分析后，PSpice 将结果自动存入 . out 输出中。存入 . out 输出文件中的直流工作点分析包括：各个节点电压、流过各个电压源的电流、总功耗以及所有非线性受控源和半导体器件的小信号（线性化）参数。

实际上，即使不选择进行“Bias Point”分析，PSpice 程序运行时，也首先要进行直流工作点分析，只是存入输出文件中的信息比较简单，没有小信号线性化参数值。

图 6-50 中“Perform Sensitivity analysis”用于直流灵敏度分析。虽然电路特性完全取决于电路中的元器件取值，但是对电路中不同的元器件，即使其变化的幅度（或变化比例）相同，引起电路特性的变化不会完全相同。灵敏度分析的作用就是定量地分析、比较电路特

性对每个电路元器件参数的灵敏程度。PSpice 中直流灵敏度分析的作用是分析指定的节点电压对电路中电阻、独立电压源和独立电流源、电压控制开关和电流控制开关、二极管、双极晶体管共 5 类元器件参数的灵敏度，并将计算结果自动存入 . out 输出文件中。通常灵敏度分析产生的 . out 输出文件中包含的数据量比较大。本项分析中不涉及 Probe 数据文件。

图 6-50 中 "Calculate small-signal DC gain" 用于直流传输特性分析。进行直流传输特性分析时，PSpice 程序首先计算电路直流工作点并在工作点处对电路元件进行线性化处理，然后计算出线性化电路的小信号增益、输入电阻和输出电阻，并将结果自动存入 . out 文件中。本项分析又简称为 TF 分析，不涉及 Probe 数据文件。

(2) 直流特性扫描分析（DC sweep）

直流特性扫描分析是当电路中某个元器件参数（称为自变量）在一定范围内变化时，对自变量的每个取值，计算电路的直流偏置特性（称为输出变量），简称 DC 分析。

要进行 DC 分析，必须指定自变量和参变量并设置其变化情况。在图 6-49 中的 "Analysis type" 一栏，选择 "DC Sweep"，出现的直流特性扫描分析参数设置框如图 6-51 所示。

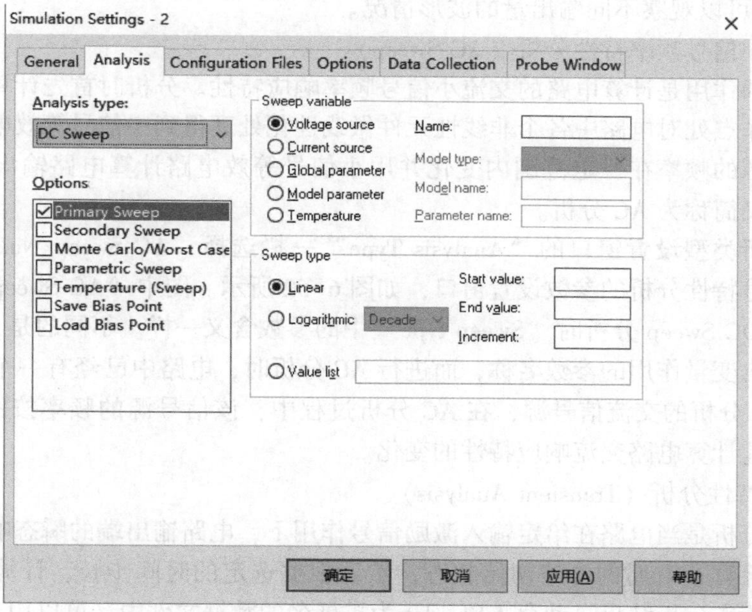

图 6-51　DC Sweep 分析参数设置

如图 6-51 所示，在直流特性扫描分析参数设置框的 "Options" 框内选择 "Primary Sweep"，图中右侧 "Sweep variable" 栏内即为 DC 扫描分析中需设置的起自变量作用的参数类型，共有 5 类，即 Voltage source（电压源）、Current source（电流源）、Global parameter（全局参数变量）、Model parameter（以模型参数为自变量）和 Temperature（以温度为自变量）。

若选定的自变量类型为 Voltage source 或 Current source，则需在 Name 栏中输入电路图中作为自变量的独立电压源或电流源的名称。若自变量为模型参数，则需从 Model 栏的下拉式列表中选择模型类型并在其下方的 Model 栏中键入模型名称。如自变量类型为温度，则无须进一步指定自变量名。

图 6-51 中“Sweep type”栏左侧的三个选项供用户选定自变量参数扫描变化的方式，右侧的三项用于进一步确定相应取值。Linear 表示自变量按线性方式均匀变化，这时需在其右侧 Start、End 和 Increment 三项中分别键入自变量变化的起始值、终止值和变化的步长。Logarithmic 表示自变量按对数关系变化。这时需从其右侧下拉列表中的“Octave”和“Decade”两项中选择一项。Octave 表示自变量按成倍关系变化，此时除需要确定自变量变化范围的起点值和终点值外，还需确定每一倍变化中的取值点数，即“Points/Octave”。若选择 Decade，则自变量按数量级关系变化，用户需要确定自变量变化范围的起点值、终点值以及每一个数量级变化中的取值点数。若自变量按 Octave 或 Decade 方式变化，Start 一项取值就必须大于 0。Value list 表示只分析列表中的值。

若 DC 分析中只需设置自变量参数，则完成上述设置后按“确定”按钮即可。如果还需要设置参变量，可以在图 6-51 的“Options”栏选择“Secondary Sweep”，这时就可以进行参变量的参数设置，方法和自变量参数设置完全相同。

DC 分析完成后，其分析结果全部自动存入以 dat 为扩展名的 Probe 数据文件。此时调用 Probe 模块，就可以观察不同输出量的波形情况。

（3）交流小信号频率特性分析（AC Sweep）

本项分析的作用是计算电路的交流小信号频率响应特性。分析时首先计算电路的直流工作点，并在工作点处对电路中各个非线性元件做线性化处理得到小信号等效电路，然后使电路中交流信号源的频率在一定范围内变化并用小信号等效电路计算电路输出交流信号的变化。本项分析又简称为 AC 分析。

在电路分析类型设置窗口的“Analysis Type”一栏选择“AC Sweep/Noise”，屏幕上将出现交流小信号特性分析的参数设置窗口，如图 6-52 所示。图中“AC Sweep type”一栏中参数的含义与 DC Sweep 分析时“Sweep type”中的参数含义一样。不同的是，在 DC 分析时还需要指定起自变量作用的参数名称，而进行 AC 分析时，电路中已经有一个信号源的属性设置为用于 AC 分析的交流信号源，在 AC 分析过程中，该信号源的频率按图 6-52 设置的规律变化，由此计算电路交流响应特性的变化。

（4）瞬态特性分析（Transient Analysis）

瞬态特性分析是当电路在给定输入激励信号作用下，电路输出端的瞬态响应。进行瞬态分析时，需要计算 $t=0$ 时的电路初始状态，然后根据选定的时间步长，计算输出端在不同时刻的输出。瞬态分析结果自动存入以 . dat 为扩展名的数据文件中，可以用 Probe 模块分析显示信号波形。瞬态特性分析又称为 TRAN 分析。

如图 6-49 所示，在“Analysis type”一栏选择“Time Domain（Transient）”，即可进行瞬态特性分析参数的设置。在“Options”中选中“General Settings”，进行如下设置。

Run to 瞬态分析终止时间设置：瞬态分析默认是从 $t=0$ 开始进行的，此栏用于设置终止分析的时间。该时间值也同时是输出数据的终止时间。

Start Saving Data 开始保存分析数据的时间设置：如果用户不需要从 $t=0$ 开始以后一段时间的数据，则可以在此栏中设置需要输出数据的起始时间。数据输出的终止时间与分析终止时间相同。

Maximum step 分析时间步长设置：PSpice 可以兼顾分析精度和需要的计算时间，自动调

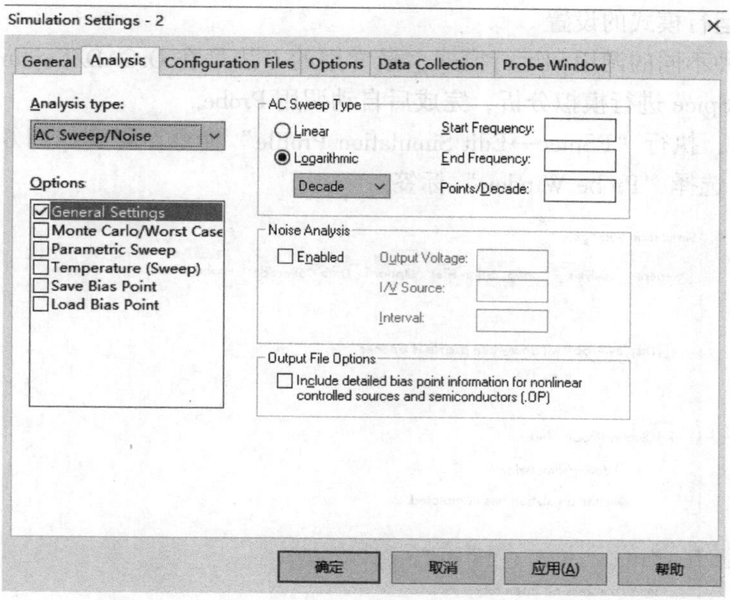

图 6-52　AC Sweep 分析参数设置

节分析的时间步长。如果对分析时间步长有一定要求，可以在此栏中设置一个步长值。在瞬态分析时，PSpice 首先比较该设置和 PSpice 自动确定的分析时间步长，并取其中较小者作为瞬态分析中采用的时间步长。

Skip the initial transient bias point calculation（是否进行基本工作点运算的设置）：若选中图 6-49 中此选项，则跳过初始设置点的计算，这时偏置条件完全由电容、电感等元器件的初始条件确定。

在 PSpice 瞬态分析中，输入激励信号的波形可以采用脉冲信号、分段线性信号、正弦调幅信号、调频信号和指数信号等不同形式。

6.2.3　信号波形的显示

1. Probe 的功能和调用方式

(1) Probe 的功能

Probe 的基本功能类似于示波器，PSpice 对电路特性进行分析后，Probe 可以同时在屏幕上打开多个窗口，在每个窗口中显示节点电压和支路电流的波形，而且可以在每个信号波形上添加注释符号。

Probe 可以对信号进行运算处理，并将处理后的结果显示出来，从而可以直观地观察到多种参数的计算结果。

Probe 具有电路参数提取功能，可以得到电路基本特性（如运放的带宽和增益）与电路中某些元器件参数值之间的关系，因而可以根据电路特性的要求，确定元器件参数的最佳设计值。

调用 Probe 时，如果需要，可以将窗口中显示的波形曲线转换为数据描述的形式，以便对这些数据进行编辑处理。

(2) Probe 运行模式的设置

Probe 有多种不同的调用和运行模式，最常用的方法是在 OrCAD/Capture 中绘制好电路图，然后调用 PSpice 进行模拟分析，完成后自动调用 Probe。

在菜单栏中，执行“PSpice→Edit Simulation Profile”命令，得到如图 6-53 所示 PSpice 仿真设定菜单，选择“Probe Window”标签。

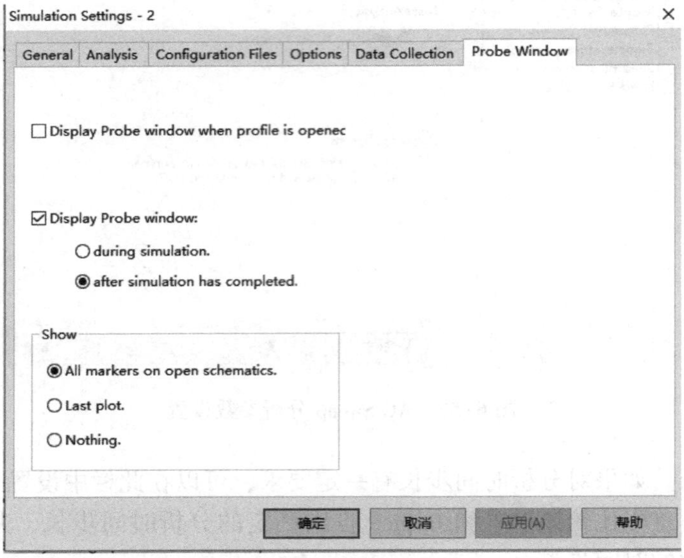

图 6-53　Probe Window 设置页面

在图 6-53 中，如果选择“Display Probe window when profile is opened”，则当 .dat 文件打开时才显示波形。

在图 6-53 中，如果选择“Display Probe window”，则自动调用 Probe 模块；如选“during simulation”，则当电路进行模拟分析时，自动调用 Probe 模块并在窗口中显示数据波形，可以对模拟进程进行监测；如选择“after simulation has completed”，则在分析完成后，自动调用 Probe 显示结果波形。

在图 6-53 中，如果不选择“Display Probe window”，在 PSpice 完成电路模拟分析后，不会自动调用 Probe，需要用户自行调用。比如：在 Orcad Capture 窗口中，在命令菜单中执行“PSpice—→View Simulation Results”，即可调用 Probe 并以电路模拟中产生的数据显示波形曲线。在 PSpice A/D 窗口中，执行“File→Open”，打开一个 .dat 文件；或者执行“View→Simulation Results”，均可以调用 Probe 模块。

Probe 启动后，在 Probe 波形显示窗口中同时自动显示的内容，由图 6-53 所示设置页面确定：如果选择“All markers on open schematics”，启动 Probe 后，波形显示窗口中将同时自动显示所有在电路图标注位置的波形；如果选择“Last plot”，Probe 将显示上一次窗口所显示的内容；如果选择“Nothing”，则 Probe 启动后波形窗口不显示内容。

(3) Probe 模块的窗口界面

Probe 的窗口界面如图 6-54 所示。

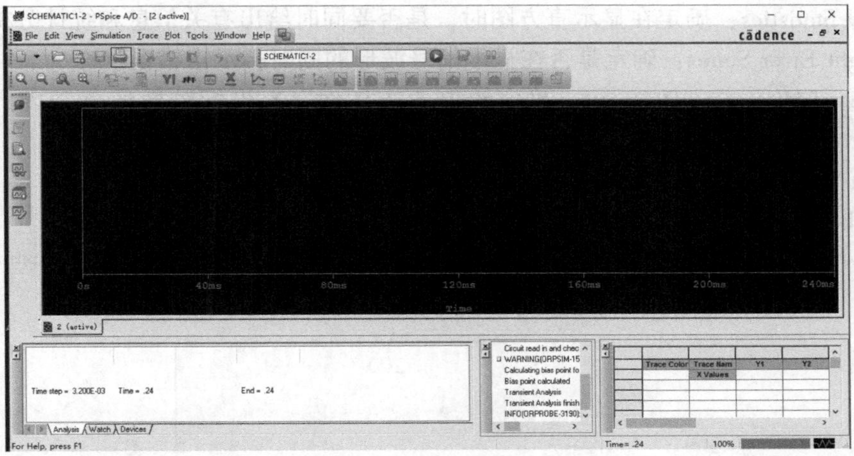

图 6-54　Probe 的窗口界面

Probe 运行过程中的有关选项，位于 Tools→Options，执行后，出现 Probe Settings 设置窗口，如图 6-55 所示，其中各选项含义如下。

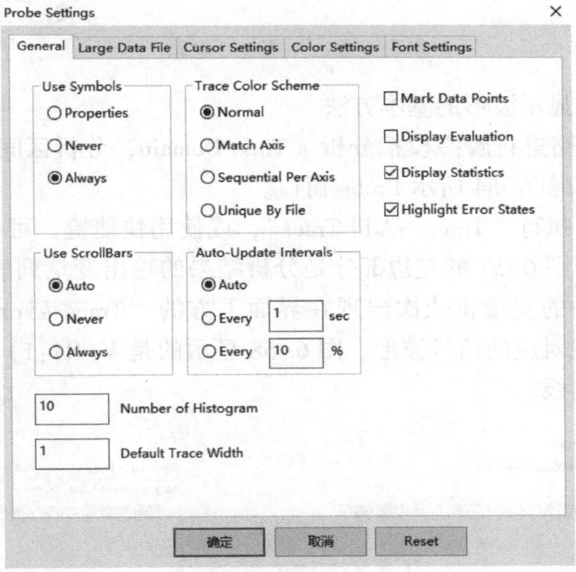

图 6-55　Probe Settings 设置选项

Use Symbols：用于确定在 Probe 窗口中显示波形信号时，曲线上是否要采用波形符号。

Use Scroll Bars：确定采用何种模式使用滚动条。

Trace Color scheme：确定在 Probe 窗口中显示波形时，根据何种模式选用色彩。

Auto - Update Interval：确定当 Probe 工作于监测模式时，窗口中显示波形的更新频率。

Mark Data Points：确定在波形曲线上是否标出实际数据点。

Display Evaluation：确定当波形特征值计算结束后，是否在屏幕上给出计算结果或同时给出响应曲线。

Display Statistics：确定在显示直方图时，是否要同时给出有关信息和统计分析结果。

Highlight Error States：确定是否在显示信号波形的同时标示出错误状态。

Number of Histogram Divisions：确定绘制直方图时，X 坐标轴数值范围内的区间划分个数。

Default Trace Width：确定波形曲线的宽度。

2. Probe 窗口中信号波形的显示

现以一个如图 6-56 所示的 *RC* 电路为例，分析其瞬态响应，介绍 Probe 的一些使用方法。

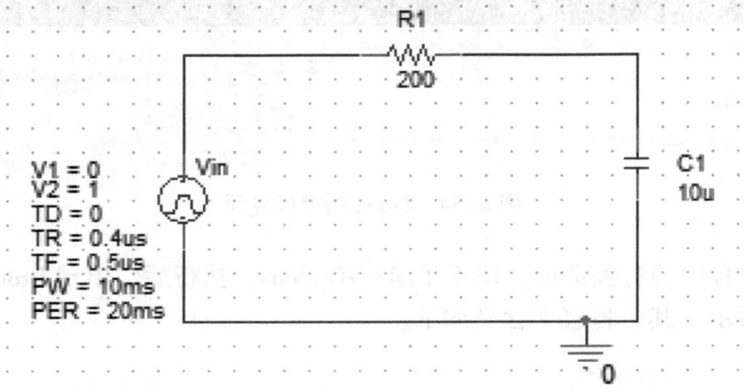

图 6-56　一阶 *RC* 电路

（1）Probe 窗口中显示波形的基本方法

对图 6-56 所示电路进行瞬态模拟分析（Time Domain，分析区间 0～240 ms）后，按上节所述方法，可调出如图 6-54 所示 Probe 窗口。

在 Probe 窗口中，执行“Trace→Add Trace”，或使用快捷键，可得到如图 6-57 所示的“Add Trace”对话框。图 6-57 的左边部分是分析结果的输出变量列表。用左键依次单击需要显示的变量，被选中的变量将依次出现在界面下方的“Trace Expression”中，按“OK”按钮后，屏幕上即出现对应的信号波形。图 6-58 显示的是 V(R1:1)和 V（R1:2)也就是电源电压和电容电压的曲线。

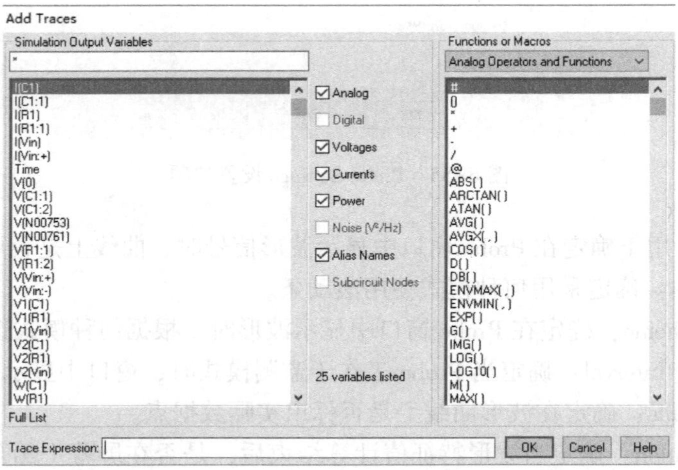

图 6-57　Add Trace 对话框

在图 6-57 中输出变量列表中左键双击某一变量名，则对应信号波形将立即显示出来，如图 6-58 所示。

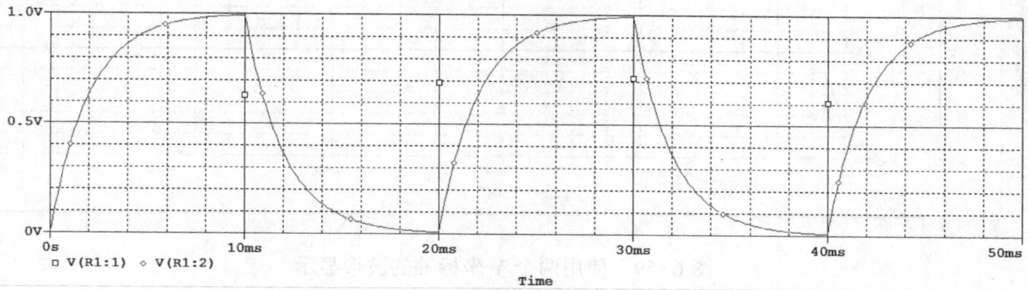

图 6-58　Probe 窗口中信号波形的显示

由图 6-58 可见，为了明确区分不同的波形，在每个波形上都采用了不同形状的波形符号（Symbol）。空心小正方形代表 V(R1:1)，空心小菱形代表 V(R1:2)信号波形。在屏幕上，不同信号波形还用不同的颜色加以区分。X 轴的左下方给出其不同符号对应的信号名。可以通过图 6-55 窗口的“color settings”修改背景和曲线以及字体的颜色。

在图 6-58 中，显示的两个电压信号波形共用 X 轴（时间轴）和 Y 轴，且 Y 轴上列出了信号的单位伏特（V）。按照默认设置，系统根据波形数据情况自动确定坐标轴的数值范围和刻度，以充分利用显示窗口空间显示信号波形。用户也可以根据需要，执行“Plot→Axis Settings”命令，改变坐标轴和坐标网络的设置。

（2）在 Probe 窗口中同时显示多个信号波形

当多个幅度相差较大的信号同时在 Probe 窗口中显示时，如果它们共用一个 Y 坐标轴，在屏幕上幅度小的信号波形往往显示不明显。为解决这一问题，可以采取多个 Y 坐标轴或多个波形显示区的方法。

1）多个 Y 坐标轴

使用步骤：首先在 Probe 窗口中显示一种幅度的信号波形。然后选择执行“Plot→Add Y Axis”子命令，屏幕上将出现标号为 2 的第二根 Y 轴坐标，并将原来的 Y 轴坐标标为 1 号。这时再按前面的步骤，显示另一种幅度的信号波形，这幅波形就采用标号为 2 的第二根 Y 轴坐标。图 6-59 为一个具体实例。

如图 6-59 所示，在 Probe 窗口底部信号名列表区中，用方框中数据 1 和 2 代表 Y 轴编号，在每个编号右侧列出了在该 Y 轴下显示的信号波形。两根 Y 轴可以有不同的单位和刻度，使不同的信号均能清晰显示。

在存在两根 Y 轴的情况下，新添加的信号波形将采用处于选中状态的 Y 轴。处于选中状态的 Y 轴的标志是，在该轴底部左侧有个“>>”符号。图 6-59 中 2 号 Y 轴处于选中状态。要使 1 号 Y 轴成为选中状态，只需在 1 号 Y 坐标轴线的左侧区域用鼠标单击任一位置即可。

在采用了两根 Y 轴的情况下，若要将其中一根删除，首先按上述方法选中两个 Y 轴，然后选择执行“Plot→Delete Y Axis”命令，被选中的 Y 轴以及采用此 Y 轴显示的信号波形就全部被删除。

2）多个波形显示区

添加波形显示区的步骤：在 Probe 窗口中，同一个坐标系及其中的信号波形统称为一个

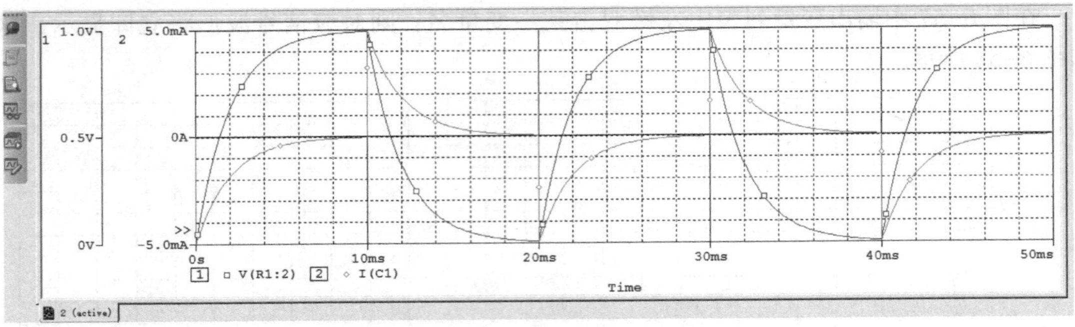

图 6-59　使用两个 Y 坐标轴的波形显示

波形显示区。在 Probe 窗口中显示一种幅度的信号波形后，再选择执行“Plot→Add Plot to Window”命令，即在当前屏幕上添加一个空白的波形显示区。在一个窗口中可以添加多个波形显示区。图 6-60 在窗口中显示了两个波形显示区。

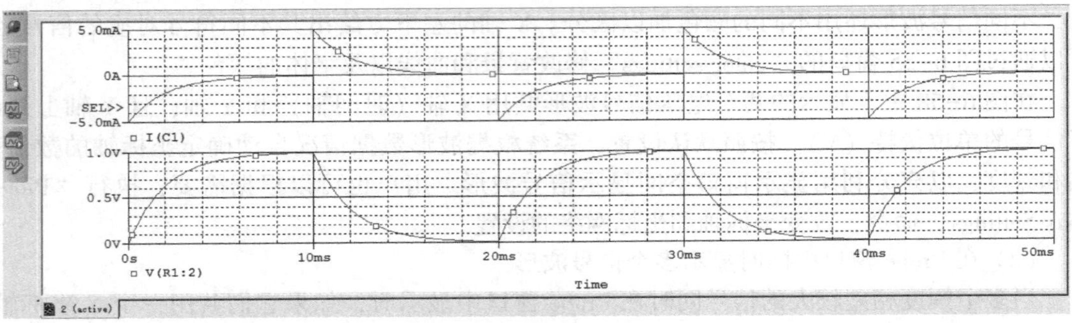

图 6-60　使用两个波形显示区

在存在多个波形显示区的情况下，只有一个波形显示区处于“选中”状态，其标志是在该显示区的左下边界有个“SEL>>”符号。在某一个波形显示区范围内任何位置单击鼠标左键，就可使其成为“选中”的波形显示区，执行“Plot→Add Plot to Window”命令增添的波形显示区自动加于屏幕上处于选中状态的波形显示区的上方，同时新添加的波形显示区自动成为选中状态。对信号波形的显示、删除等各种处理只对处于选中状态的波形显示区中的信号波形起作用。

(3) 标尺的使用

在 Probe 窗口中使用标尺，可以从显示的信号波形中得到所需要的数据。

在 Probe 窗口中，执行“Trace→Cursor”命令，选择“Display”，即可在 Probe 窗口中启动十字形标尺，同时在屏幕右下方弹出标尺数据显示框，如图 6-61 所示。用鼠标左键拖拉的方法可以在 Probe 窗口中移动该显示框。

在 Probe 中，第一组标尺是由鼠标左键控制；第二组标尺由鼠标右键控制。用鼠标左键单击 Probe 窗口左下方信号名列表中某信号名前的波形符号，表示第一组标尺移动时将按该信号波形移动。同样，用鼠标右键单击信号名列表中某信号名前的波形符号，该符号周围出现由较稀的点组成的方框，表示第二组标尺移动时将沿波信号波形移动。在图 6-61 中，两组标尺分别按两个信号波形移动。

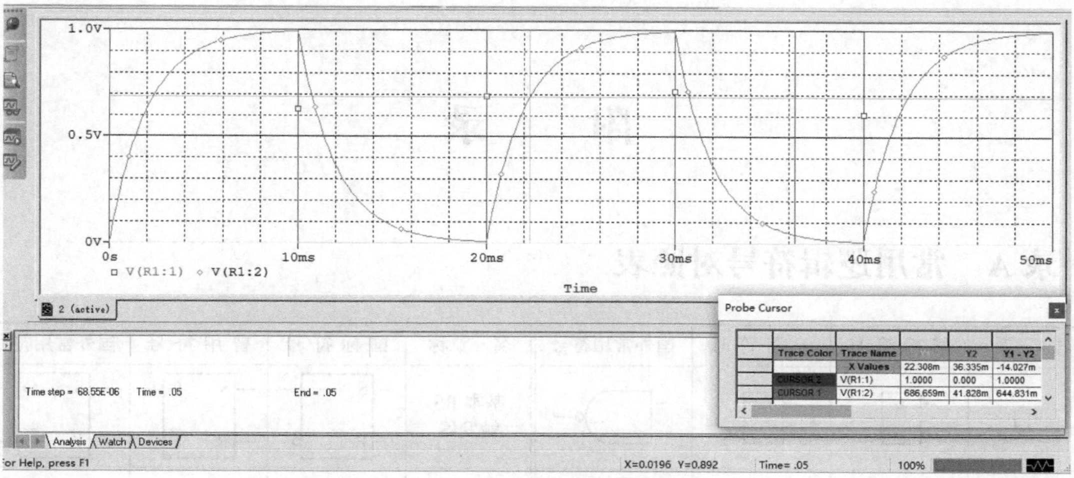

图 6-61　标尺数据显示

若执行“Trace→Cursor→Freeze”命令，可使标尺锁定在当前位置。

如图 6-61 所示，标尺数据框中有三列数据。分别显示了每组光标十字中心点的 X 和 Y 坐标值，以及这两组光标十字中心点 X 和 Y 坐标之差。

（4）电路特性参数的提取

在 Probe 窗口中显示波形后，用户可能需要知道描述电路参数特性的参数值，如最大增益、中心频率、带宽等，Probe 提供了多个目标函数（Goal Function）以供选用。

在 Probe 窗口执行“Trace→Measurements”命令，屏幕如图 6-62 所示。图中列出了系统中已配置的目标函数清单，供用户选用。选中某一特征函数后，单击 View 按钮，屏幕上将显示出函数的作用和结构。用户还可以根据自己需要，新建或修改目标函数。也可以在 Probe 窗口执行“Trace→Evaluate Measurements”命令来计算目标函数，屏幕如图 6-63 所示，图中右半部分的“Function of Macros”子框为 Measurements，列出了目前可供调用的目标函数名，并在函数名后的括号中列出了调用时需指定的信号名个数和替换变量名。

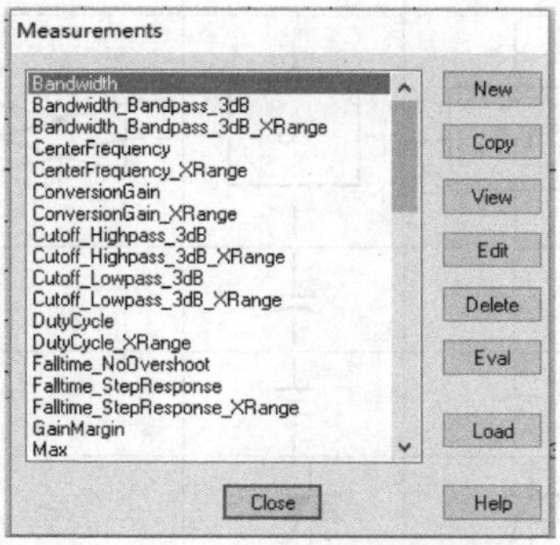

图 6-62　Measurements 选择框

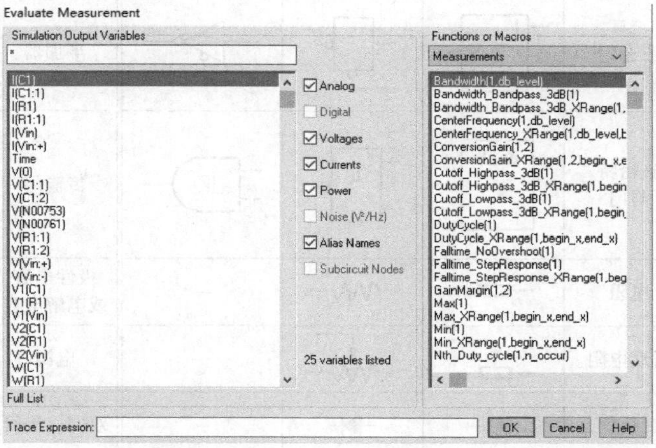

图 6-63　目标函数计算设置框

附　　录

附录 A　常用逻辑符号对照表

名　称	国标符号	曾用符号	国外常用符号	名　称	国标符号	曾用符号	国外常用符号
与门	&			基本 RS 触发器	S R	S Q R $\overline{Q}$	S Q R $\overline{Q}$
或门	≥1	+		同步 RS 触发器	1S C1 1R	S Q CP R $\overline{Q}$	S Q CK R $\overline{Q}$
非门	1						
与非门	&			正边沿 D 触发器	S 1D C1 R	D Q CP $\overline{Q}$	S_D D Q CK $\overline{Q}$ R_D
或非门	≥1	+					
异或门	=1	⊕		负边沿 JK 触发器	S 1J C1 1K K	J Q CP K $\overline{Q}$	S_D J Q CK K $\overline{Q}$ R_D
同或门	=1	⊙					
集电极开路与非门	& ◇		—	全加器	Σ CI CO	FA	FA
三态门	1 ▽ IN			半加器	Σ CO	HA	HA
施密特与门	& ⎍	⎍	⎍	传输门	TG	TG	
电阻			—	极性电容或电解电容	+		—
滑动电阻			—	电源			—
二极管			—	双向二极管			—
发光二极管			—	变压器			—

附录 B　视频目录及编号

序号	目　录	页　码
视频 1	绪论	10
视频 2	电源元件伏安特性的测试	15
视频 3	查找电路故障	17
视频 4	基尔霍夫定律及叠加原理	19
视频 5	戴维南定理及最大功率输出定理	22
视频 6	交流参数的测定	28
视频 7	*RLC* 串联电路的谐振	35
视频 8	三相电路中的电压、电流关系	38
视频 9	三相电路中功率的测量	40
视频 10	Multisim 14.0 简介	60
视频 11	*RLC* 电路串并联谐振特性仿真研究	62
视频 12	负阻抗变换器的应用	75
视频 13	回转器特性及应用	79
视频 14	DM3058 数字万用表	112
视频 15	GDM8341 数字万用表	112
视频 16	EE1410 函数信号发生器	117
视频 17	SDG2042X 任意波形发生器	117
视频 18	UT2102 数字示波器	122
视频 19	正方波调节（基于 UT2102 数字示波器）	122
视频 20	SDS1102 数字示波器	127
视频 21	正方波调节（基于 SDS1102 数字示波器）	127
视频 22	电路教学实验台使用	130

参考文献

[1] 邱关源. 电路 [M]. 5 版. 北京：高等教育出版社，2006.
[2] 李瀚荪. 电路分析基础：上册 [M]. 5 版. 北京：高等教育出版社，2017.
[3] 李瀚荪. 电路分析基础：中册 [M]. 5 版. 北京：高等教育出版社，2017.
[4] 李瀚荪. 电路分析基础：下册 [M]. 5 版. 北京：高等教育出版社，2017.
[5] BOYLESTAD R L. Introductory circuit analysis [M]. 9th ed. 北京：高等教育出版社；2002.
[6] 刘东梅. 电路实验教程 [M]. 北京：高等教育出版社，2020.
[7] 姚缨英. 电路实验教程 [M]. 2 版. 北京：高等教育出版社，2011.
[8] 孙桂英，齐凤艳. 电路实验 [M]. 哈尔滨：哈尔滨工业大学出版社，2001.
[9] 陈晓平. 电路实验与设计仿真 [M]. 南京：东南大学出版社，2008.
[10] 汪建，李承，孙开放，等. 电路实验 [M]. 2 版. 武汉：华中科技大学出版社，2010.
[11] 赵怀录. 电路与电磁场实验 [M]. 北京：高等教育出版社，2001.
[12] 蒋焕文，孙续. 电子测量 [M]. 3 版. 北京：中国计量出版社，2009.
[13] 智强，李淑珍. 电工测量与实验 [M]. 北京：化学工业出版社，2004.
[14] 王冠华，卢庆龄. Multisim12 电路设计及应用 [M]. 北京：国防工业出版社，2014.
[15] 张秀娟，陈新华. EDA 设计与仿真实践 [M]. 北京：机械工业出版社，2002.
[16] 张晓东. 有趣的家用电子制作 [M]. 北京：人民邮电出版社，2003.
[17] 王兰君. 电工实用线路 300 例：修订版 [M]. 北京：人民邮电出版社，2003.
[18] 于建国，宣宗强. 电路实验教程 [M]. 北京：高等教育出版社，2008.
[19] 童梅. 电路的计算机与辅助分析：MATLAB 和 PSPICE [M]. 北京：机械工业出版社，2005.